长盛不衰的
棒针花样精选300

300种棒针花样创意教程

〔美〕莱斯利·斯坦菲尔德　麦乐迪·格瑞夫斯　编著
黄艳文　译
舒　舒　审读

河南科学技术出版社
·郑州·

前　言

本书精选的300种棒针花样适合所有的编织爱好者，既涉及实用性强的基础花样，又涵盖较为复杂、颇具挑战性的花样。编织的魅力妙不可言，若非编织爱好者，恐怕很难有此同感。在编织过程中确实会遇到一些意想不到的挫折，但是，只要你熟练掌握了编织的针法技巧，便可以自由选择或设计编织花样，自行挑选线材、颜色，选择不同针法，编织出匠心独具的织物。

倘若编织于你更多的是一种社交活动，那么你可以选择较为简单的针法，本书精选的许多花样都可供你使用。尝试复杂精细的针法往往更需要耐心与勇气，毕竟没有什么比尝试一些知之不“易”却行之不“难”的事情更令人有成就感。

本书还搜集了一些几乎要被人遗忘的传统针法，并展示了一些我们自行设计的新颖针法，希望以此传达我们对编织的热爱。

尽情感受棒针编织的魔力吧！

长盛不衰的

棒针花样精选 300

目 录

本书使用说明

本书主要由300种棒针花样组成，分为不同章节，为了方便查找，各章节用不同的颜色区分。本书从基础针法——下针与上针花样着手，进而衍生出各类棒针花样，最后以不常见针法花样和字母与数字花样收尾。除针法外，本书还详细介绍了不同针法技巧的实用教程，指导编织者如何运用针法设计花样，同时配有针法技巧概述。

针法主题

棒针花样的每一章首先介绍“针法主题”，依次呈现该章所有的针法花样，方便相互比较，取你所需。

棒针花样

棒针花样分为以下8章：下针与上针花样、交叉针花样、麻花针花样、蕾丝花样、泡泡针与叶子花样、提花和嵌花花样、不常见针法花样、字母与数字花样。

编织须知

针法应用

第186~191页：许多编织者虽然有一套自己熟悉的针法花样，但却不知道如何运用。该章展示了如何结合书中的针法及颜色搭配，编织出完整的重复花样或者简洁的装饰花样。

创意展示

第192、193页：展示了一些迷你织物，以激发你的创作灵感。

针法技巧

第194~199页：该章涵盖了所有的针法技巧，从入门级到进阶级（如加减针）均有展示，并提供了一些针法搭配的最佳选择。

读懂编织图

第200~203页：该章介绍了如何读懂并使用编织图，以便充分利用本书。

针法缩写与符号

第204~206页：该章呈现了本书最常用的针法缩写和针法符号，而所有不常见的，尤其是特定针法花样中的缩写与符号，均列在“特定符号”处，置于编织图旁边。

针法主题

每一章的针法依次陈列，便于挑选你所喜欢的款式。

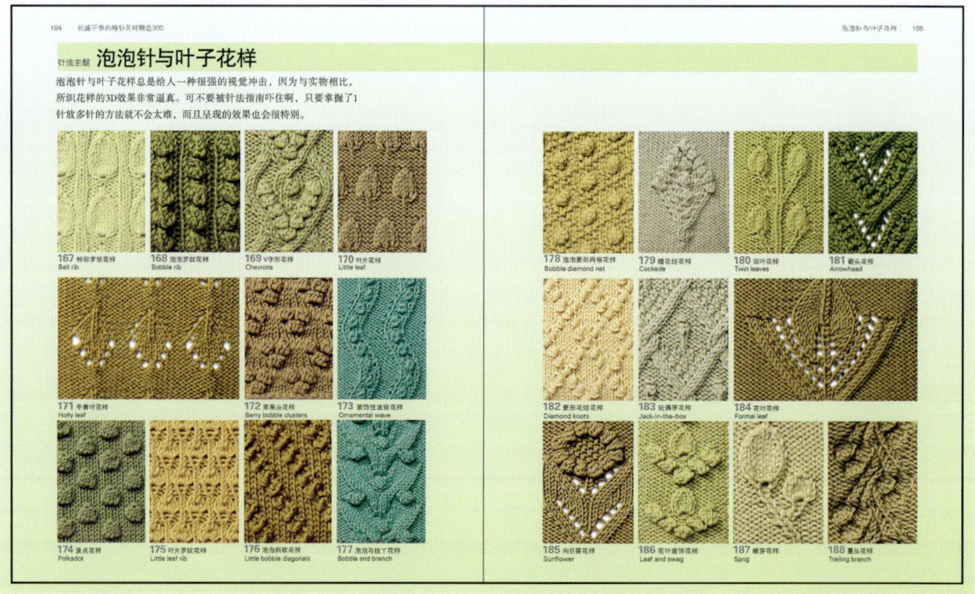

棒针花样

每章都列有不同的棒针花样，配有逐行编织的文字说明和简单易懂的编织图。

难易程度

棒针花样按难度分别标注等级，从1级到3级，其中1级为入门级。

所用线材

样片使用易于观察纹路的平滑纱线编织而成。

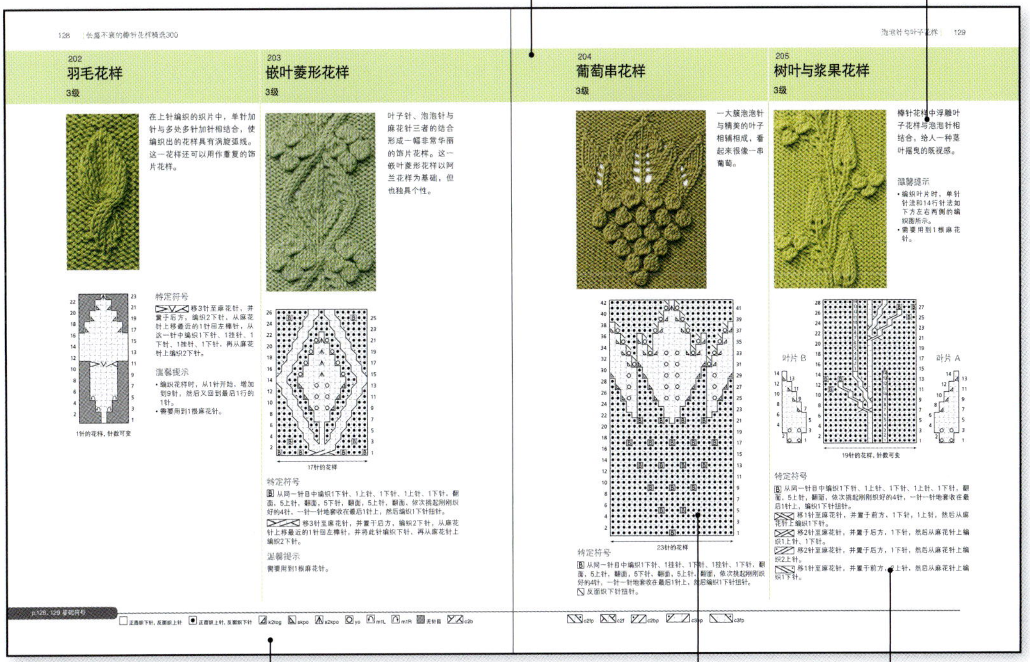

基础符号

基础符号呈现在页面底部。

组合针法

组合针法仅配有编织图，有时为了令编织步骤清晰易懂，也会加上逐行编织的文字说明。

特定符号

不常见的或者特定的针法符号会置于编织图旁边，加以说明。

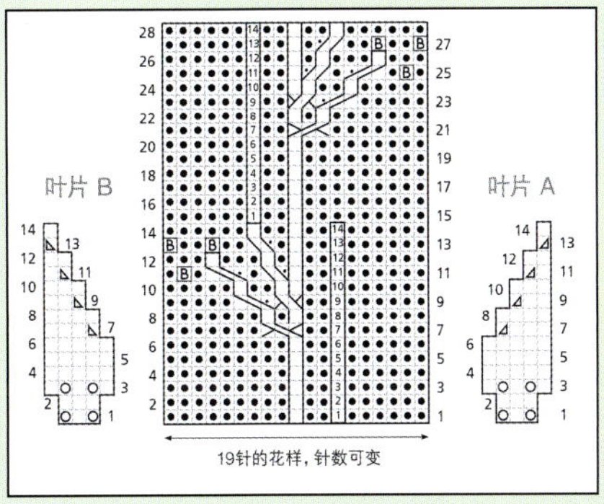

编织图复印

黑白相间的针法图可供复印或扫描放大使用。对于视力不佳者而言，无论是在光线暗淡处编织，还是在团队里或课堂上编织，此法颇为实用。

棒针花样

本部分由300种棒针花样组成，分为不同章节，为了方便查找，用不同颜色区分。各章节主题不同，但都列出了清晰完整的针法花样成品图。从基础针法（下针与上针花样）着手，衍生出各类棒针花样，最后以不常见针法花样和字母与数字花样收尾。

针法主题 下针与上针花样

下针与上针是棒针编织中的基础针法，能够织出下针编织和上针编织花样、罗纹花样等许多花样。平滑的下针编织V字形花样与上针编织波纹花样互为正反，掌握了这一点就能更好地理解这两种编织花样了。

001 起伏针花样
Garter stitch

002 上下针凸纹花样
Four-row welting

003 起伏针凸纹花样
Garter stitch welting

004 下针编织花样
Stocking stitch

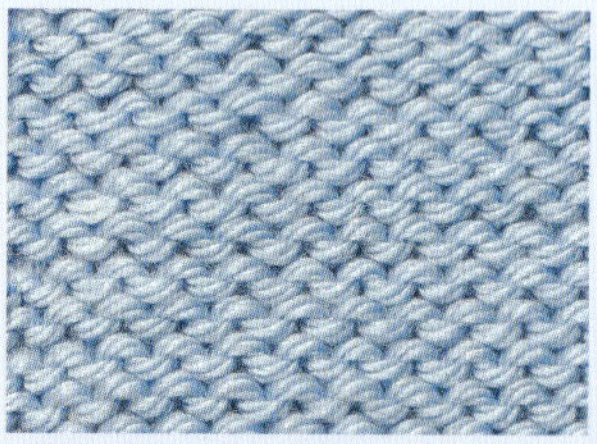

005 上针编织花样
Reverse stocking stitch

006 桂花针花样
Moss stitch

007 双桂花针花样
Double moss stitch

008 小方块针花样
Small blocks stitch

009 单罗纹花样
Knit one, purl one rib

010 扭针的单罗纹花样
Twisted single rib

011 间断的单罗纹花样
Broken single rib

012 双罗纹花样
Knit two, purl two rib

013 间断的双罗纹花样
Broken double rib

014 褶饰罗纹花样
Tucked rib

015 斜纹花样
Knit and purl diagonals

016 菱形花样
Lozenges stitch

017 回字形花样
Squares within squares

018 桂花针菱形花样
Moss stitch diamonds

019 双桂花针菱形花样
Double moss stitch diamonds

020 凸饰菱形花样
Diamond brocade

021 弹带罗纹花样
Cartridge belt rib

022 斜边下针编织
Bias stocking stitch

023 凸饰星形花样
Stars brocade

024 浮雕六边形花样
Embossed hexagons

025 浮雕三角旗花样
Embossed pennants

026 棱条罗纹花样
Corded rib

027 浮雕V字形花样
Embossed chevrons

028 凸饰网格花样
Brocade net

029 菱形双桂花针花样
Embossed double moss

030 旗褶花样
Flag pleats

031 斜纹网格花样
Little slipped check

032 五角星花样
Five-pointed star

033 平纹编织花样
Plaid weave

034 间断的竹篮花样
Broken rib basketweave

035 黑莓花样
Blackberry stitch

036 V字形起伏针花样
Garter stitch chevron

001

起伏针花样

1级

起伏针十分简单，每行均编织下针即可。编织而成的织物两面都不易卷边，可以织成织带，也可以用作饰边。织物凸起的脊线微微横向延伸、纵向收缩，近似方形。计算行数时需注意，正面凸起的脊线之间为反面针行。每行均用上针也可织出起伏针花样。

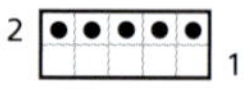

任意针数即可，
图中所示为5针

织法

第1行（正面） 下针。
第2行 下针。
以上2行即构成起伏针花样。

002

上下针凸纹花样

1级

凸纹花样是指用下针与上针结合编织出的水平垄沟花样。该花样易横向延伸，任意针数均可织出。图中4行一循环的上下针凸纹花样最为简单。

织法

第1行（正面） 下针。
第2行 上针。
第3行 上针。
第4行 下针。
以上4行即构成上下针凸纹花样。

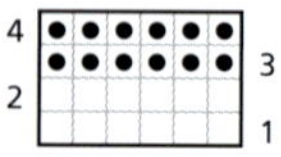

任意针数即可，
图中所示为6针

003

起伏针凸纹花样

1级

8行一循环的起伏针凸纹花样中，其中7行均织下针。如此一来，织出的纹理更加清晰，织物更柔软。

织法

第1行（正面） 下针。
第2行 上针。
第3~8行 下针。
以上8行即构成起伏针凸纹花样。

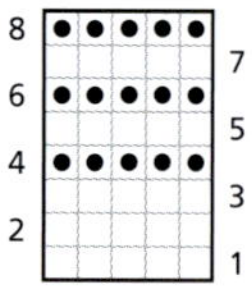

任意针数即可，
图中所示为5针

004

下针编织花样

1级

下针编织的织物纹路比较平滑，正面均编织下针，反面均编织上针即可。下针编织花样或许是编织中最常见、也最常用的花样。

织法

第1行（正面） 下针。
第2行 上针。
以上2行即构成下针编织花样。

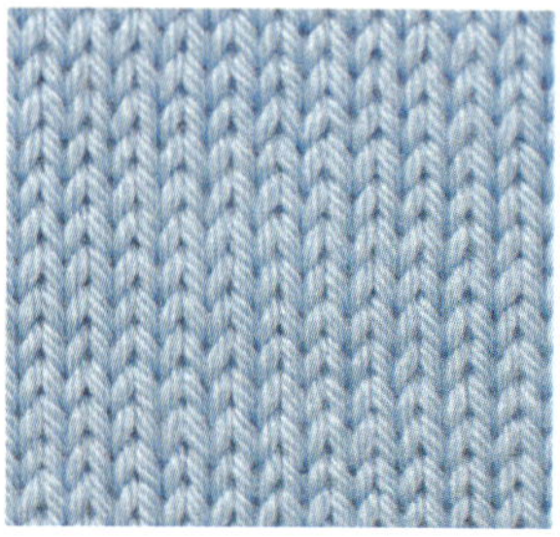

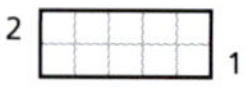

任意针数即可，
图中所示为5针

p.14、15 基础符号

□ 正面织下针，反面织上针　● 正面织上针，反面织下针

005

上针编织花样

1级

上针编织针法与下针编织针法截然相反。上针编织虽不似下针编织那般常见，但同样很有特色。正面均编织上针，反面均编织下针，即可织成上针编织花样。

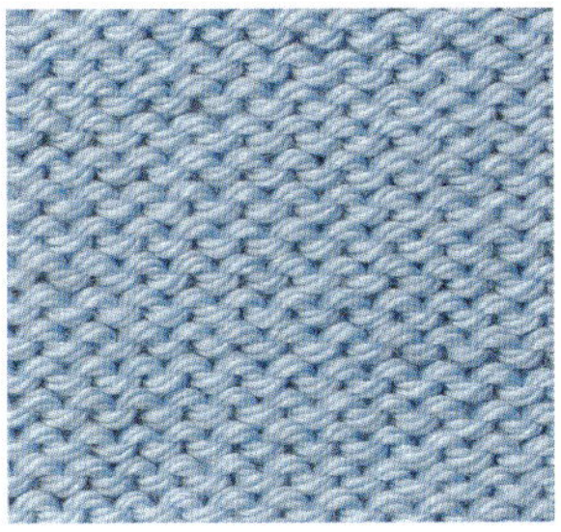

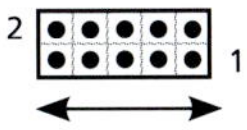

任意针数即可，
图中所示为5针

织法

第1行（正面） 上针。
第2行 下针。
以上2行即构成上针编织花样。

006

桂花针花样

1级

桂花针简单易学，织出的花样最令人满意。这一针法与起伏针类似，织出的纹路微微呈横向延伸、纵向收缩，近似方形。桂花针由下针、上针交替编织而成。

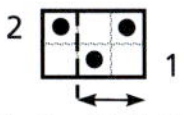

针数为2的倍数+1针

织法

第1行（正面） 重复织[1下针，1上针]至行尾。
第2行 织法同第1行。
以上2行即构成桂花针花样。

温馨提示

针数为偶数时，第1行重复织[1下针，1上针]至行尾，第2行重复织[1上针，1下针]至行尾。

007

双桂花针花样

1级

4行一循环的双桂花针（有时也被称为爱尔兰苔藓针）是在桂花针的基础上稍作变化而成，纵向不易收缩。这一针法与桂花针类似，既可以先织下针，也可以先织上针，各行根据情况编织相应的下针或上针即可。

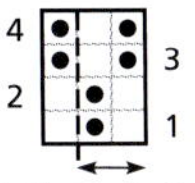

针数为2的倍数+1针

织法

第1行（正面） 重复织[1下针，1上针]至剩最后1针，织1下针。
第2行 重复织[1上针，1下针]至剩最后1针，织1上针。
第3行 重复织[1上针，1下针]至剩最后1针，织1上针。
第4行 重复织[1下针，1上针]至剩最后1针，织1下针。
以上4行即构成双桂花针花样。

008

小方块针花样

1级

4行一循环的小方块针与双桂花针类似，只是上、下针每次各编织2针，织出的花样就截然不同，呈重复的小方块状。

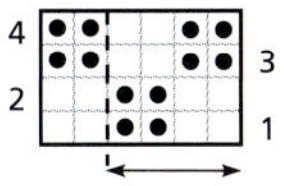

针数为4的倍数+2针

织法

第1行（正面） 重复织[2下针，2上针]至剩最后2针，织2下针。
第2行 重复织[2上针，2下针]至剩最后2针，织2上针。
第3行 重复织[2上针，2下针]至剩最后2针，织2上针。
第4行 重复织[2下针，2上针]至剩最后2针，织2下针。
以上4行即构成小方块针花样。

009
单罗纹花样
1级

每行交替编织上、下针即可织出弹力十足的单罗纹花样，且用途广泛。编织该花样时，每行针数可以为偶数，但更为常见的做法是多起1针变为奇数。

织法
第1行（正面） 重复织[1下针，1上针]至剩最后1针，织1下针。
第2行 重复织[1上针，1下针]至剩最后1针，织1上针。
以上2行即构成单罗纹花样。

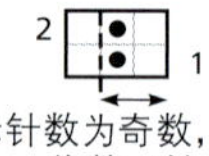

图中所示针数为奇数，针数为2的倍数+1针

温馨提示
针数为偶数时，第1行重复织[1下针，1上针]至行尾，第2行织法同第1行。

010
扭针的单罗纹花样
1级

扭针的单罗纹针是在单罗纹针的基础上稍作变化编织而成的，虽不如单罗纹针弹力十足，但纹路十分清晰。正面的下针和反面的上针需要用扭针的方式进行编织。

织法
第1行（正面） 重复织[1上针，1下针扭针]至剩最后1针，织1上针。
第2行 重复织[1下针，1上针扭针]至剩最后1针，织1下针。
以上2行即构成扭针的单罗纹花样。

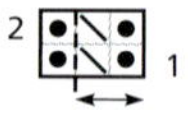

针数为2的倍数+1针

011
间断的单罗纹花样
1级

倘若编织时，正面各行采用1下针、1上针的织法，反面各行只织上针，编织出的纹路则呈间断的单罗纹花样，只是弹性较小。

织法
第1行（正面） 重复织[1下针，1上针]至剩最后1针，织1下针。
第2行 均织上针。
以上2行即构成间断的单罗纹花样。

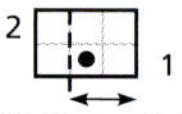

针数为2的倍数+1针

012
双罗纹花样
1级

双罗纹针织出的织物两面纹路一样。与其他罗纹花样相比，双罗纹花样的纹路最深。双罗纹针有时也称2×2罗纹针，既可以用于编织整片织物，也可以用于编织边缘。

织法
第1行（正面） 重复织[2下针，2上针]至剩最后2针，织2下针。
第2行 重复织[2上针，2下针]至剩最后2针，织2上针。
以上2行即构成双罗纹花样。

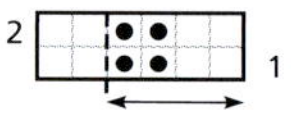

针数为4的倍数+2针

p.16、17 基础符号

□ 正面织下针，反面织上针　● 正面织上针，反面织下针　⧄ 正面织下针扭针，反面织上针扭针

013

间断的双罗纹花样

1级

正面各行织双罗纹针，反面各行织上针，形成双罗纹花样和起伏针花样相间的纹路，罗纹针纹路不深却十分紧实。

织法

第1行（正面） 重复织[2下针，2上针]至剩最后2针，织2下针。
第2行 均织上针。
以上2行即构成间断的双罗纹花样。

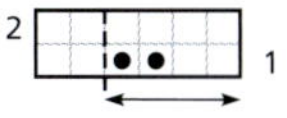

针数为4的倍数+2针

014

褶饰罗纹花样

2级

如图所示，在双罗纹针的基础上每隔10行插入2行下针编织，编织而成的褶饰罗纹花样纹路十分清晰，与其他罗纹花样截然不同。

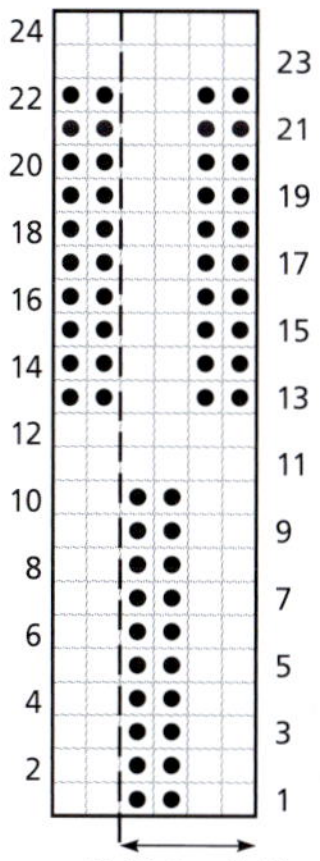

针数为4的倍数+2针

015

斜纹花样

2级

各行下针与上针针数依次发生变化，8行一循环，编织出的斜纹自成角度，纹路清晰可见。

织法

第1行（正面） 重复织[4下针，4上针]至行尾。
第2行 重复织[3下针，4上针，1下针]至行尾。
第3行 重复织[2上针，4下针，2上针]至行尾。
第4行 重复织[1下针，4上针，3下针]至行尾。
第5行 重复织[4上针，4下针]至行尾。
第6行 重复织[3上针，4下针，1上针]至行尾。
第7行 重复织[2下针，4上针，2下针]至行尾。
第8行 重复织[1上针，4下针，3上针]至行尾。
以上8行即构成斜纹花样。

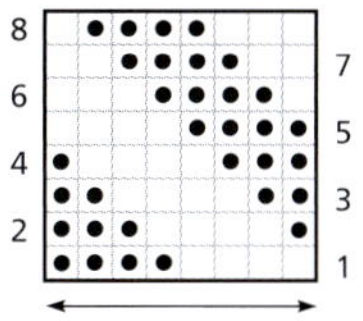

针数为8的倍数

016

菱形花样

2级

将斜纹花样分割成形状一致的若干小段，有序排列，织出的菱形花样颇具特色。

织法

第1行 重复织[4上针，4下针]至行尾。
第2行 重复织[3上针，4下针，1上针]至行尾。
第3行 重复织[2下针，4上针，2下针]至行尾。
第4行 重复织[1上针，4下针，3上针]至行尾。
第5行 重复织[4下针，4上针]至行尾。
第6行 重复织[4上针，4下针]至行尾。
第7行 重复织[1下针，4上针，3下针]至行尾。
第8行 重复织[2上针，4下针，2上针]至行尾。
第9行 重复织[3下针，4上针，1下针]至行尾。

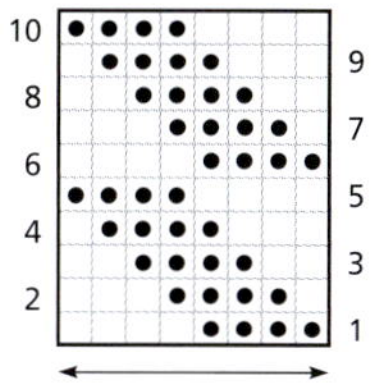

针数为8的倍数

第10行 重复织[4下针，4上针]至行尾。
以上10行即构成菱形花样。

017

回字形花样

2级

有序排列上、下针织出的方块花样，形成了清晰的浮雕纹路，再在方块图案中间添加小方块，就编织出了别具韵味的回字形花样。请注意，方块图案的行数应超过各行的针数。

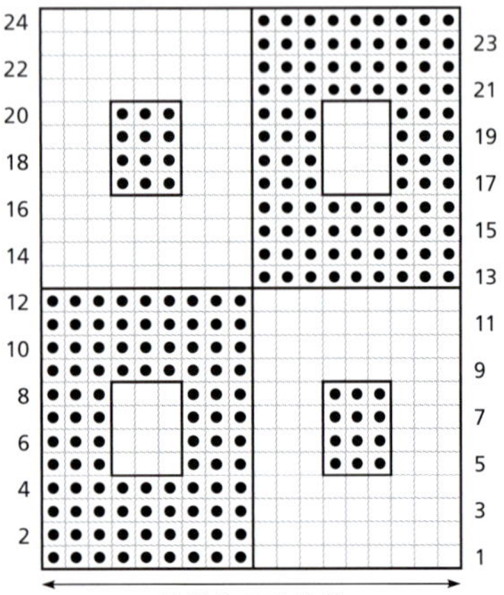

针数为18的倍数

018

桂花针菱形花样

2级

在桂花针形成的菱形图案四周织2针上针编织，就形成了一个轮廓清晰的菱形花样。

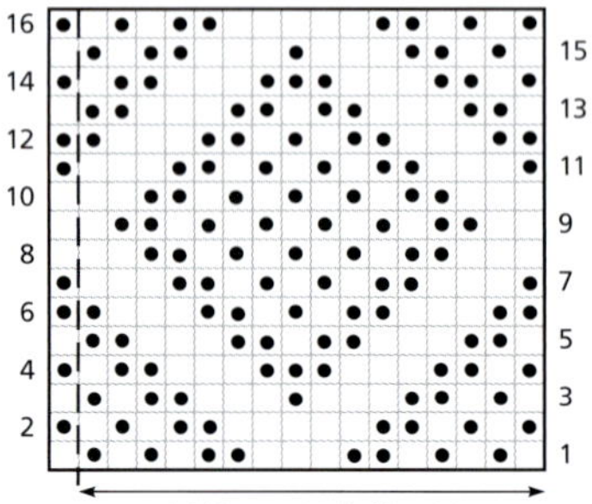

针数为16的倍数+1针

p.18、19 基础符号

□ 正面织下针，反面织上针　● 正面织上针，反面织下针

019
双桂花针菱形花样
2级

双桂花针与下针编织花样相结合，就织出了回字形的菱形花样。菱形中间的一小块需要织上针编织花样。

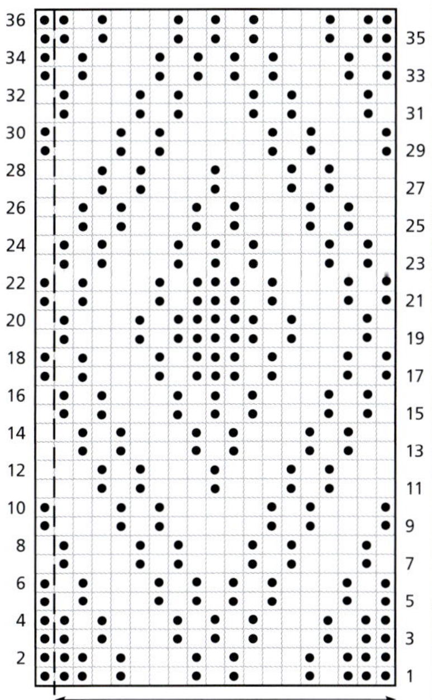

针数为18的倍数+1针

020
凸饰菱形花样
2级

上、下针相结合，在上针编织的菱形图案四周插入2针下针编织纹路，产生一种绗缝的视觉效果。

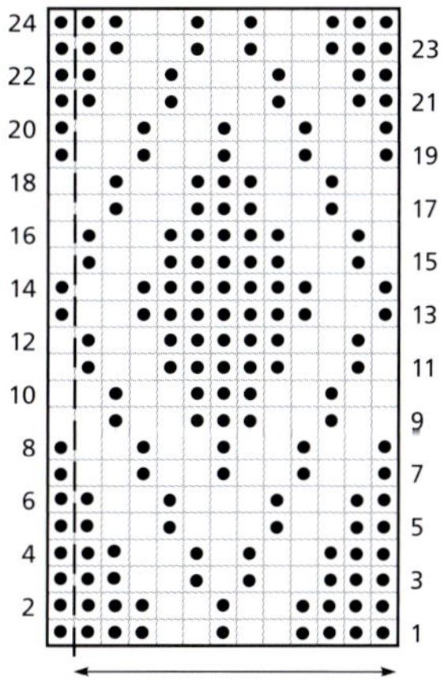

针数为12的倍数+1针

021
弹带罗纹花样
2级

弹带罗纹花样是一种经典的罗纹花样，正反面纹路一样。滑针会形成清晰的凹凸纹理。倘若不采用滑针，织出的花样则不含上针纹路，为2行一循环的简单花样。

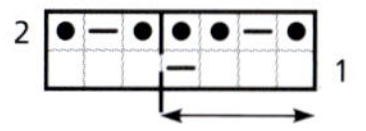

针数为4的倍数+3针

特定符号
⊟ 保持线在前面，以上针方向入针编织1滑针。

织法
第1行（正面） 3下针，重复织[保持线在前面，以上针方向入针编织1滑针，3下针]至行尾。
第2行 1下针，重复织[保持线在前面，以上针方向入针编织1滑针，3下针]至剩最后2针，保持线在前面，以上针方向入针编织1滑针，织1下针。
以上2行即构成弹带罗纹花样。

022

斜边下针编织

2级

通过规律性地加减针，这款下针编织出的织物纹路左右倾斜，边缘呈波浪状，波峰、波谷之间针数任意。可将加减针处的空隙收紧，形成V字形；也可在纹路左右倾斜的织物边缘处织出V字形。

图中所示针数为26针

特定符号

下针1针放2针（kfb）

织法

第1行（正面） 2下针，右上2针并1针，7下针，下针1针放2针，1下针，下针1针放2针，8下针，左上2针并1针，2下针。
第2行 均织上针。
以上2行即构成斜边下针编织花样。

023

凸饰星形花样

2级

一个个凸起的小八角星居于网格中心，看起来颇为复杂，但实际上这一花样只用到下针和上针，简单易上手。

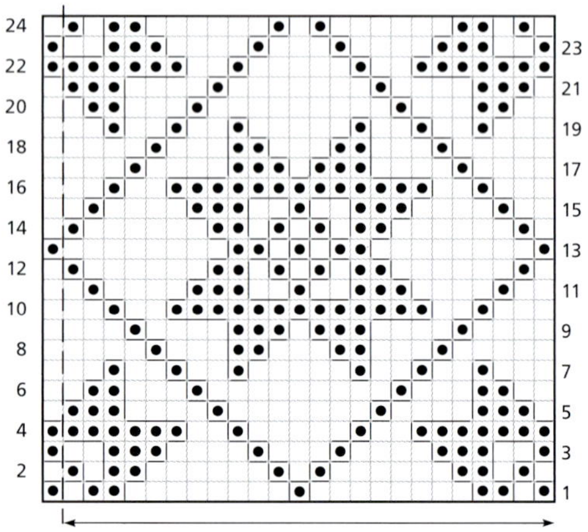

针数为24的倍数+1针

p.20、21 基础符号

正面织下针，反面织上针　正面织上针，反面织下针　正面织下针扭针，反面织上针扭针　k2tog　skpo

024

浮雕六边形花样

2级

这个花样由整齐的上、下针加入扭针花样编织而成，像拼布图案一样。

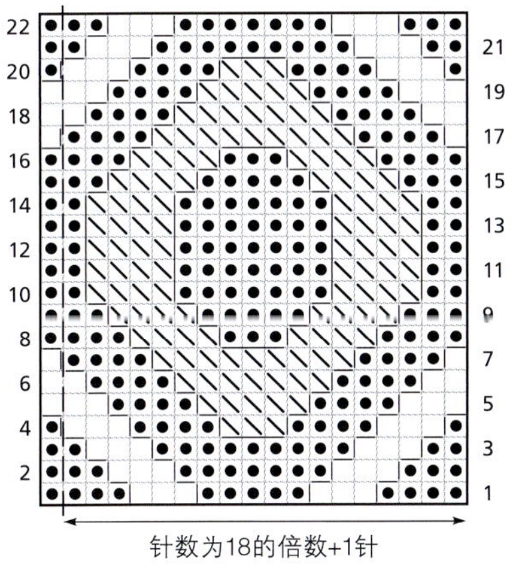

针数为18的倍数+1针

025

浮雕三角旗花样

2级

浮雕三角旗花样简单易学，非常适合对照编织图进行操作，尽管正反面的图案形状有所变化，但在编织过程中很容易就能找到你正在编织的针目。扭针和上针编织之间的反差为这一花样增添了精妙的纹路。

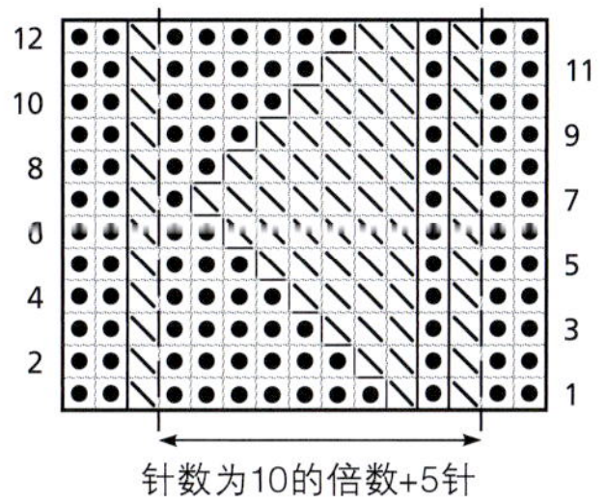

针数为10的倍数+5针

026
棱条罗纹花样
2级

棱条罗纹花样是在双罗纹花样的基础上变化而成的，纹路清晰，简单易学。

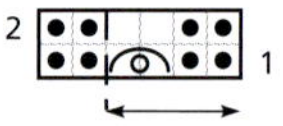

针数为4的倍数+2针

特定符号

保持线在后面，以上针方向入针编织1滑针、1挂针、1下针，挑起2针一起套收。

027
浮雕V字形花样
2级

扭针针法编织出的V字形交替呈现，纹路清晰，为原本简单的花样增添了优雅的韵味。

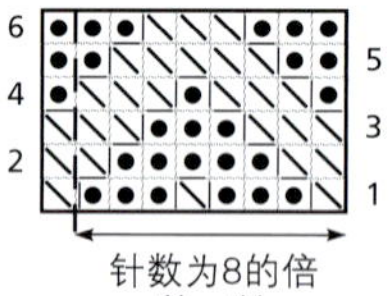

针数为8的倍数+1针

028
凸饰网格花样
2级

凸起的针脚有序排列，呈现的菱形网格花样让人联想到19世纪手工制作的白色床罩。尽管反面的纹路与正面不尽相同，但图案同样令人赏心悦目。

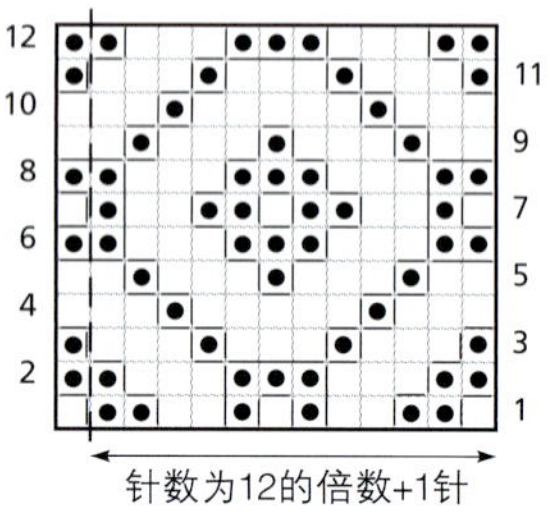

针数为12的倍数+1针

□ 正面织下针，反面织上针　● 正面织上针，反面织下针　⧅ 正面织下针扭针，反面织上针扭针

029
菱形双桂花针花样
2级

扭针与双桂花针的有序组合能够织出凸起的纹路，给棒针花样增添别样的韵味。尽管正反面图案不尽相同，但同样精妙绝伦，两面都能使用。

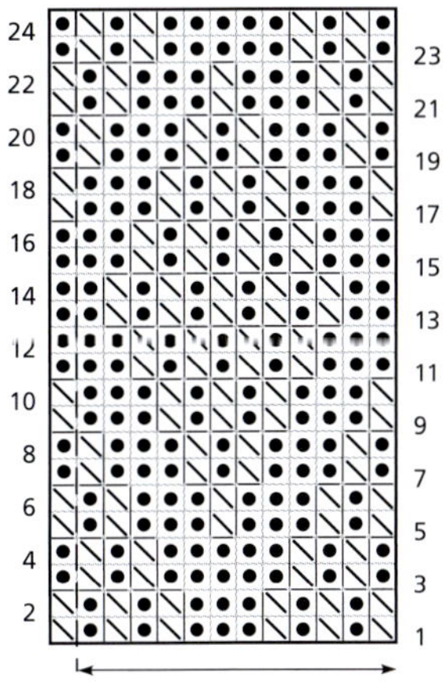

针数为12的倍数+1针

030
旗褶花样
2级

编织滑针会让旗帜之间的垂线更加明显。上图所示的织物经过熨烫，所以较为平整；要想使旗褶纹路更明显，请使用弹性较好的纯羊毛线编织，且不要熨烫。

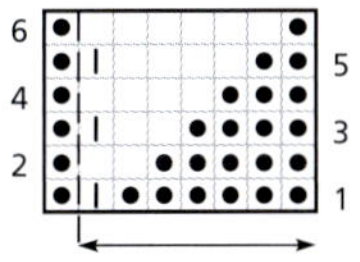

针数为7的倍数+1针

031
斜纹网格花样
2级

起伏针与滑针的有序组合能够使纹路凸起，织出的花样妙趣横生。

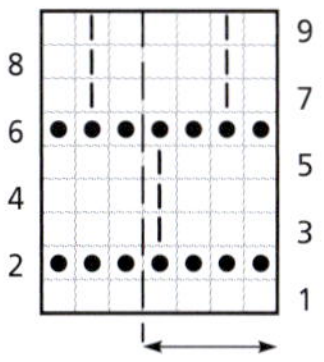

针数为4的倍数+3针

特定符号

| 正面行：保持线在后面，以上针方向入针编织1滑针；反面行：保持线在前面，以上针方向入针编织1滑针。

温馨提示

重复第2~9行的织法，即可织出斜纹网格花样。

032

五角星花样

2级

在下针编织背景的映衬下，上图所示的五角星花样纹路清晰可见。棒针花片与编织图结合使用，可以帮助你判断何时该编织桂花针。

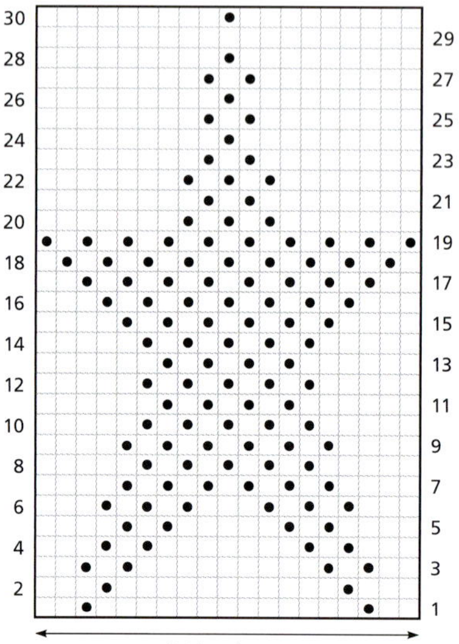

19针的五角星花样

033

平纹编织花样

2级

起伏针、上针编织、下针编织三者相结合，织出的图案呈块状有序堆叠，营造出一种强烈的平纹编织视觉效果，令人赏心悦目。

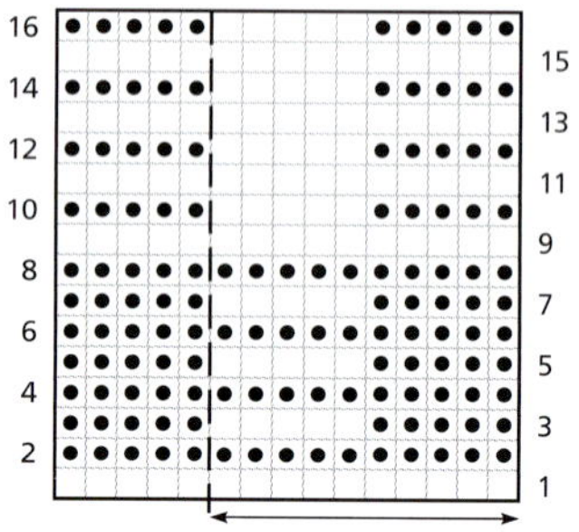

针数为10的倍数+5针

p.24、25 基础符号

□ 正面织下针，反面织上针 ● 正面织上针，反面织下针 k2tog skpo 无针目 m1R m1L

034

间断的竹篮花样

2级

反面行织上针，正面行分散织上针使纵向罗纹分段排列，原本单调的罗纹花样摇身一变，成为趣味横生的竹篮花样。

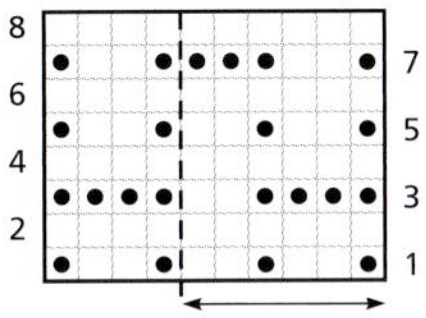

针数为6的倍数+4针

织法

第1行（正面） 重复织[1上针，2下针]至剩最后1针，织1上针。
第2行及其他反面各行 均织上针。
第3行 重复织[4上针，2下针]至剩最后4针，织4上针。
第5行 织法同第1行。
第7行 重复织[1上针，2下针，3上针]至剩最后4针，织1上针、2下针、1上针。
第8行 均织上针。
以上8行即构成间断的竹篮花样。

035

黑莓花样

3级

反面各行1针放3针、3针并1针交替进行，织出的凸饰图案井然有序、十分美丽。正面行均织上针，编织出的泡泡花样更为精美。

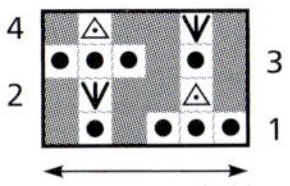

针数为4的倍数

织法

第1行（正面） 均织上针。
第2行 重复织[1针放3针（1下针、1上针、1下针），上针左上3针并1针]至行尾。
第3行 均织上针。
第4行 重复织[上针左上3针并1针，1针放3针（1下针、1上针、1下针）]至行尾。
以上4行即构成黑莓花样。

特定符号

△ 上针左上3针并1针（p3tog）
V 1针放3针（1下针、1上针、1下针）

036

V字形起伏针花样

3级

用加减针相结合，编织出纹路清晰的V字形花样，起伏针编织的凸起脊线使花样效果更为明显。倘若要使收针饰边同起针饰边一样棱角分明，请注意要在正面收针，切勿在反面织下针收针。

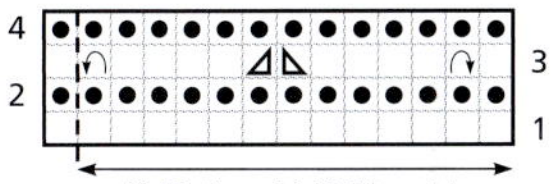

针数为13的倍数+1针

织法

第1行（正面） 均织下针。
第2行 均织下针。
第3行 重复织[1下针，下针的右扭针加针，4下针，右上2针并1针，左上2针并1针，4下针，下针的左扭针加针]至剩最后1针，织1下针。
第4行 均织下针。
重复第3、4行织法，即可织出V字形起伏针花样。

针法主题

交叉针花样

不借助麻花针也能织出麻花花样的交叉针很与众不同。它可以在织物表面织出首尾相连的图案，也可以织出斜纹花样；可以织出重复性的图案，也可以织出颇具装饰性的主题图案，编织而成的效果与麻花针织出的效果类似，但又独具特色。

037 细交叉针花样
Subtle twist

038 麦穗罗纹花样
Wheatear rib

039 凸饰网格花样
Textured trellis

040 起伏针菱形花样
Garter diamond panel

041 小晶格花样
Little lattice

042 棕榈叶花样
Palm leaf

043 焰火花样
Rocket trail

044 交叉罗纹花样
Interlaced rib

045 双重晶格花样
Double interlaced lattice

046 仿抽褶花样
Mock smocking

047 网格交叉花样
Grille and twists panel

048 单向波浪花样
Sideways wave

049 树状延伸花样
Travelling twists panel

050 3针交叉罗纹花样
Three-stitch twist rib

051 交叉仿麻花花样
Twisted mock cables

052 茎叶花样
Twisted stem leaves

053 虚实斜纹花样
Open and closed diagonals

054 花朵花样
Formal flower

055 罗纹麻花辫花样
Braided rib

056 闪电花样
Lightning

057 荷叶边花样
Rickrack and lazy twist rib

058 双叶花样
Paired leaves

059 凸饰波纹花样
Textured waves

060 迷你仿麻花网格花样
Mini mock cable lattice

061 格子泡泡花样
Bobble lattice panel

062 织影花样
Illusion

063 蓟花花样
Thistle

064 芦苇花样
Reed

065 纺锤粗麻花花样
Spindle and wide twists panel

066 分支双罗纹花样
Double branching rib

067 心形花样
Outlined heart

068 浮雕菱形花样
Engraved diamonds

069 兰花花样
Orchid

070 交织菱形花样
Interwoven diamonds

071 大葱花样
Allium

072 交叉罗纹菱形花样
Twisted rib diamond

073 幻影盒花样
Illusion boxes

037
细交叉针花样
1级

若干股交叉针左右相间、交替排列，织出上图所示的细交叉针花样，操作简单易上手。朝左的交叉针顶部那1针的角度较朝右的交叉针对应位置更明显。若要朝右的交叉针呈现相同的效果，可轻轻调整右侧的织线，拉出蓬松的效果。

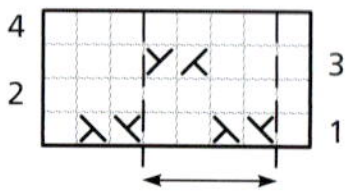

针数为4的倍数+4针

织法

第1行（正面） 1下针，重复织[左上1针交叉，2下针]至剩最后3针，织左上1针交叉、1下针。
第2行 均织上针。
第3行 1下针，重复织[2下针，右上1针交叉]至剩最后3针，织3下针。
第4行 均织上针。
以上4行即构成细交叉针花样。

038
麦穗罗纹花样
1级

在麦穗罗纹花样中，左右扭针花样被一列单扭针花样分开，构成了既紧致又饱满的麦穗罗纹花样。

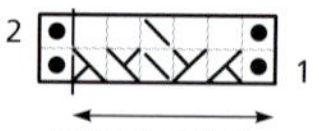

针数为6的倍数+1针

织法

第1行（正面） 重复织[1上针，右上1针交叉，1下针扭针，左上1针交叉]至剩最后1针，织1上针。
第2行 1下针，重复织[2上针，1上针扭针，2上针，1下针]至行尾。

039
凸饰网格花样
1级

网格花样简单质朴，用双桂花针填充一半的菱形格，令织物表面的纹路更丰富。

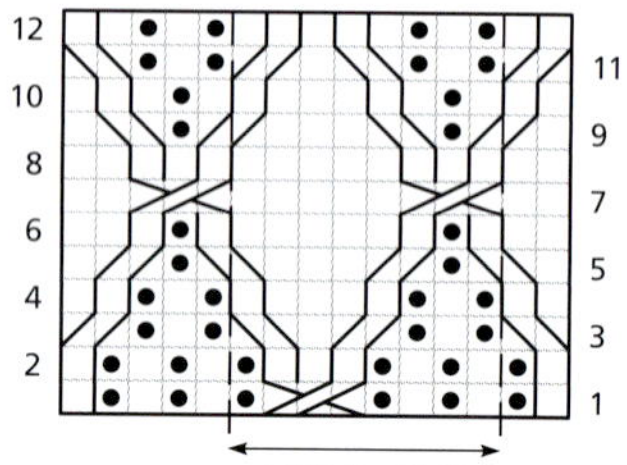

针数为8的倍数+7针

特定符号

 依次从左棒针上的第3针、第2针、第1针的前面入针，各编织出1下针，将所有针目一起从棒针上取下。

p.28、29 基础符号

□ 正面织下针，反面织上针　● 正面织上针，反面织下针　正面织下针扭针，反面织上针扭针　t2R　t2L　t2Rp　t2Lp

040

起伏针菱形花样

1级

上图所示的棒针花样中，交叉针与起伏针相结合，交叉针勾勒轮廓，起伏针填充内部，四周是上针，组成了别致的菱形花样。

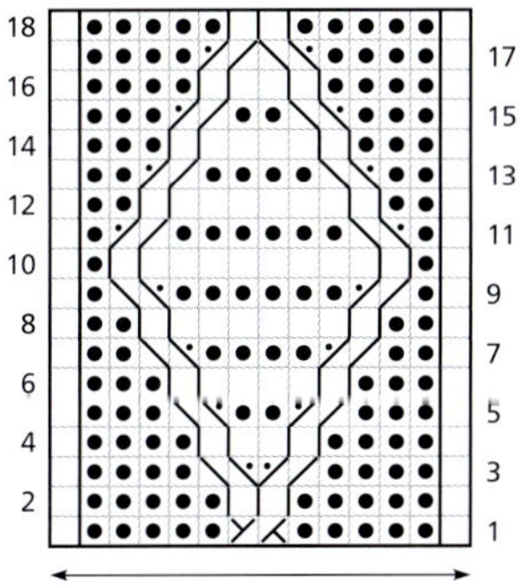

14针的花样

041

小晶格花样

1级

面对密密麻麻的小晶格花样编织图，依然能轻轻松松地锁定正在编织的步骤，因为所有的交叉针都是在正面进行的，反面各行按照编织图编织上、下针即可。

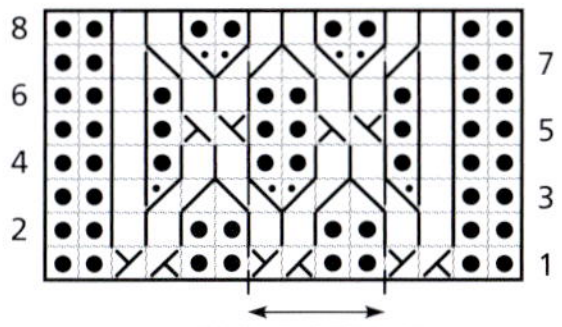

针数为4的倍数
+10针

织法

第1行（正面） 2上针，重复织[右上1针交叉，2上针]至行尾。
第2行 2下针，重复织[2上针，2下针]至行尾。
第3行 2上针，1下针，重复织[上针的左上1针交叉，上针的右上1针交叉]至剩最后3针，依次织1下针、2上针。
第4行 2下针，1上针，1下针，重复织[2上针，2下针]至剩最后6针，依次织2上针、1下针、1上针、2下针。
第5行 2上针，1下针，1上针，重复织[左上1针交叉，2上针]至剩最后6针，依次织左上1针交叉、1上针、1下针、2上针。
第6行 织法同第4行。
第7行 2上针，1下针，重复织[上针的右上1针交叉，上针的左上1针交叉]至剩最后3针，依次织1下针、2上针。
第8行 织法同第2行。
以上8行即构成小晶格花样。

042

棕榈叶花样

1级

用交叉针勾勒出轮廓，用扭针织出纹理，编织而成的棕榈叶花样既可用作单个点缀，也可用作重复性图案使用。

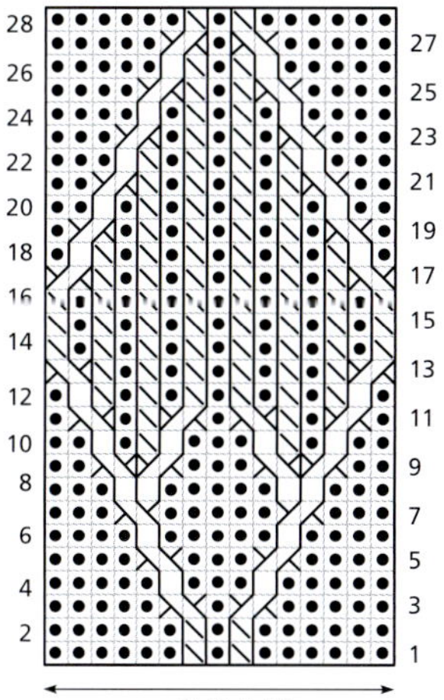

15针的花样

043

焰火花样

1级

焰火花样中，只有在勾勒孔眼的轮廓时，用到若干交叉针进行减针。重复的焰火花样很适合用作饰片。

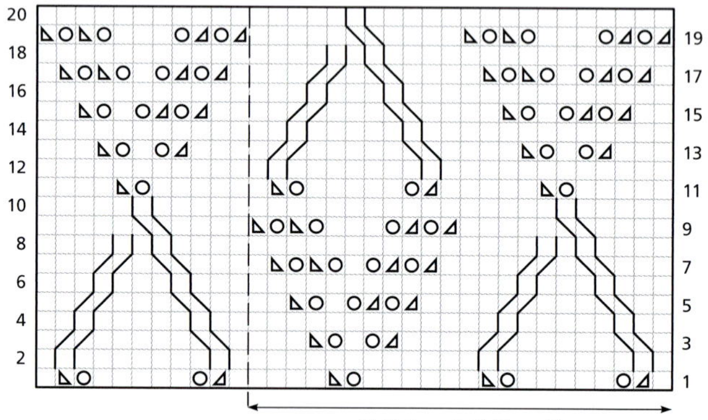

p.30、31 基础符号

□ 正面织下针，反面织上针　● 正面织上针，反面织下针　k2tog　skpo　yo　t2R　t2L　t2Rp　t2Lp

044
交叉罗纹花样
1级

在交叉罗纹花样中，细长的波浪形交叉针连接着宽罗纹。仅需16针便可织出重复性的菱形花样。

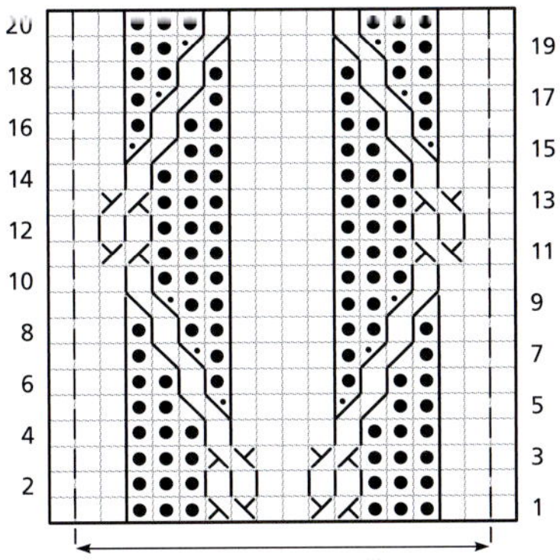

针数为16的倍数

045
双重晶格花样
1级

成对的交叉针上、下交织，构成了大晶格花样。如编织图所示，12针即可织出所需的菱形花样。

针数为12的倍数+16针

046
仿抽褶花样
1级

仿抽褶花样的织法与小晶格花样（见p.29）相近，但呈现的纹路效果却大不相同。虽然织法简单，但织起来却相当缓慢，因为织反面各行时需要先将织线穿过特定针目，然后再进行编织。

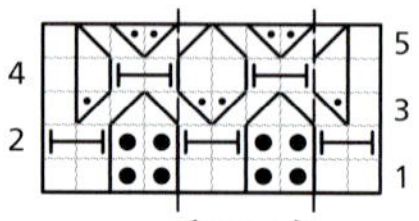

针数为4的倍数+6针

特定符号

聚集针（Cluster）：[以上针方向入针编织2滑针，把线绕到前方，将针目移回左棒针，把线绕到后方]3次，以上针方向入针编织2滑针。

织法

第1行（正面） 2下针，重复织[2上针，2下针]至行尾。
第2行 2聚集针，重复织[2下针，2聚集针]至行尾。
第3行 1下针，重复织[上针的左上1针交叉，上针的右上1针交叉]至剩最后1针，织1下针。
第4行 1上针，1下针，2聚集针，重复织[2下针，2聚集针]至剩最后2针，织1下针、1上针。
第5行 1下针，重复织[上针的右上1针交叉，上针的左上1针交叉]至剩最后1针，织1下针。

温馨提示

- 织聚集针时，绕在特定针目上的织线需要缠紧，以保证套收滑针的针脚整齐。
- 无须重复第1行织法，重复第2~5行的织法即可织出仿抽褶花样。

047
网格交叉花样
1级

单罗纹延伸、交织，与交叉针一起勾勒出精美的轮廓。虽然呈现出的效果丰富多样，操作起来却很简单，因为所有的交叉针都是在正面进行的。

20针的花样

p.32、33 基础符号

□ 正面织下针，反面织上针 ● 正面织上针，反面织下针 正面织下针扭针，反面织上针扭针 t2R t2L t2Rp t2Lp

048

单向波浪花样

1级

单罗纹针在扭针单罗纹针间往返移动、交叉，呈波浪状，织出了这一妙趣横生的单向波浪花样。要织出宽阔的织片，需要按照编织图将21针织全。

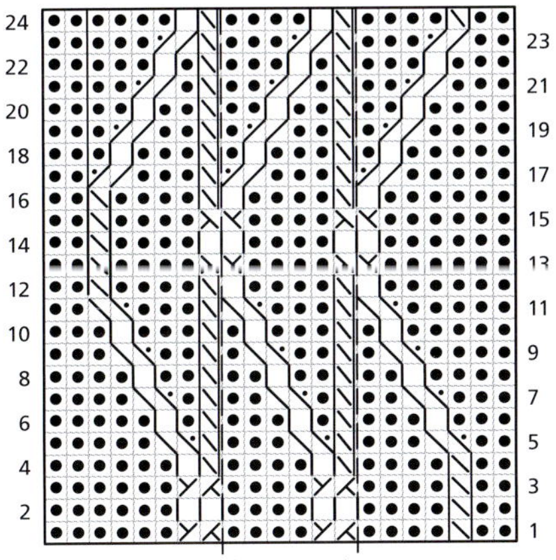

针数为6的倍数
+15针

049

树状延伸花样

1级

树状延伸花样与1针麻花针编织出的效果几乎一样，但更容易操作，表面纹路也更加精致。如上图所示，左、右枝丫彼此相邻，两边的花样均为11针，花样中间可以添加其他的棒针花样，也可以适当调整织片的宽度，还可以继续延伸左右两边枝丫的长度用于毛衣的前片。

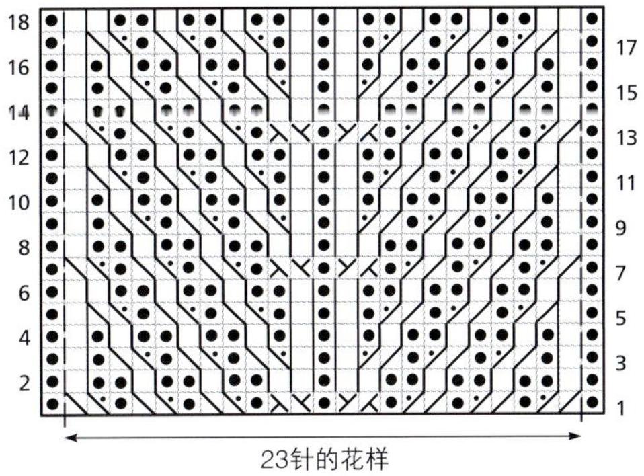

23针的花样

050

3针交叉罗纹花样

1级

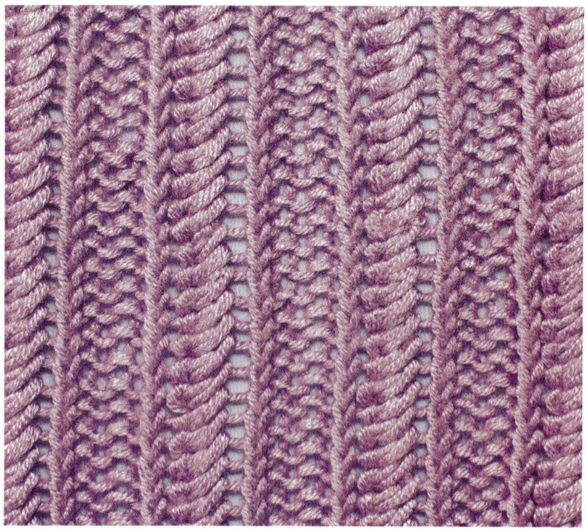

选用相对较细的棒针和弹性较好的织线，编织时织线拉紧，用交叉针织出的花样与罗纹花样几乎一样；倘若选用扁平、松软的织线，那么织出的花样熨烫平整后就会变成趣味十足的条纹状。

针数为7的倍数
+2针

特定符号

右上2针与1针交叉（t3R）：正面行，依次从第3针、第1针、第2针中各编织1下针扭针，将3针一起从棒针上取下；反面行，依次从第2针、第3针、第1针中各编织1上针扭针，将3针一起从棒针上取下。

织法

第1行（正面） 2上针，重复织[1下针扭针，右上2针与1针交叉，1下针扭针，2上针]至行尾。

第2行 2下针，重复织[1上针扭针，右上2针与1针交叉，1上针扭针，2下针]至行尾。

以上2行即构成3针交叉罗纹花样。

051

交叉仿麻花花样

1级

下针编织构成椭圆形中心，交叉针勾勒出椭圆形轮廓，形成扁平麻花的效果。重复的变形麻花花样之间可以用扭针织出同一种单罗纹纹路，也可以采用不同的罗纹纹路，又或者在交叉处横向添加更多的行数。

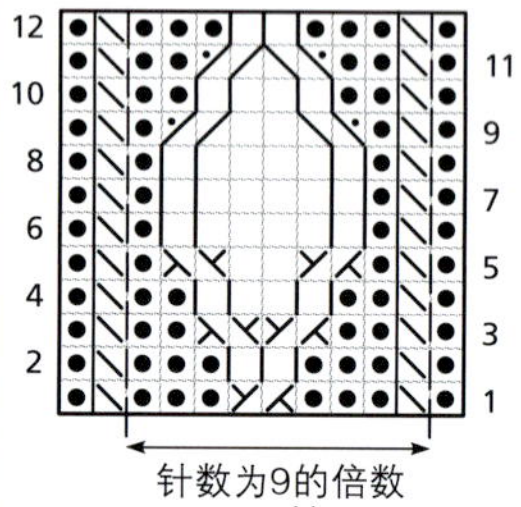

针数为9的倍数
+3针

织法

第1行（正面） 1上针，重复织[1下针扭针，3上针，右上1针交叉，3上针]至剩最后2针，织1下针扭针、1上针。

第2行 1下针，重复织[1上针扭针，3下针，2上针，3下针]至剩最后2针，织1上针扭针、1下针。

第3行 1上针，重复织[1下针扭针，2上针，右上1针交叉，左上1针交叉，2上针]至剩最后2针，织1下针扭针、1上针。

第4行 1下针，重复织[1上针扭针，2下针，4上针，2下针]至剩最后2针，织1上针扭针、1下针。

第5行 1上针，重复织[1下针扭针，1上针，右上1针交叉，2下针，左上1针交叉，1上针]至剩最后2针，织1下针扭针、1上针。

第6行与第8行 1下针，重复织[1上针扭针，1下针，6上针，1下针]至剩最后2针，织1上针扭针、1下针。

第7行 1上针，重复织[1下针扭针，1上针，6下针，1上针]至剩最后2针，织1下针扭针、1上针。

第9行 1上针，重复织[1下针扭针，1上针，上针的左上1针交叉，2下针，上针的右上1针交叉，1上针]至剩最后2针，织1下针扭针、1上针。

第10行 织法同第4行。

第11行 1上针，重复织[1下针扭针，2上针，上针的左上1针交叉，上针的右上1针交叉，2上针]至剩最后2针，织1下针扭针、1上针。

第12行 织法同第2行。

以上12行即构成交叉仿麻花花样。

p.34、35 基础符号

□ 正面织下针，反面织上针　● 正面织上针，反面织下针　正面织下针扭针，反面织上针扭针　k2tog　skpo　O yo　t2R

052

茎叶花样

2级

如上图所示，交叉针为精美的旋涡状叶子花样增添了优雅气息。

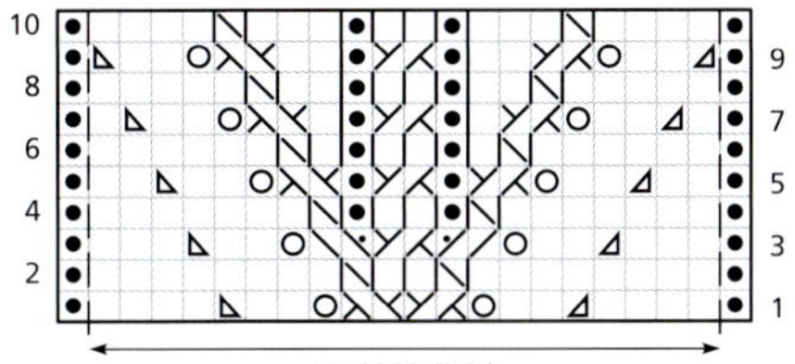

20针的花样

053

虚实斜纹花样

2级

镂空的斜纹花样与交叉针的斜纹衔接平滑自然，起针行与收针行形成波浪状饰边。

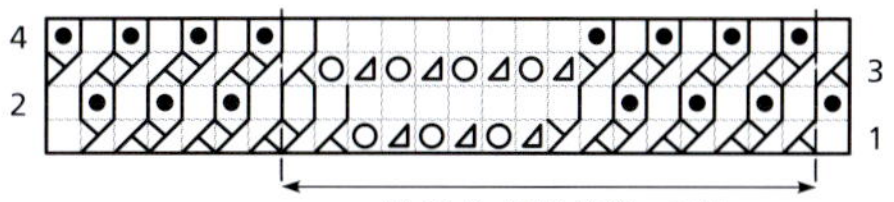

针数为16的倍数+8针

t2L　t2Rp　t2Lp

054

花朵花样

2级

如上图所示，淡雅的花朵花样可以单独用作装饰，也可以用作轮廓清晰的重复性花样。

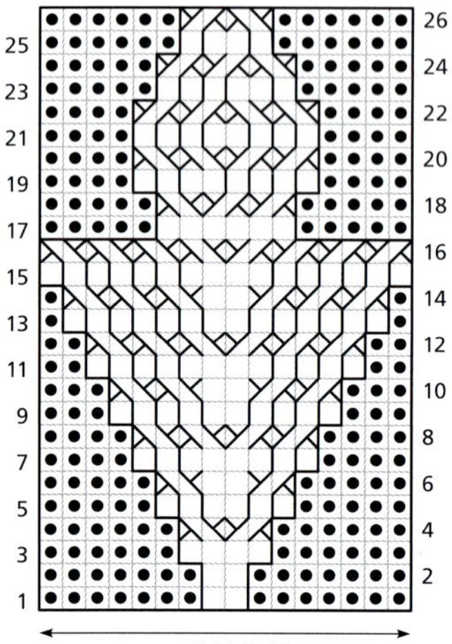

16针的花样

温馨提示

需从反面行开始织花朵花样。

055

罗纹麻花辫花样

2级

若干股交叉针错落有序，像粗麻花辫一样。织出的罗纹麻花辫花样紧致平滑，不易收缩。

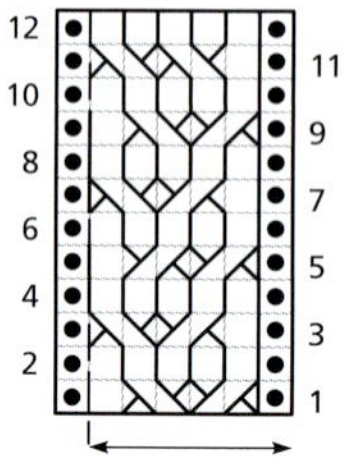

针数为6的倍数
+1针

056

闪电花样

2级

凹凸有致的起伏针与平滑清晰的之字形交叉针相结合，织出的纹理十分紧致。

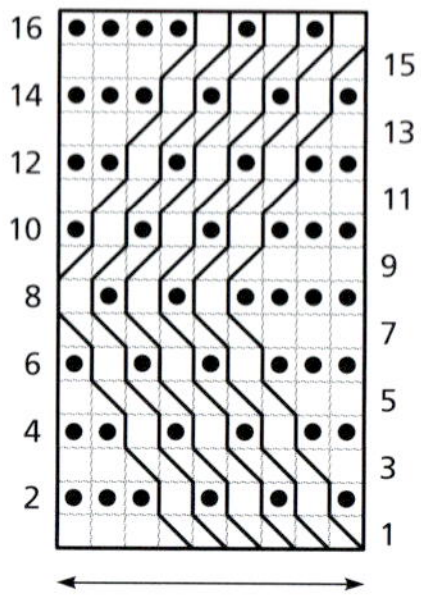

针数为9的倍数

p.36、37 基础符号

□ 正面织下针，反面织上针　● 正面织上针，反面织下针　t2R　t2L

057

荷叶边花样

2级

这一花样由两种简单元素组合而成：每行2针交叉织出荷叶边，5针交叉织出泡泡状的花苞，不织麻花针却能呈现出麻花花样。

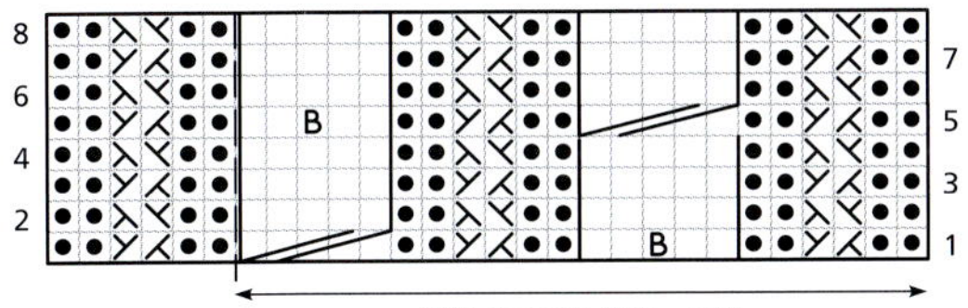

针数为22的倍数+6针

特定符号

反面行：将棒针从后面插入第1针和第2针之间，钩住第2针前面的渡线往后拉，依次从第2针、第1针中各编织1上针扭针，将2针一起从棒针上取下。

依次从第5针、第1针、第2针、第3针、第4针中各编织1下针扭针，将5针一起从棒针上取下。

B 从同一针目中编织（1下针、1挂针、1下针、1挂针、1下针），[翻面，编织5下针]2次，挑起第4针、第3针、第2针和第1针套收到第5针上，并从棒针上取下。

058

双叶花样

2级

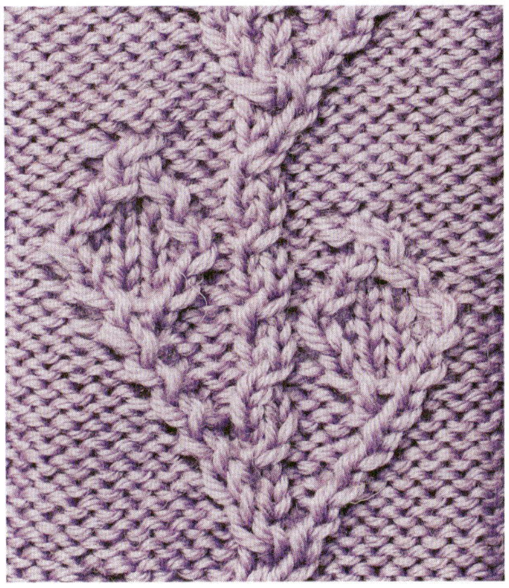

双叶花样稍有交错，使原本中规中矩的图案更生动逼真。

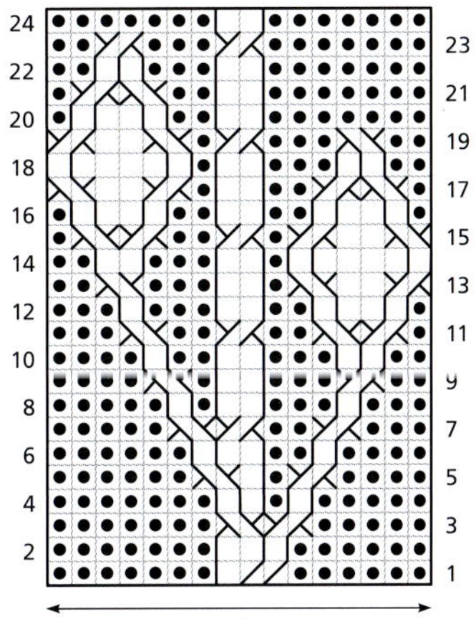

16针的花样

059

凸饰波纹花样

2级

桂花针与上针交替编织，再使用交叉针勾勒轮廓，令左右两侧呈波纹状。12针桂花针即可织出重复性的凸饰波纹花样。

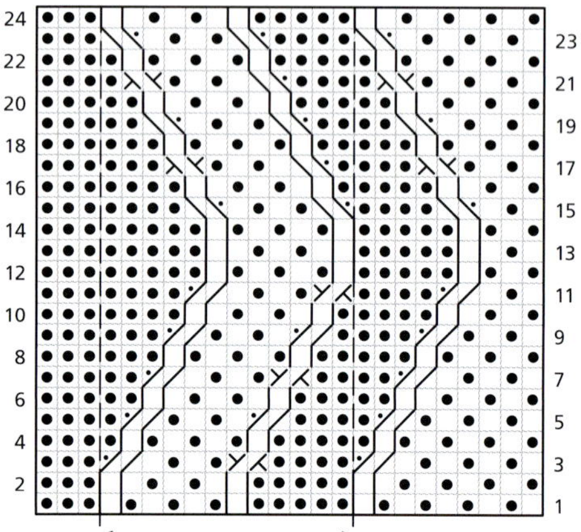

针数为12的倍数+12针

060

迷你仿麻花网格花样

2级

相互交织延伸的交叉针勾勒出网格轮廓，两针交叉织出柱状的迷你仿麻花罗纹，二者相结合形成颇具实用性的整体花样。

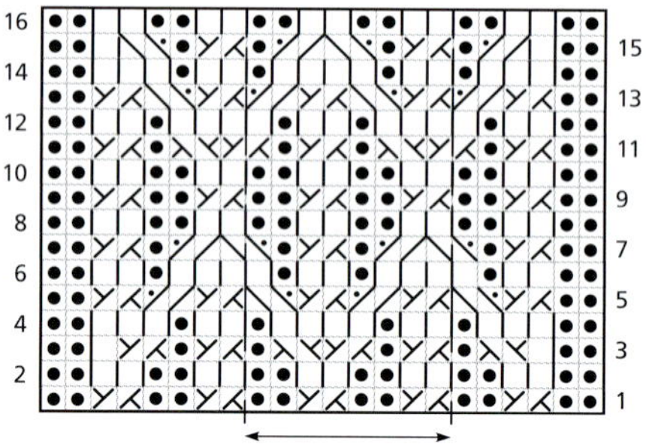

针数为8的倍数+14针

p.38、39 基础符号

□ 正面织下针，反面织上针　● 正面织上针，反面织下针　t2R　t2L　t2Rp　t2Lp

061

格子泡泡花样

2级

反面各行织滑针，织出的网格花样更加平滑、清晰，整齐的泡泡花样实际上是用2针缩褶织出的，格外醒目。

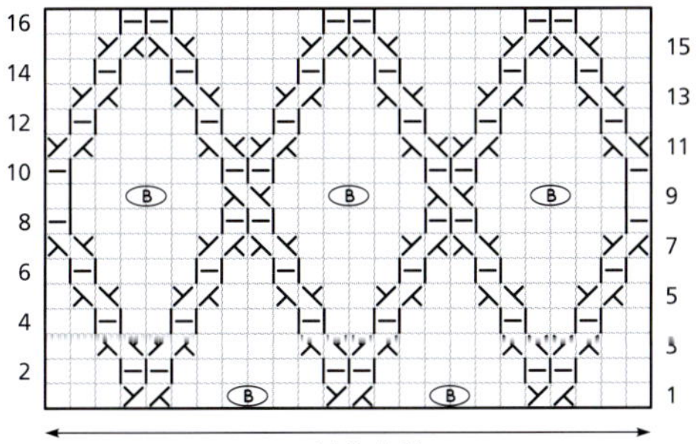

24针的花样

特定符号

反面行：以上针方向入针编织1滑针。

将棒针从后面插入第1针和第2针之间，钩住第2针前面的渡线往后拉，依次从第2针、第1针中各编织1下针扭针，将2针一起从棒针上取下。

依次从第2针、第1针中各编织1下针扭针，将2针一起从棒针上取下。

[2下针，翻面，2上针，翻面]2次，将每一针和下面4行的针目对齐编织并针。

062

织影花样

2级

之字形交织构成的菱形与编织纹理给这一几何花样增添了些许动感。

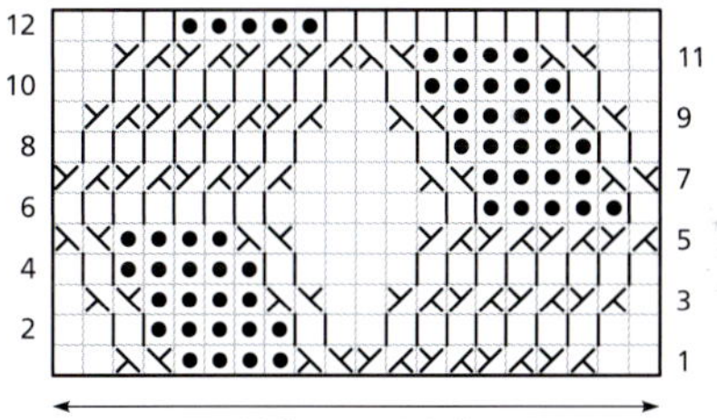

针数为20的倍数

063
蓟花花样
2级

扭针、泡泡针、交叉针，三者相结合织出这一幅整洁的小蓟花花样。三种针法可以分散排列，也可以相互搭配，呈现别具韵味的纹理效果。

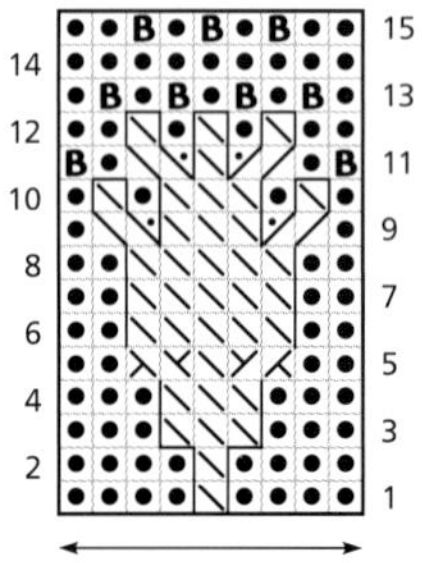

9针的花样

特定符号

B 从同一针目中编织（1下针，1挂针，1下针，1挂针，1下针），翻面，[5下针，翻面]3次，[以下针方向入针，编织1滑针]4次，编织1下针，将滑过的针目套收。

064
芦苇花样
2级

如左图所示，交叉针织出的斜纹花样紧密排列，绘制出尖尖的芦叶和写意的芦花。

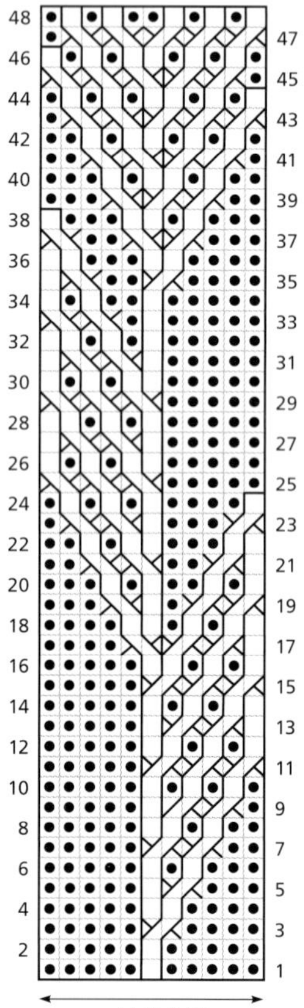

11针的花样

p.40、41 基础符号

□ 正面织下针，反面织上针　● 正面织上针，反面织下针　正面织下针扭针，反面织上针扭针　t2R　t2Lp　t2L　t2Rp

065

纺锤粗麻花花样

2级

织片中间的装饰花样是由单罗纹花样与4针交叉花样有序组合织出的。两侧的麻花花样是通过重复扭针织出的。

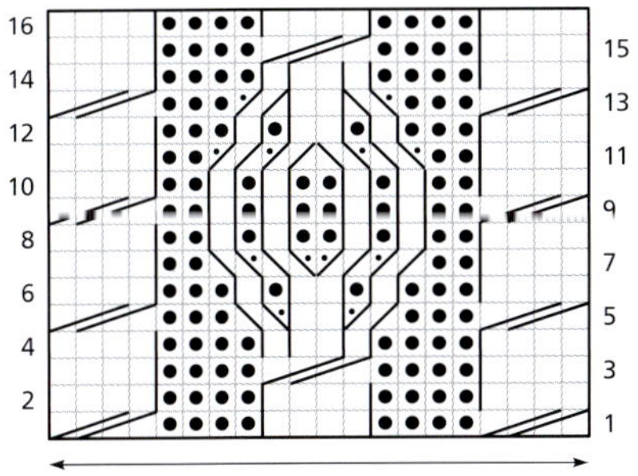

20针的花样

特定符号

 依次从第4针、第1针、第2针、第3针中各编织1下针扭针，将4针一起从棒针上取下。

066

分支双罗纹花样

2级

在这一花样中，相互交织延伸的交叉针至关重要，使交织的双罗纹呈现出菱形花样。

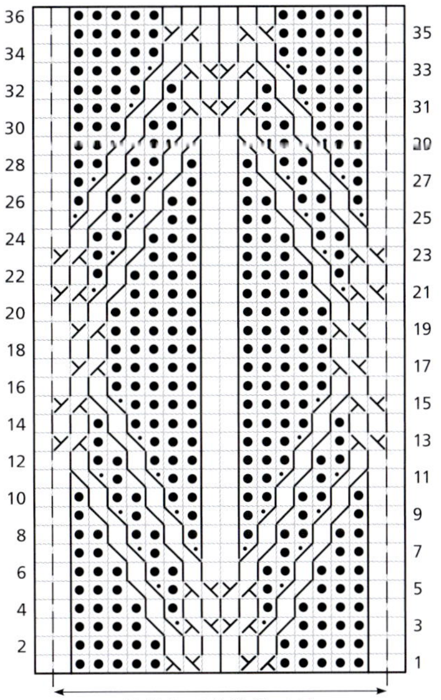

针数为18的倍数+2针

067

心形花样

3级

心形花样的用途多种多样，可以在上针编织的织物上添加一个心形花样，也可以有序织出多个心形花样，还可以将心形花样沿水平或垂直方向排列，形成一个饰片或重复花样。

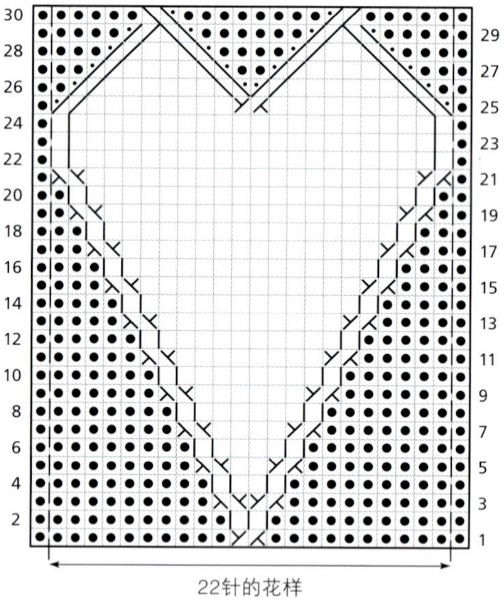

特定符号

正面行：从第2针中编织1上针扭针，从第1针中编织1下针钮针，将2针一起从棒针上取下；反面行：将右棒针从后面插入第1针和第2针之间，钩住第2针前面的渡线往后拉，从第2针中编织1上针扭针，从第1针中编织1下针扭针。

正面行及反面行：从第2针中编织1下针扭针，从第1针中编织1上针钮针，将2针一起从棒针上取下。

p.42、43 基础符号

正面织下针，反面织上针　正面织上针，反面织下针　t2R　t2L　t2Lp　t2Rp

068

浮雕菱形花样

3级

延伸的交叉针纹路相互交织，形成菱形花样，花样中间是由交叉针织出的小菱形。菱形花样与上针编织有序结合，织出整体花样。如果你想要织1个轮廓鲜明的饰片，只需按照编织图所示起36针即可。

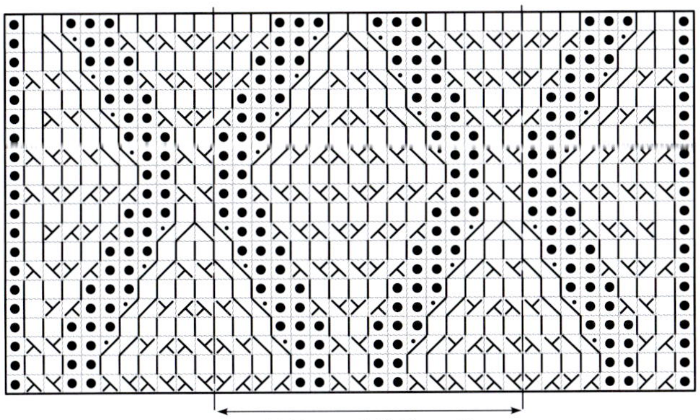

069
兰花花样
3级

交叉针与泡泡针相结合，织出的兰花花样十分美丽。兰花花样可以单独用作点缀，也可以纵向重复排列，还可以分散使用。

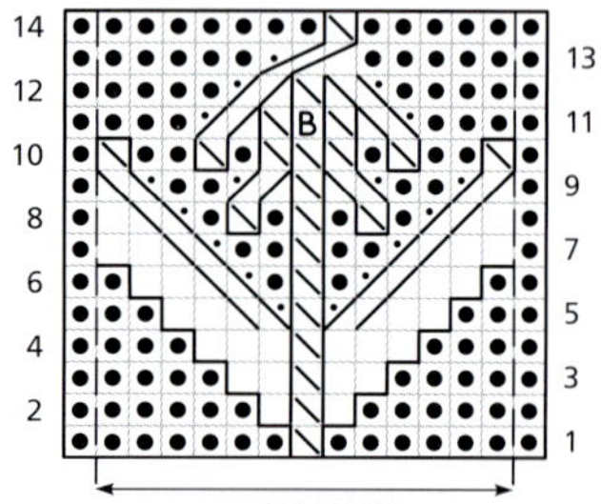

13针的花样

特定符号

正面行及反面行：从第2针中编织1上针扭针，从第1针中编织1下针扭针，将2针一起从棒针上取下。

正面行：从第2针中编织1下针扭针，从第1针中编织1上针扭针，将2针一起从棒针上取下；反面行：从第2针中编织1下针扭针，从第1针中编织1上针扭针，将2针一起从棒针上取下。

B 从同一针目中编织1下针、1挂针、1下针、1挂针、1下针，翻面，[5下针，翻面]2次，5上针，翻面，[以下针方向入针编织1滑针]4次，1下针，将滑针套收。

从第3针中编织1下针扭针，从第1针中编织1上针扭针，将此针从左棒针取下，然后从第2针中编织1上针扭针，将2针一起从棒针上取下。

070
交织菱形花样
3级

左右扭针织出的织物纹路紧密厚实，织物表面呈现出菱形花样。

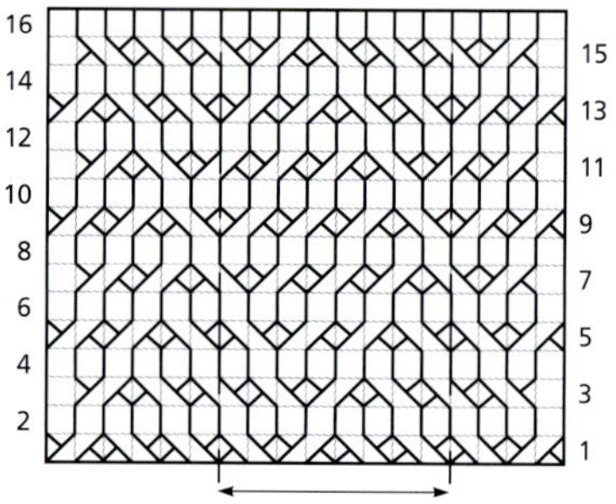

针数为8的倍数+10针

p.44、45 基础符号

正面织下针，反面织上针　正面织上针，反面织下针　正面织下针扭针，反面织上针扭针　t2R　t2L　t2Rp　t2Lp

071

大葱花样

3级

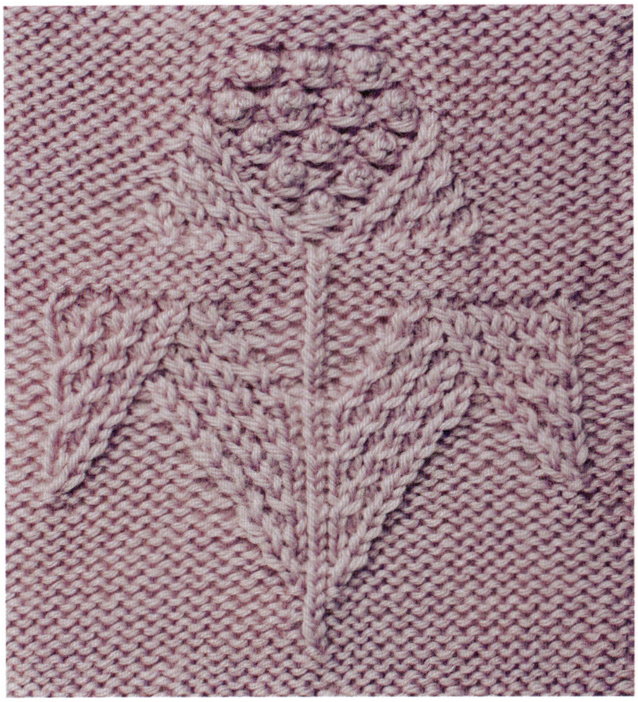

交叉针与扭针单罗纹针紧密结合，织出大葱花样的叶子与花朵，一簇泡泡针勾勒出葱花，给花样增添了纹理感。

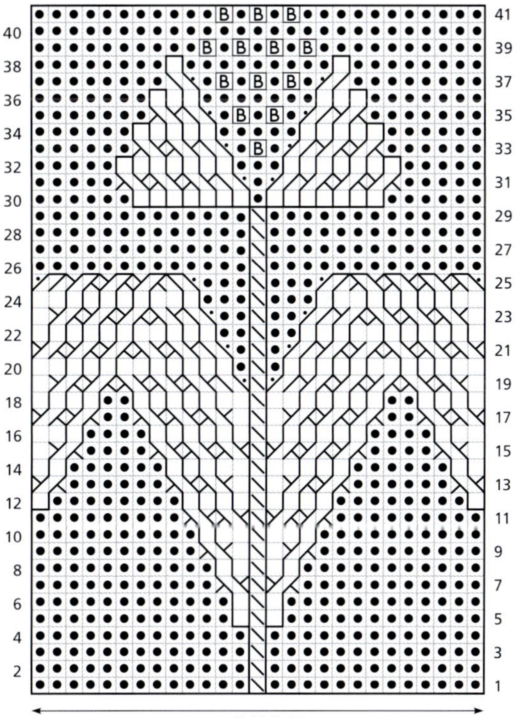

27针的花样

特定符号

B 从同一针目中编织1下针、1上针，1下针，翻面，挑起第2针和第3针套在第1针上，从后面入针编织1下针扭针。

072
交叉罗纹菱形花样
3级

这一棒针花样中需要编织双重扭针。织片上的单罗纹针要从针目的后面入针编织成扭针，花样上织的2针交叉针也同样编织成扭针。要使交叉的罗纹花样向左倾斜，操作十分简单，但向右倾斜的扭针交叉针则需要用到一根麻花针。

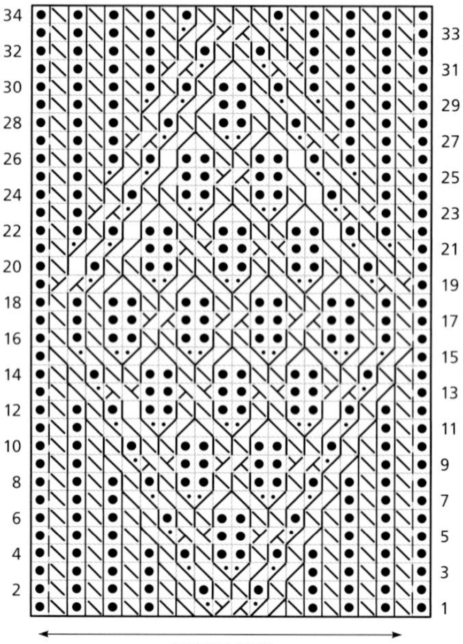

特定符号
从第2针中编织1下针扭针，然后从第1针中编织1下针扭针，将2针一起从棒针上取下。
从第2针中编织1上针扭针，然后从第1针中编织1下针扭针，将2针一起从棒针上取下。
移1针至麻花针，并置于后方，编织1下针扭针，然后从麻花针上编织1下针扭针。
移1针至麻花针，并置于后方，编织1下针扭针，然后从麻花针上编织1上针扭针。

温馨提示
需准备1根麻花针。

正面织下针，反面织上针　正面织上针，反面织下针　正面织下针扭针，反面织上针扭针

073

幻影盒花样

3级

多股交叉针罗纹延伸变化，勾勒出的轮廓看起来很像方盒。倘若只想织出之字形花样，按照编织图中第1~11行或者第1~21行的织法进行编织即可。

特定符号

正面行：将右棒针从后面插入第1针和第2针之间，钩住第2针前侧的渡线拉至后面，依次从第2针和第1针中编织1下针扭针，再将2针一起从棒针上取下。反面行：将右棒针从后面插入第2针中，钩住第2针前面的渡线拉至后面，依次从第2针和第1针中各编织1上针扭针，再将2针一起从棒针上取下。

正面行、反面行：将右棒针从后面插入第2针中，钩住第2针前面的渡线拉至后面，依次从第2针和第1针中编织1下针扭针，再将2针一起从棒针上取下。

正面行：依次从第2针和第1针中编织1下针扭针；反面行：依次从第2针和第1针中编织1上针扭针，再将2针一起从棒针上取下。

正面行、反面行：从第2针中编织1下针扭针，从第1针中编织1上针扭针，再将2针一起从棒针上取下。

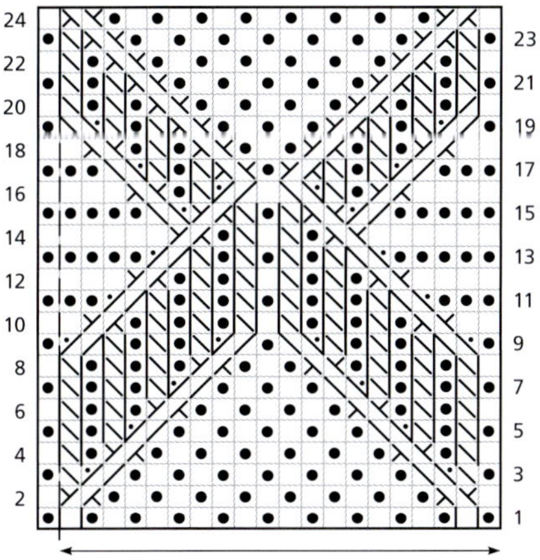

针数为20的倍数+1针

针法主题

麻花针花样

借助麻花针，不断组合不同的针法，可织出不同的麻花花样和辫子花样。先从简单的重复花样着手，再挑战复杂花样，之后再尝试编织凯尔特结或者其他更立体的花样。

074 梭织麻花花样
Woven cable

075 波纹和锁链花样
Waves and chain

076 双层蜂窝花样
Double honeycomb

077 绳与箍花样
Rope and hoop

078 饼干块花样
Cracker checks

079 鹿角斜线花样
Diagonals and staghorn

080 麦穗麻花花样
Wheatear cable

081 非对称麻花花样花样
Off-centre cable

082细枝麻花花样
Twiggy cable

083 XO花样和麻花辫花样
Braids and XO

084 缆绳花样
Ropes

085 交错斜线花样
Interlocking diagonals

086 之字形分叉花样
Zigzag branch

087 镂空之字形花样
Open zigzag

088 麦芽糖麻花花样
Barley sugar cables

089 泪滴形麻花花样
Teardrop cable

090 交织棱纹花样
Ribbed crossover

091 麻花网格花样
Cable network

092 斜纹菱形网格花样
Diagonal diamonds lattice

093 起伏针菱形麻花花样
Garter diamond cable panel

094 大菱形花样
Grand diamond panel

095 棋盘格菱形麻花花样
Cable blocks

096 双麻花交叉花样
Double cross

097 斜纹菱形花样
Diagonal diamond

098 交叉麻花辫花样
Interlaced braid

099 菱形缠绕麻花花样
Scroll cable

100 重叠菱形花样
Double diamond

101 缆绳和麻花辫花样
Exchange rope and braids

102 蟠木花样
Twisted tree

103 交错麻花花样
Over-and-under cable panel

104 镶框菱形花样
Framed diamond

105 拼布麻花花样
Patchwork

106 阶梯麻花花样
Ladder cable

107 锁链麻花花样
Chain and twist

108 凯尔特结花样
Celtic knot

109 凯尔特环花样
Celtic rings

110 心形吊坠花样
Pendant heart

111 斑点蝴蝶花样
Spotted butterfly

112 罗纹绳与罗纹环花样
Ribbed ropes and ribbed ring

113 环环相扣麻花花样
Raised cable cross

114 圆环花样
Rings

115 悬挂式麻花花样
Pendant cables

116 浮雕之字形花样
Embossed zigzag

117 浮雕菱形和分支花样
Embossed diamond and small branches

118 旋转麻花花样
Rolling cables panel

119 弧线麻花花样
Swinging cables

120 交错的X形花样
Interwoven cross

121 交叉麻花花样
Exchange cables

074
梭织麻花花样
1级

梭织麻花花样是由6针麻花针编织而成的，简单易学，被上针编织自然分割开，打造出一种妙趣横生的效果。

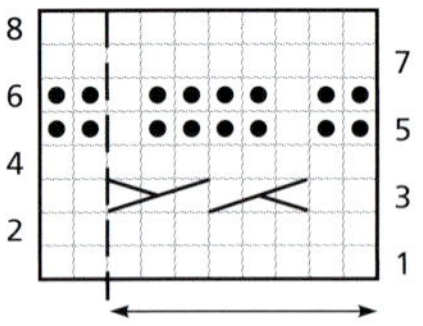

针数为8的倍数+2针

075
波纹和锁链花样
1级

这一花样是由4针麻花针编织而成的。单股麻花织出波纹花样，并行排列则呈现出中间的锁链花样。

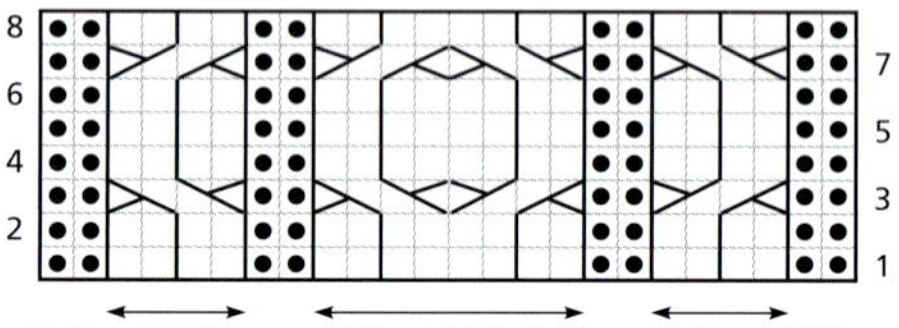

波纹：4针的花样　锁链：8针的花样　波纹：4针的花样

076
双层蜂窝花样
1级

双层蜂窝花样与一般蜂窝花样的织法不同。常见的蜂窝花样全部是由4针麻花针织成的，而双层蜂窝花样需要在4针麻花针的基础上再添加2针交叉针，这样蜂窝效果更加明显。

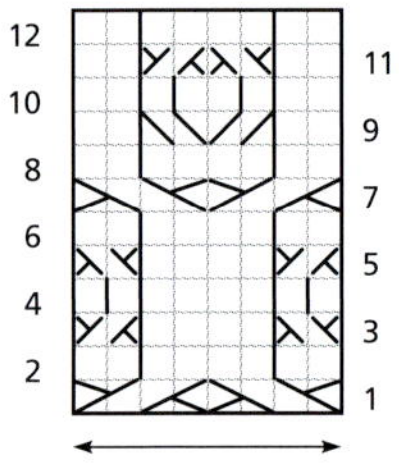

针数为8的倍数

077
绳与箍花样
1级

在经典的缆绳花样基础上稍加变化，采用2针压2针的麻花针，织出的花样趣味十足。

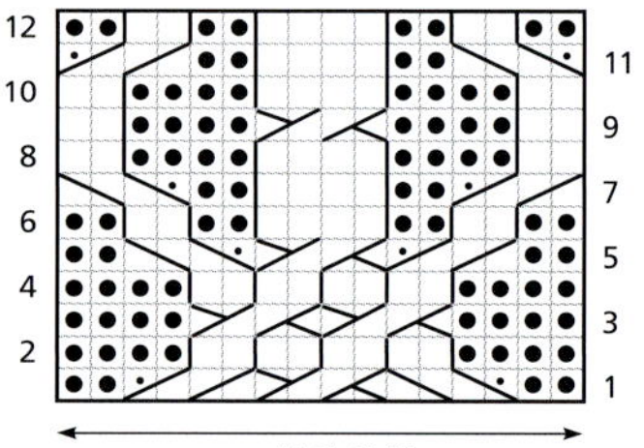

16针的花样

p.52、53基础符号

□ 正面织下针，反面织上针　● 正面织上针，反面织下针　c2b　c2f　c4b　c4f

078

饼干块花样

1级

扭两扭的小麻花花样看起来像块饼干，与上针编织的方块交替排列，操作简单。

温馨提示

织好第1行后，不断重复第2~21行织法即可织出饼干块花样，最后织第22行的收针。

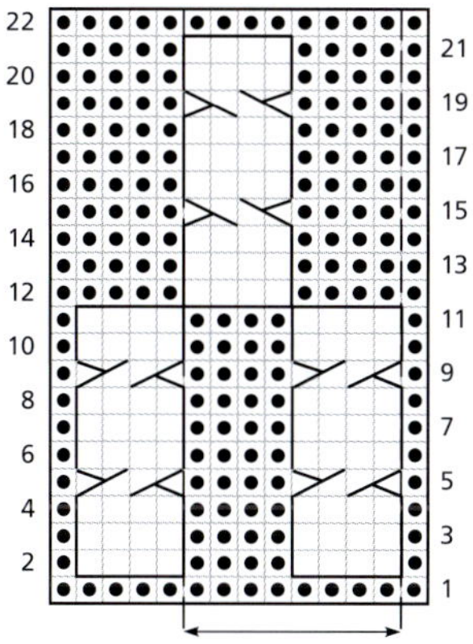

针数为8的倍数+6针

079

鹿角斜线花样

1级

这些倾斜的麻花看起来相当复杂，实际上只需不断重复6行针法即可织出鹿角斜线花样。麻花针与交叉针的有序重复便呈现出这一纹路。

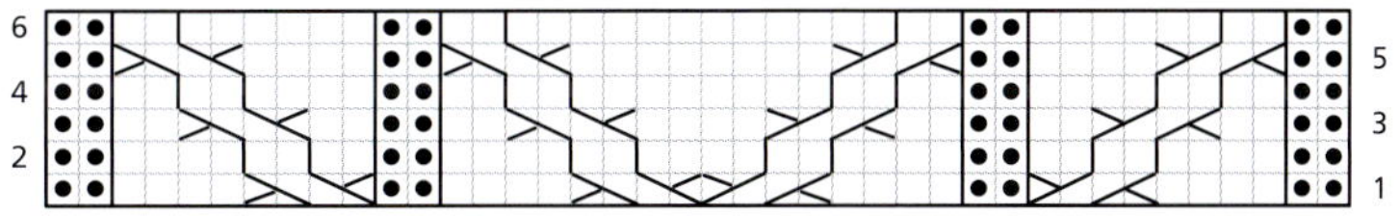

斜线：8针的花样　鹿角：16针的花样　斜线：8针的花样

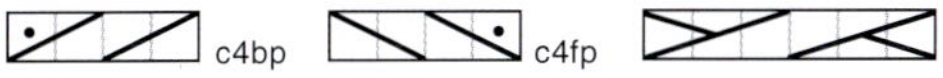

c4bp　c4fp　c6b

080
麦穗麻花花样
1级

两侧各采用2组4针麻花针——1组左上2针交叉的麻花针和1组右上2针交叉的麻花针，织出的麻花花样呈麦穗状。上图所示的麻花花样可用作重复性花样。

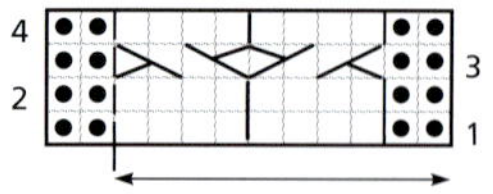

针数为10的倍数+2针

织法

第1行（正面） 2上针，重复织[8下针，2上针]至行尾。
第2行 2下针，重复织[8上针，2下针]至行尾。
第3行 2上针，重复织[左上2针交叉，右上2针交叉，2上针]至行尾。
第4行 织法同第2行。
以上4行即构成麦穗麻花花样。

081
非对称麻花花样
1级

非对称麻花花样与麦穗麻花花样的起针针数和行数相同，但少1组右上2针交叉的麻花针。如果你觉得这看起来有些复杂，那么直接看编织图即可，操作非常简单。

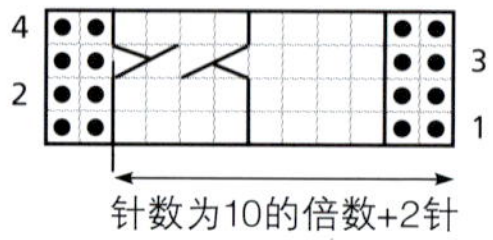

针数为10的倍数+2针

织法

第1行（正面） 2上针，重复织[8下针，2上针]至行尾。
第2行 2下针，重复织[8上针，2下针]至行尾。
第3行 2上针，重复织[4下针，左上2针交叉，2上针]至行尾。
第4行 织法同第2行。
以上4行即构成非对称麻花花样。

082
细枝麻花花样
1级

在下针编织的背景中织出细枝麻花花样，花样简洁、纹路清晰。花茎部分织麻花针，细枝部分的斜线织减针和挂针。

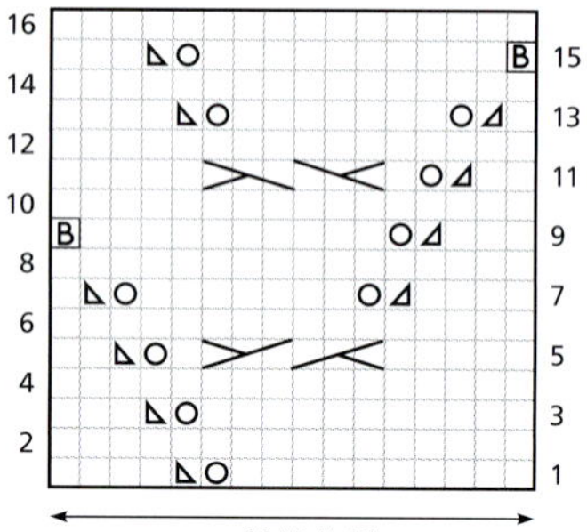

16针的花样

特定符号

B 从同一针目中编织1下针、1上针、1下针，翻面，3上针，翻面，挑起第2针和第3针套收在第1针上，编织1下针扭针。

温馨提示

重复第5~16行织法。

□ 正面织下针，反面织上针　● 正面织上针，反面织下针　k2tog　skpo　yo　c4b　c4f

083
XO花样和麻花辫花样
1级

XO花样和麻花辫是在经典的4针麻花花样基础上变化而成的，仅需编织4行便能织出针目紧密的麻花辫；若要织出XO花样，则需要编织6行。

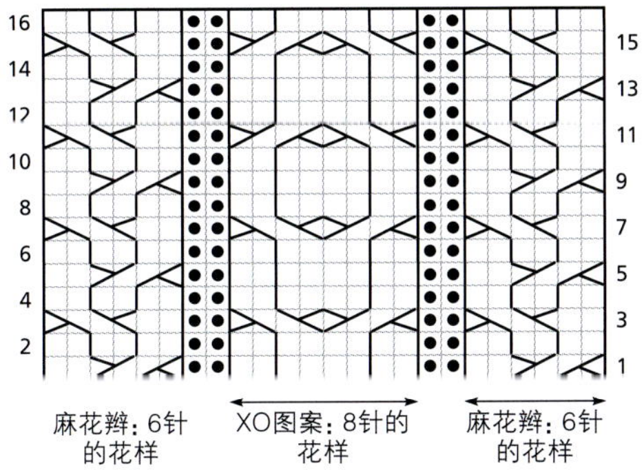

084
缆绳花样
1级

有序重复左上2针交叉和右上2针交叉的麻花针，织出经典的缆绳花样，既结实又挺拔，也可以与其他花样相结合。如上图所示，细缆绳花样是由左上2针交叉编织而成的，每4行一扭，而粗缆绳则是由左上3针交叉织出的，每6行一扭。

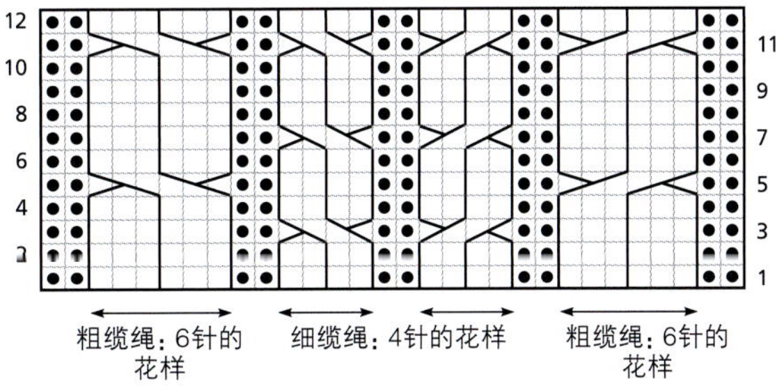

织法

细缆绳（右中）

第1行（正面） 均织下针。
第2行 均织上针。
第3行 均织左上2针交叉。
第4行 均织上针。
以上4行即构成细缆绳花样。

粗缆绳（右侧）

第1行与第3行（正面） 均织下针。
第2行与第4行 均织上针。
第5行 左上3针交叉。
第6行 均织上针。
以上6行即构成粗缆绳花样。

细缆绳（左中）

与右中的细缆绳织法大致相同，只需将第3行的左上2针交叉换成右上2针交叉即可。

粗缆绳（左侧）

与右侧的粗缆绳织法大致相同，第5行需织右上3针交叉。

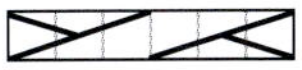
c6b

c6f

085

交错斜线花样

2级

这一花样中的麻花均为2针压2针，织出的非对称斜线花样非常生动。

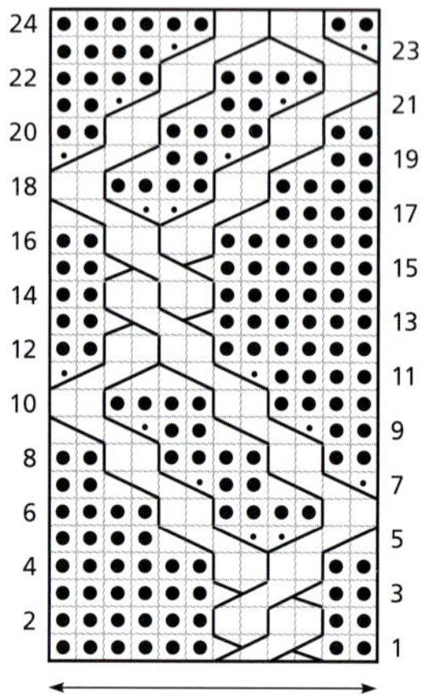

086

之字形分叉花样

2级

上图所示的分叉花样看似十分复杂，实际上只需按下图所示的8行编织图重复编织即可，织出的这一重复性花样针脚非常紧密。

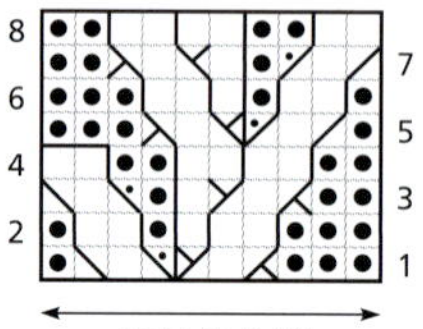

087

镂空之字形花样

2级

镂空的网格堆叠在之字形麻花的拐弯处，给棒针花样增添了几分动感。

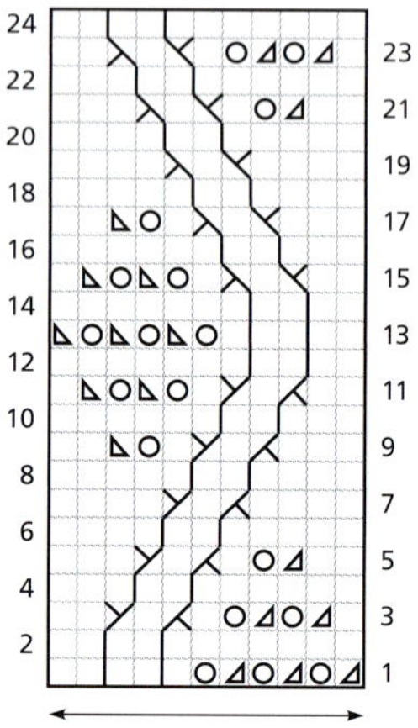

p.56、57 基础符号

□ 正面织下针，反面织上针 ● 正面织上针，反面织下针 ⧅ 正面织下针扭针，反面织上针扭针 ◿ k2tog ◺ skpo ○ yo c3b

088
麦芽糖麻花花样
2级

3针压2针的麻花罗纹呈螺旋状，形成别致的麦芽糖麻花花样。麻花需要每4行一扭，但要想织出完整的麦芽糖麻花花样，需要12行重复1次。可以按照编织图所示织出重复性花样，也可以单独使用这一花样。

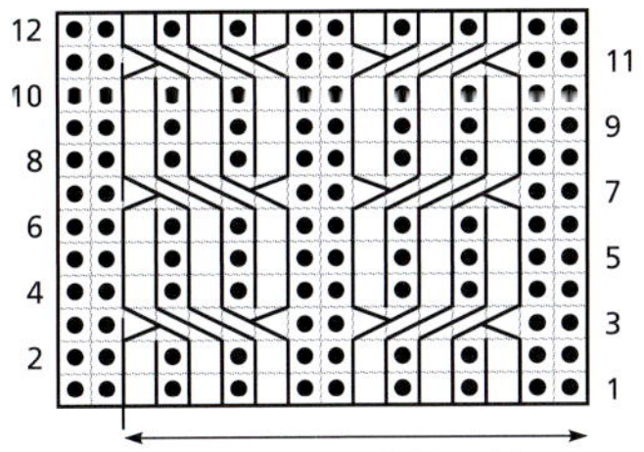

针数为14的倍数+2针

特定符号

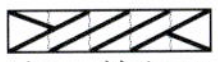 移2针至麻花针，并置于后方，编织1下针、1上针、1下针，然后从麻花针上编织1上针、1下针。

 移3针至麻花针，并置于前方，编织1下针、1上针，然后从麻花针上编织1下针、1上针、1下针。

089
泪滴形麻花花样
2级

在上针编织的背景上织出的麻花花样纹路既清晰又整洁，中间的麻花花样呈吊坠状，使整个花样显得更加柔和。

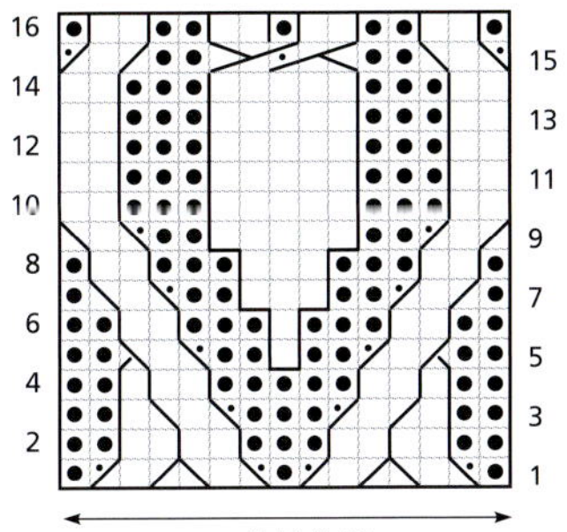

15针的花样

特定符号

 移3针至麻花针，并置于后方，编织2下针，从麻花针上移最近的1针至左棒针并编织上针，然后从麻花针上编织2下针。

090
交织棱纹花样
2级

5针交叉针使织出的扭针单罗纹左右摇曳，且错落有序。织物反面的纹路同样精美。

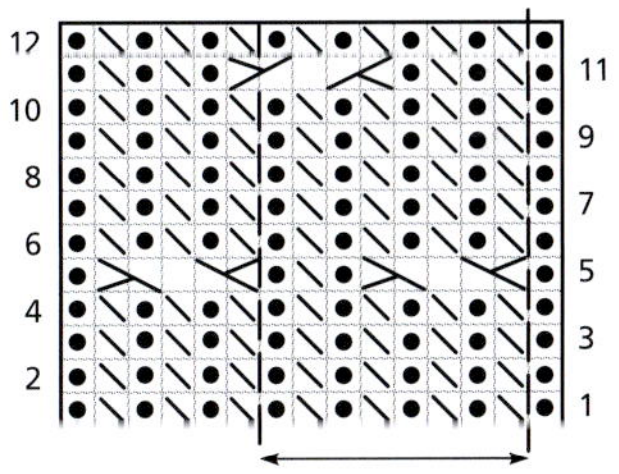

针数为8的倍数+7针

特定符号

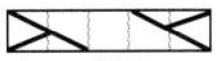 移3针至麻花针，并置于前方，编织1下针扭针、1上针，然后从麻花针上编织1下针扭针、1上针、1下针扭针。

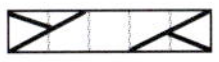 移2针至麻花针，并置于后方，编织1下针扭针、1上针，1下针扭针，然后从麻花针上编织1上针、1下针扭针。

091

麻花网格花样

2级

妙趣横生的麻花网格花样既可以整片编织，也可以用作局部饰片点缀。按照编织图进行编织即可。

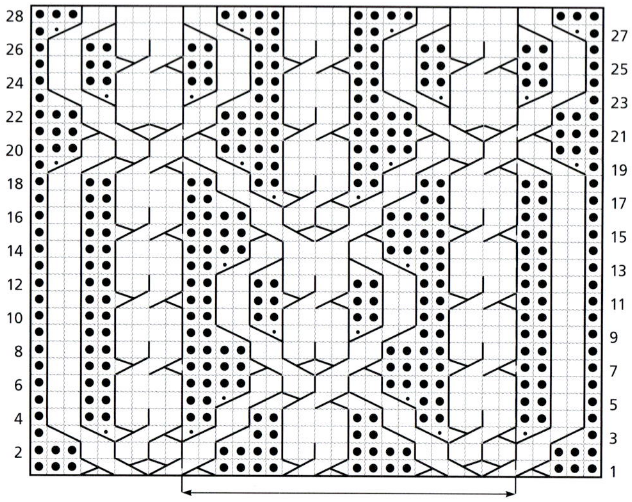

针数为20的倍数+14针

p.58、59 基础符号

□ 正面织下针，反面织上针　● 正面织上针，反面织下针　c3b　c3f　c4b　c4bp

092

斜纹菱形网格花样

2级

这一轮廓清晰、引人注目的斜纹菱形网格花样只用到2针交叉的麻花针。上手织起来要比看起来容易，因为反面各行只用织上针即可。

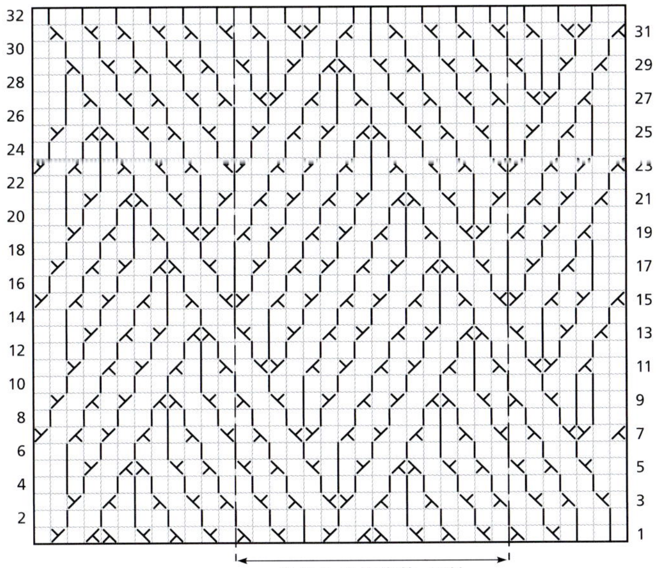

针数为16的倍数+19针

 c4f  c4fp

093

起伏针菱形麻花花样

2级

这一纹路丰富的花样看起来颇为复杂，但实际上操作起来简单易上手，因为反面各行只用织上针即可。

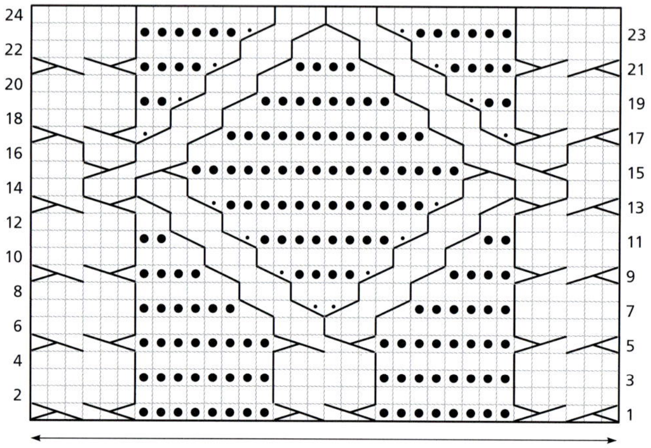

34针的花样

p.60、61 基础符号

□ 正面织下针，反面织上针 ● 正面织上针，反面织下针 c3b c3bp c3f c3fp c4b

094

大菱形花样

2级

中间的麻花花样分开后形成一个菱形花样，菱形中心的背景由下针编织填充而成，且两侧延伸的斜线在中心交叉。花样纹路既清晰又别致。

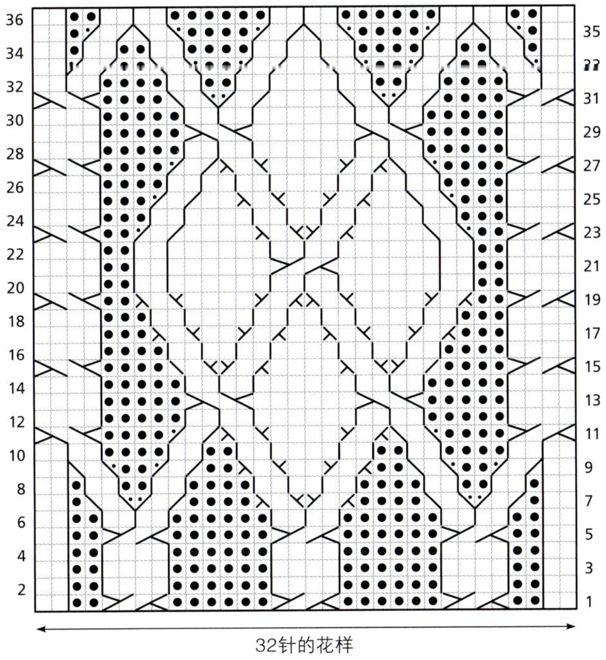

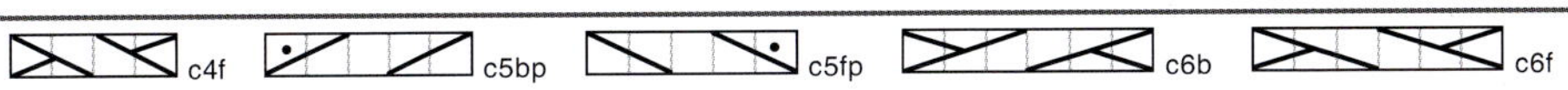

095

棋盘格菱形麻花花样

2级

在上针编织的织片中，用下针编织做出轮廓清晰的棋盘格花样。

特定符号

 移6针至麻花针，并置于后方，编织3下针，然后从麻花针上移最近的3针至左棒针，编织3上针，然后从麻花针上编织3下针。

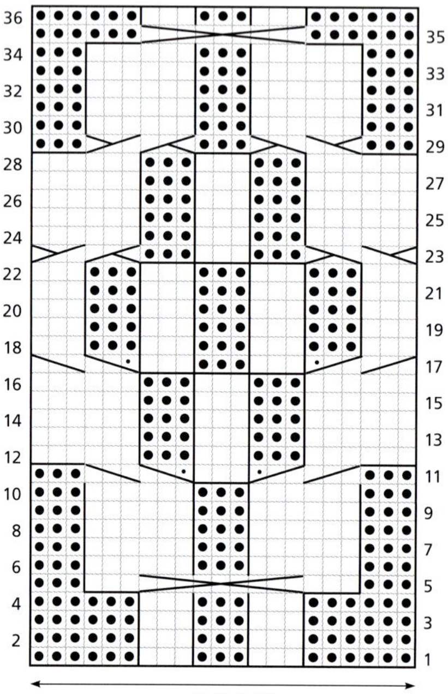

21针的花样

096

双麻花交叉花样

2级

双麻花交叉花样既时尚又经典。这一花样简单又有规律。

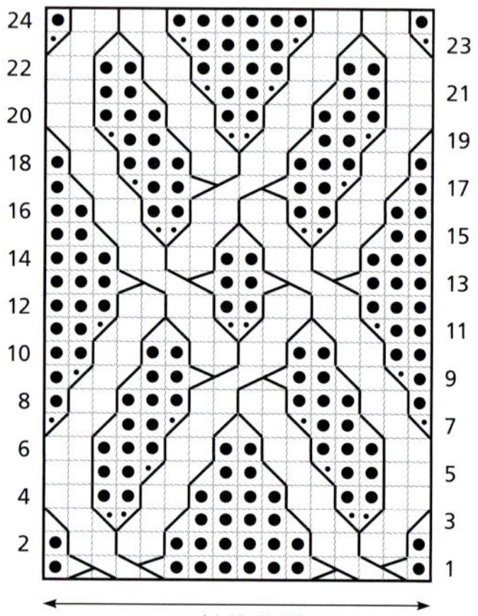

16针的花样

p.62、63 基础符号

 正面织下针，反面织上针 正面织上针，反面织下针 c3b c3bp c3fp c4b

 c6f c6fp

097
斜纹菱形花样
2级

在双桂花针编织的背景上紧密排列4个麻花花样，形成1个菱形花样，看起来既简单又纹理丰富。

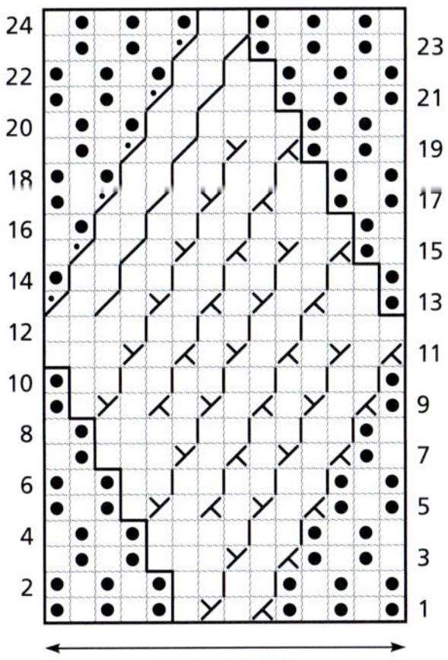

14针的花样

098
交叉麻花辫花样
2级

这个花样由8股麻花辫交织而成，纹理很特别。

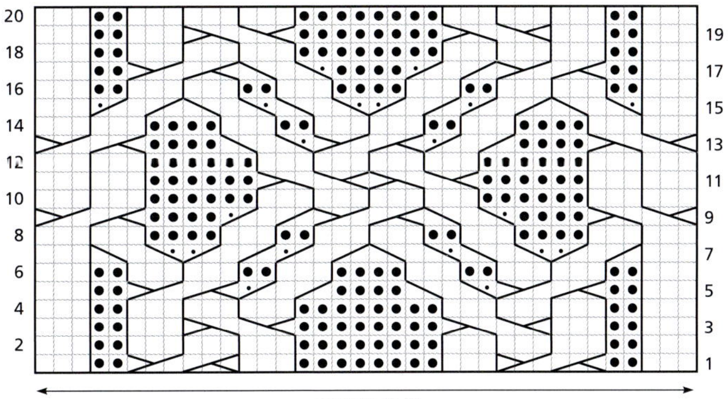

36针的花样

099

菱形缠绕麻花花样

2级

上图所示的向不同方向缠绕的麻花花样是由3针交叉的麻花针实现的，动感十足，最后形成雅致的菱形花样。

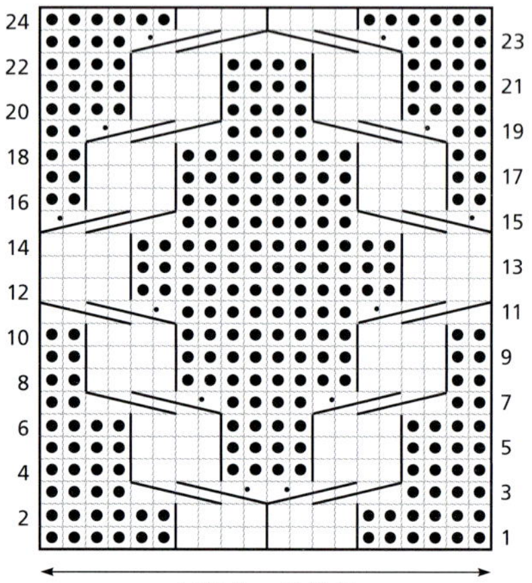

针数为20的倍数

特定符号

移4针至麻花针，并置于后方，编织2下针，然后从麻花针上编织2下针、2上针。

移2针至麻花针，并置于前方，编织2上针、2下针，然后从麻花针上编织2下针。

100

重叠菱形花样

2级

平行的两组麻花为菱形花样增加了稳定性，并打造出一种令人愉悦的上下双层视觉效果。

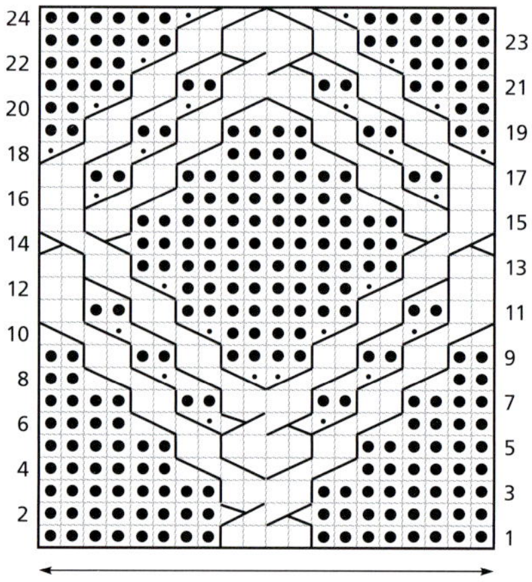

20针的花样

p.64、65 基础符号

正面织下针，反面织上针

正面织上针，反面织下针

c4b

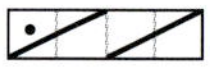
c4bp

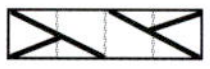
c4f

c4fp

101

缆绳和麻花辫花样

2级

错综复杂的交叉麻花辫花样十分美丽，它由两种简单的元素组成：正中间的缆绳花样与两侧的麻花辫。虽然需要重复的行数较少，但织出来的成品却看起来相当复杂。

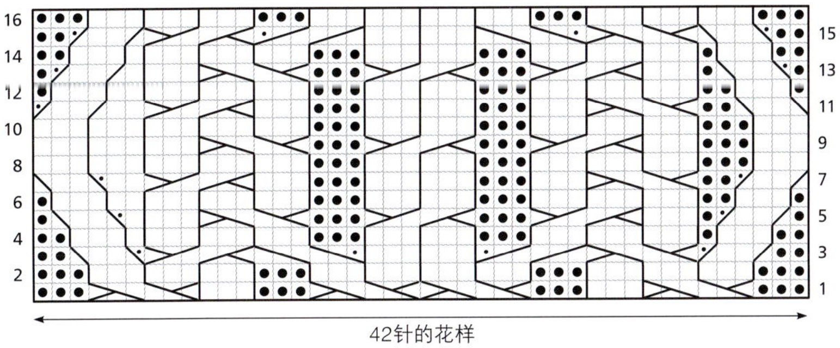

特定符号

 移1针至麻花针，并置于后方，编织3下针，然后从麻花针上编织1上针。

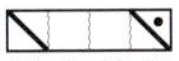 移3针至麻花针，并置于前方，编织1上针，然后从麻花针上编织3下针。

 c6b  c6bp  c6f  c6fp

102
蟠木花样
2级

从树干处分出若干分支，形成一棵树，顶端以泡泡针进行点缀。

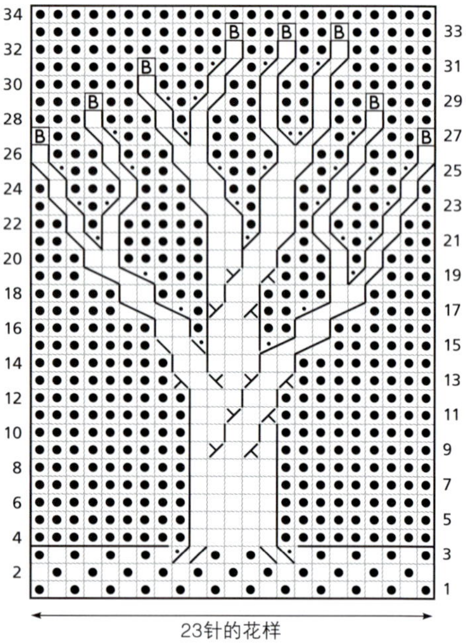

特定符号

B 从同一针目中编织1下针、1挂针、1下针、1挂针、1下针，翻面，5上针，翻面，重复[以下针方向入针编织1滑针]4次，1下针，将滑过的针目套收。

p.66、67 基础符号

□ 正面织下针，反面织上针
● 正面织上针，反面织下针
╲ 正面织下针扭针，反面织上针扭针
c2fp
c2bp
c3b

103
交错麻花花样
2级

不断重复这一交错麻花花样，便能织出上下交错的长斜线以及明显的中心交错花样。看似很复杂，但只需4股简简单单的麻花针即可织成。

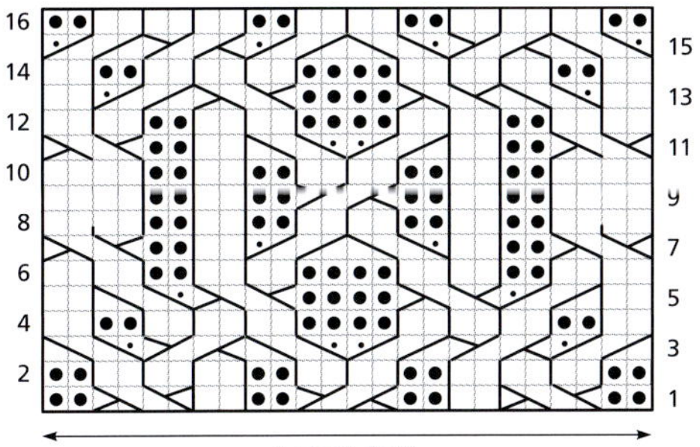

24针的花样

104
镶框菱形花样
2级

在镶框菱形花样中，之字形花样勾勒出的简单菱形，加上起伏针和扭针罗纹花样，形成十分丰富的纹理。

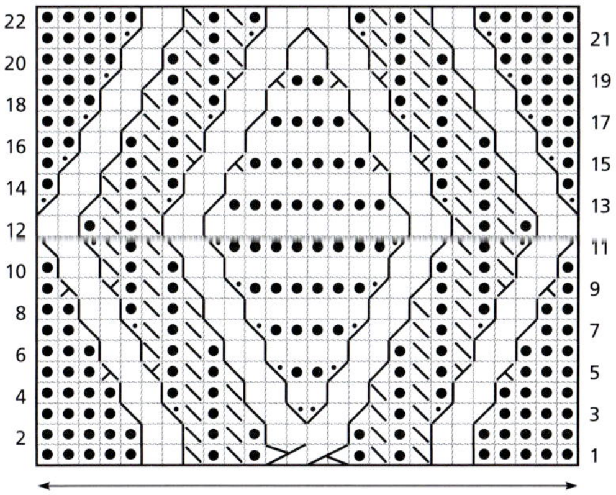

26针的花样

105
拼布麻花花样
2级

和简单的重复编织相比，用不同纹理的针法填充菱形轮廓，使织物的视觉呈现效果更加丰富。

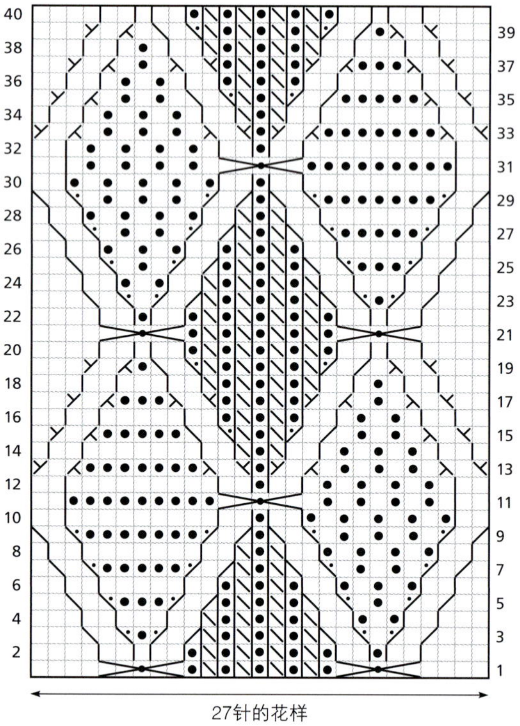

特定符号

移3针至麻花针，并置于后方，编织2下针，从麻花针上移最近的1针至左棒针并编织上针，然后从麻花针上编织2下针。

p.68、69 基础符号

正面织下针，反面织上针　正面织上针，反面织下针　正面织下针扭针，反面织上针扭针　k2tog　skpo　yo　c3b

106
阶梯麻花花样
2级

蕾丝阶梯麻花花样独具一格，为织物赋予了非同寻常的飘逸、透气特质。

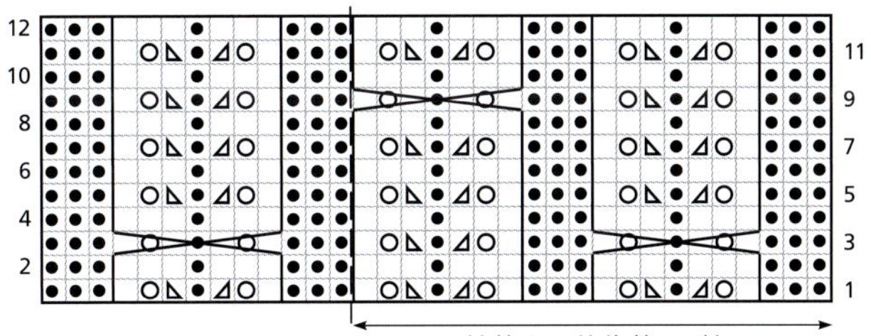

针数为20的倍数+13针

特定符号

 移4针至麻花针，并置于后方，编织1下针、1挂针，下针左上2针并1针，从麻花针上移最近的1针至左棒针并编织上针，然后从麻花针上编织下针右上2针并1针、1挂针、1下针。

107
锁链麻花花样
2级

3针压3针的交叉针赋予了锁链麻花花样清晰饱满的纹理。

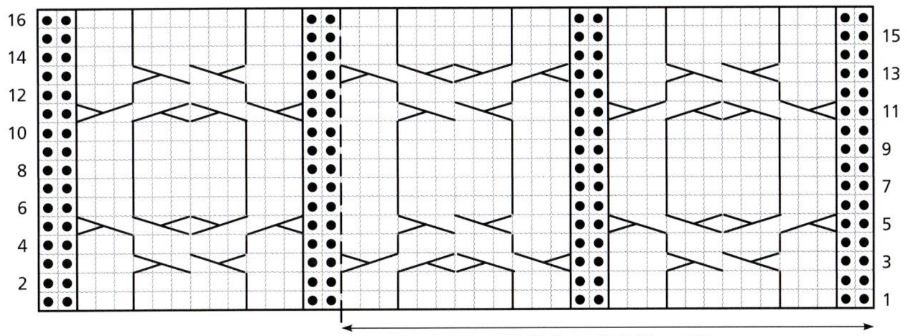

针数为28的倍数+16针

108

凯尔特结花样

3级

如下图所示，用隐蔽的加减针织出凯尔特结花样，给人一种针目连续未曾中断的视觉效果。

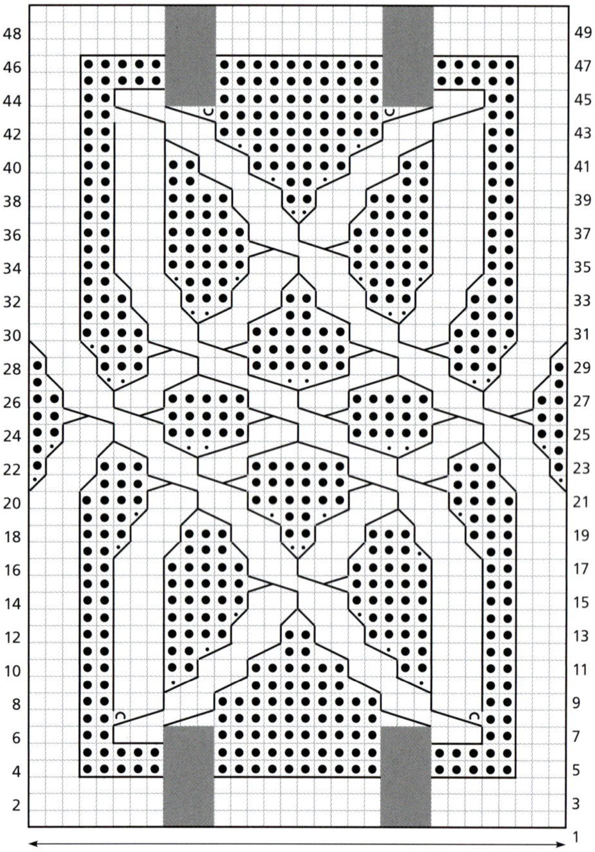

26针的花样，针数可变

特定符号

移1针至麻花针，并置于后方，编织3下针，然后从麻花针上编织1上针。

移3针至麻花针，并置于前方，编织1上针，然后从麻花针上编织3下针。

将麻花针（从后方）穿入接下来3针的前一行的针目顶部，并置于后方，编织3下针，然后从麻花针上编织3下针。

从接下来3针的前一行顶部各编织3下针，然后从左棒针上编织3下针。

移3针至麻花针，并置于后方，[将下一针与麻花针上的下一针并织成1下针]3次。

移3针至麻花针，并置于前方，[将下一针与麻花针上的下一针并织成1下针]3次。

p.70、71 基础符号

正面织下针，反面织上针　正面织上针，反面织下针　k3tog　无针目　c5bp　c5fp

109

凯尔特环花样

3级

凯尔特环花样的设计源自一种石雕饰边花样，它采用从中心向外延伸的弧形麻花，重叠的弧线形成扣环。

特定符号

移1针至麻花针，并置于后方，编织3下针，然后从麻花针上编织1下针。

移3针至麻花针，并置于前方，编织1下针，然后从麻花针上编织3下针。

移1针至麻花针，并置于后方，编织3下针，然后从麻花针上编织1上针。

移3针至麻花针，并置于前方，编织1上针，然后从麻花针上编织3下针。

以上针方向滑第1针，以下针方向滑第2针，编织1下针，将滑过的针目套收。

从针目之间的同一根横线编织下针的右扭针加针和下针的左扭针加针。

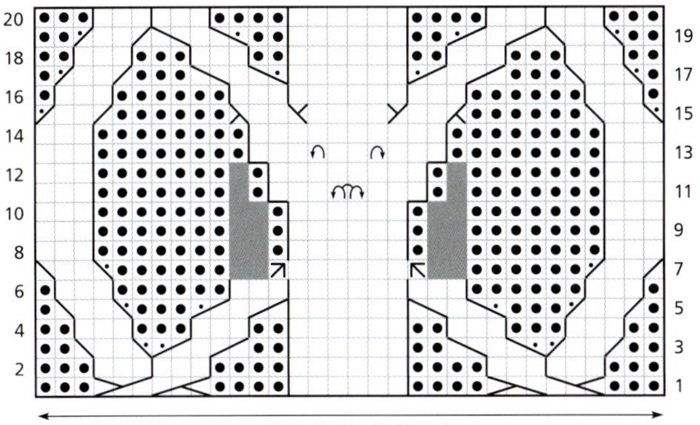

32针的花样，针数可变

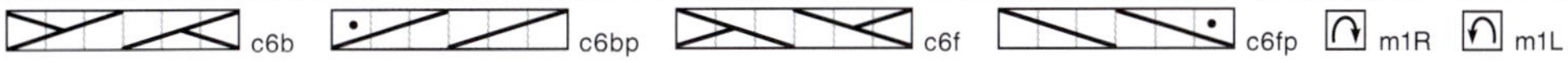

110

心形吊坠花样

3级

在编织心形吊坠花样的过程中，除了起针时加针、收针时减针等技巧外，仅运用了几种针法就织出了这一别致的花样。

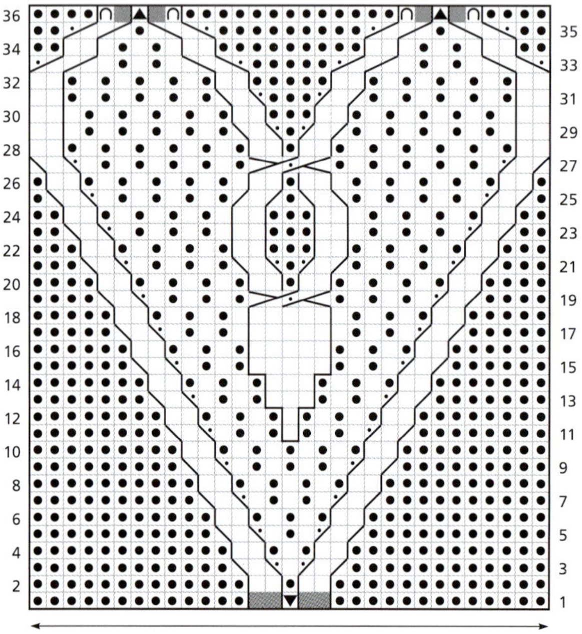

27针的花样，针数可变

特定符号

▼ 扭针加针，下一针编织下针扭针和下针，将左棒针的针尖插入刚织好的2针之间的渡线，编织出下针扭针，扭针加针。

▲ 把线绕到前方，移3针至右棒针，*右棒针挑起第2针套收在第1针上，将此针移回左棒针，挑起（左棒针的）第2针对它套收，**将此针移回右棒针；再次重复*至**，左棒针余1针；把线绕到后方，将此针编织下针。

移3针至麻花针，并置于后方，编织2下针，然后从麻花针上移最近的1针至左棒针并编织上针，然后从麻花针上编织2下针。

∩ 在反面编织扭针加针。

p.72、73 基础符号

□ 正面织下针，反面织上针　● 正面织上针，反面织下针　k2tog　skpo　p2tog　sk2po　○ yo　无针目　c2fp　m1R　m1L

111
斑点蝴蝶花样
3级

麻花针与其他针法技巧相结合可织出斑点蝴蝶花样。所用到的针法都很简单，只是各种针法组合使用，使织出的花样看起来比较复杂。

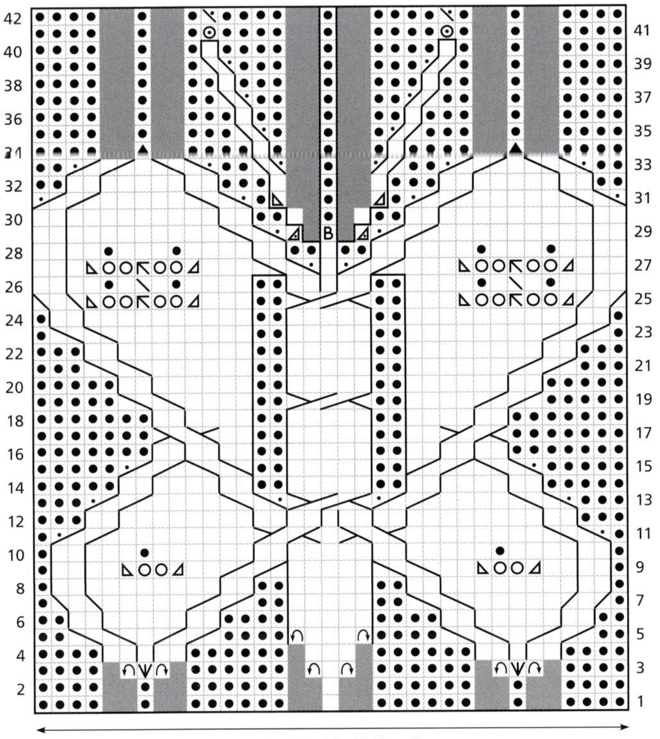

23针的花样，针数可变

特定符号

B 从同一针目中编织1下针、1挂针、1下针、1挂针、1下针，翻面，5上针，翻面，5下针，翻面，上针左上2针并1针，1上针，上针左上2针并1针，翻面，下针中上3针并1针。

从同一针目中编织1下针、1挂针、1下针，翻面，3下针，翻面，下针中上3针并1针。

反面编织1下针扭针。

反面编织1上针扭针。

从同一针目中编织1下针扭针、1下针，左棒针挑起刚织好的2针之间的渡线，编织1下针扭针，一共从同一针目中编织3针。

把线绕到前方，移3针至右棒针，*将右棒针上的第2针套到第1针上，将此针移回左棒针，将（左棒针上的）第2针套到第1针上；**将此针移回右棒针；再次重复*至**，左棒针余1针；把线绕到后方，将此针编织下针。

移3针至麻花针，并置于后方，编织2下针，从麻花针上移最近的1针至左棒针并编织下针扭针，然后从麻花针上编织2下针。

112

罗纹绳与罗纹环花样

3级

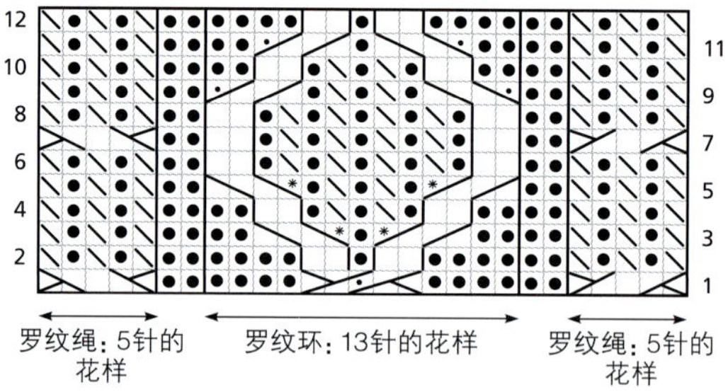

将3针压2针的交叉针织出一条略有弯曲的罗纹绳，而用3针交叉针则织出近似圆形的罗纹环麻花花样。

特定符号

移2针至麻花针，并置于后方，编织1下针扭针、1下针、1下针扭针，然后从麻花针上编织1上针，1下针扭针。

移3针至麻花针，并置于前方，编织1下针扭针、1上针，然后从麻花针上编织1下针扭针、1下针、1下针扭针。

移3针至麻花针，并置于后方，编织2下针，从麻花针上移最近的1针至左棒针并编织上针，然后从麻花针上编织2下针。

移2针至麻花针，并置于后方，编织2下针，然后从麻花针上编织1上针，1下针扭针。

移2针至麻花针，并置于前方，编织1下针扭针、1上针，然后从麻花针上编织2下针。

113

环环相扣麻花花样

3级

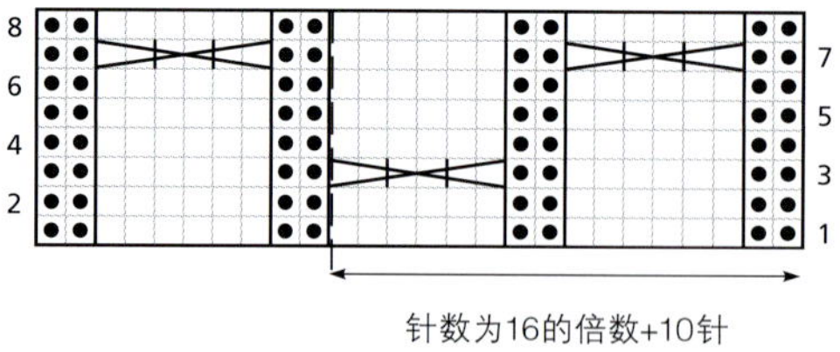

用2根麻花针织出6针的扭麻花，织出的麻花花样不仅非常柔软而且极具3D效果。

特定符号

移2针至第1根麻花针，并置于后方，移2针至第2根麻花针，并置于前方，编织2下针，然后从第2根麻花针上编织2下针，再从第1根麻花针上编织2下针。

温馨提示

需要用到2根麻花针。

正面织下针，反面织上针　正面织上针，反面织下针　正面织下针扭针，反面织上针扭针　c5bp　c5fp

114

圆环花样

3级

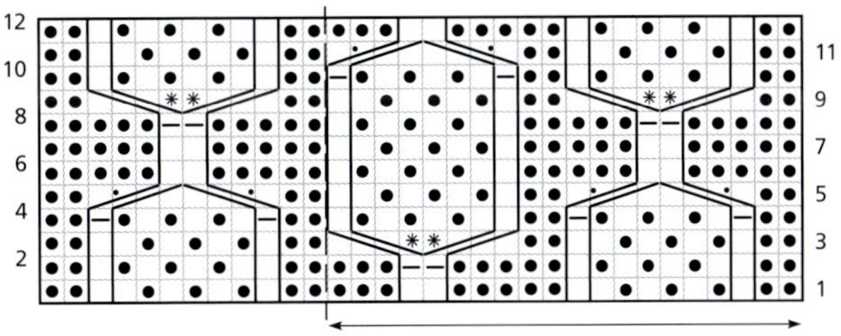

针数为20的倍数+12针

特定符号

– 反面行，保持线在前面，以上针方向入针编织1滑针。

移3针至麻花针，并置于后方，编织1下针，然后从麻花针上编织1上针、1下针、1上针。

移1针至麻花针，并置于前方，编织1下针、1上针、1下针，然后从麻花针上编织1下针。

移3针至麻花针，并置于后方，编织1下针，然后从麻花针上编织3上针。

移1针至麻花针，并置于前方，编织3上针，然后从麻花针上编织1下针。

将正面织好的针目进行滑针处理，这样可以织出圆形麻花花样，圆环中心用桂花针填充。

115

悬挂式麻花花样

3级

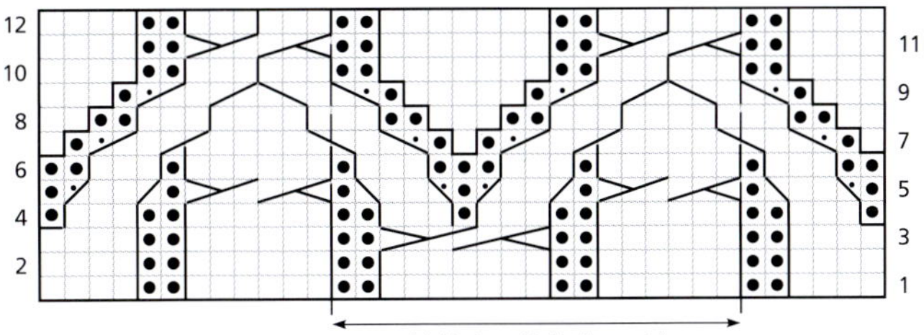

针数为17的倍数+18针

特定符号

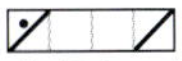 移1针至麻花针，并置于后方，编织3下针，然后从麻花针上编织1上针。

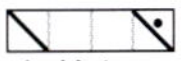 移3针至麻花针，并置于前方，编织1上针，然后从麻花针上编织3下针。

 移4针至麻花针，并置于后方，编织3下针，将麻花针最边上的1针移至左棒针，将麻花针握在前方，编织1上针，然后从麻花针上编织3下针。

重复织两三次悬挂式麻花花样，并处理好饰边，便织出一幅轮廓清晰的麻花花样。如果想制造出镜像效果，则以相反的方式织6针和7针麻花针。

c6b

116
浮雕之字形花样
3级

交叉针织出的蜂窝形曲线和双桂花针织出的片状部分相结合，构成了一种不同寻常且纹理丰富的花样。

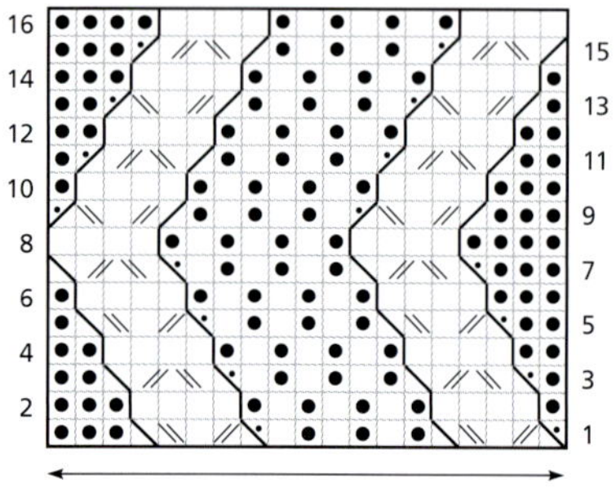

19针的花样

特定符号

移4针至麻花针，并置于前方，编织1上针，然后从麻花针上编织右上1针交叉（下方为扭针）、左上1针交叉（下方为扭针）。

移4针至麻花针，并置于前方，编织1上针，然后从麻花针上编织左上1针交叉（下方为扭针）、右上1针交叉（下方为扭针）。

移1针至麻花针，并置于后方，编织右上1针交叉（下方为扭针）、左上1针交叉（下方为扭针），然后从麻花针上编织1上针。

移1针至麻花针，并置于后方，编织左上1针交叉（下方为扭针）、右上1针交叉（下方为扭针），然后从麻花针上编织1上针。

117
浮雕菱形和分支花样
3级

无论是浮雕菱形还是分支，二者纹理的形成都取决于延伸针脚。就浮雕菱形花样而言，2股交叉针是麻花针的一部分，而分支花样中只用到麻花针。

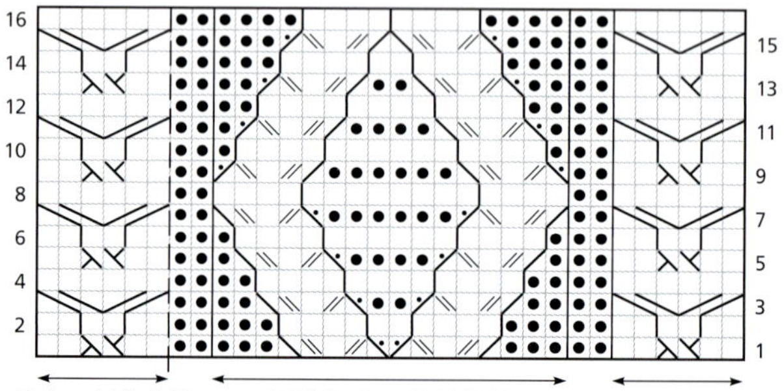

分支：6针的花样　浮雕菱形：16针的花样　分支：6针的花样

特定符号

移2针至麻花针，并置于后方，编织1下针，然后从麻花针上编织2下针。

移1针至麻花针，并置于前方，编织2下针，然后从麻花针上编织1下针。

移1针至麻花针，并置于后方，编织右上1针交叉（下方为扭针）、左上1针交叉（下方为扭针），然后从麻花针上编织1上针。

移4针至麻花针，并置于前方，编织1上针，然后从麻花针上编织右上1针交叉（下方为扭针）、左上1针交叉（下方为扭针）。

p.76、77 基础符号

□ 正面织下针，反面织上针　● 正面织上针，反面织下针　c2b　c2f　c4b　c4f

118

旋转麻花花样

3级

延伸的麻花纹理看起来像4针缆绳花样，但每股麻花都会并入下针编织的边线中，呈现出向外散射的V字形，颇具装饰性。

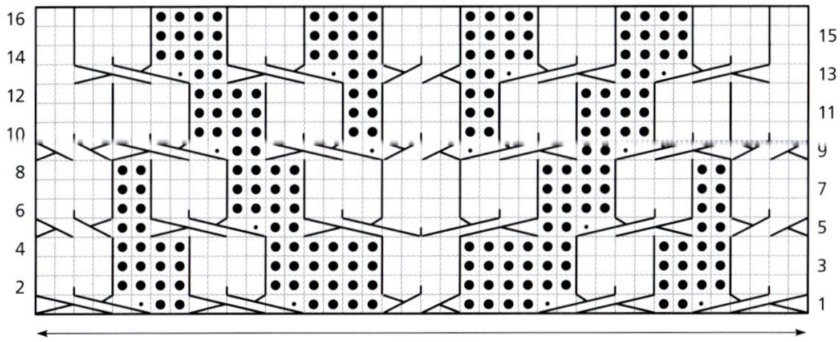

40针的花样

特定符号

 移4针至麻花针，并置于后方，编织2下针，然后从麻花针上编织4下针。

 移4针至麻花针，并置于后方，编织2下针，然后从麻花针上编织2下针、2上针。

 移2针至麻花针，并置于前方，编织4下针，然后从麻花针上编织2下针。

 移2针至麻花针，并置于前方，编织2上针、2下针，然后从麻花针上编织2下针。

119

弧线麻花花样

3级

每次织麻花针时从上针编织的针目中多织1针，如此一来交织的麻花辫便会稍稍往两侧延伸。分布在麻花辫两侧的细罗纹花样需要用2根麻花针编织。

特定符号

移2针至麻花针，并置于后方，编织1下针，然后从麻花针上移最近的1针至左棒针，将麻花针握在前方，编织1上针，然后从麻花针上编织1下针。

移1针至第1根麻花针，并置于前方，移下一针至第2根麻花针，并置于后方，编织1下针，从第2根麻花针上编织1上针，然后从第1根麻花针上编织1下针。

移4针至麻花针，并置于后方，编织3下针，然后从麻花针上编织3下针、1上针。

移3针至麻花针，并置于前方，编织1上针、3下针，然后从麻花针上编织3下针。

温馨提示

需要用到2根麻花针。

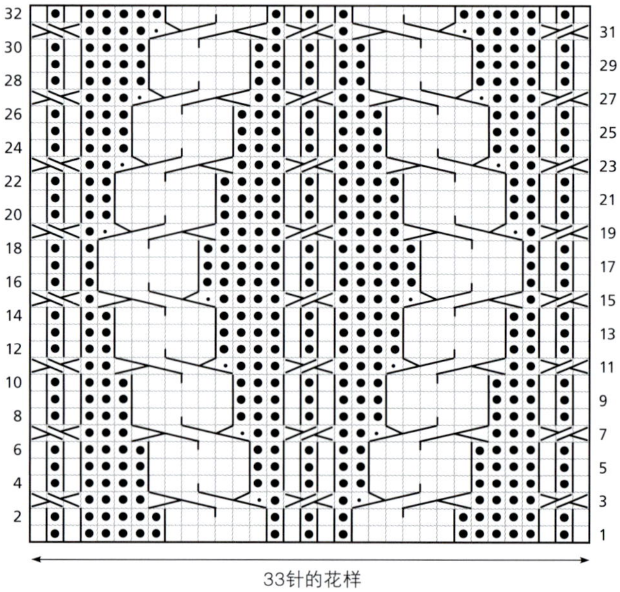

p.78、79基础符号

正面织下针，反面织上针　正面织上针，反面织下针　c3bp　c3fp　c4b　c4f　无针目

120

交错的X形花样

3级

简单的X形花样十分美丽。十字交叉的麻花针法很寻常，但加减多针的处理方式不甚常见。

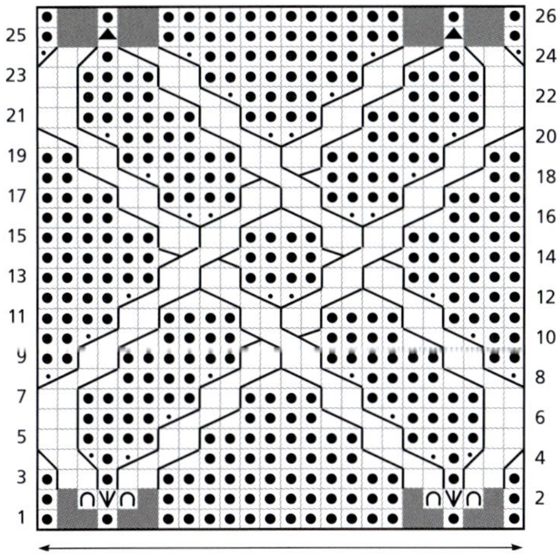

16针花样，针数可变

特定符号

V 从同一针目中编织（1下针扭针，1下针），将左棒针插入刚织好的2针中间的渡线，编织1下针扭针，一共从1针中编织3下针。

▲ 把线绕到前方，移3针至右棒针，*右棒针挑起第2针套收在第1针上，将此针移回（左）棒针，挑起第2针对它套收，**将此针移回右棒针；再次重复*至**，左棒针余1针；把线绕到后方，将此针编织下针。

温馨提示

需从反面行开始织。

121

交叉麻花花样

3级

若干股麻花不断开合、交错，压在轮廓清晰的垂直罗纹针上，形成网格花样。要想将这一花样变为纹理清晰的整体花样，只需将这一花样重复织3次并配上饰边即可。

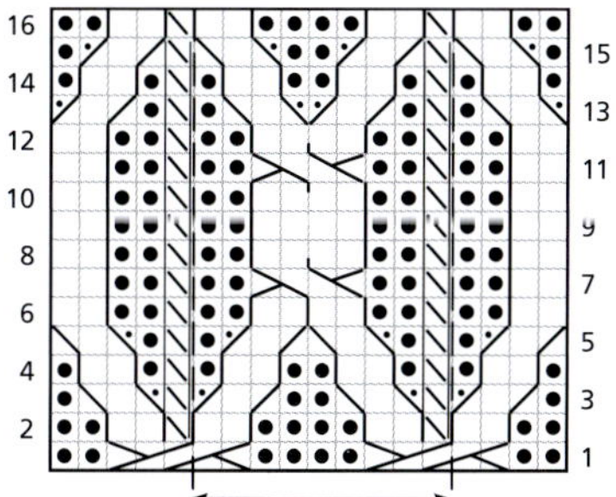

针数为9的倍数+9针

特定符号

移3针至麻花针，并置于后方，编织2下针，然后从麻花针上移最近的1针至左棒针，将麻花针握在前方，编织1下针扭针，然后从麻花针上编织2下针。

m1　c4bp　c4fp　正面织下针扭针，反面织上针扭针

针法主题

蕾丝花样

蕾丝花样可以实现不同效果，例如清晰鲜明的镂空花边、轻灵飘逸的整体花样等，但所有花样均遵循同样的编织原理，即利用加减针之间的平衡打造镂空效果。蕾丝花样还可以与凸饰纹路巧妙地结合起来。

122 扇贝花样
Baby shale stitch

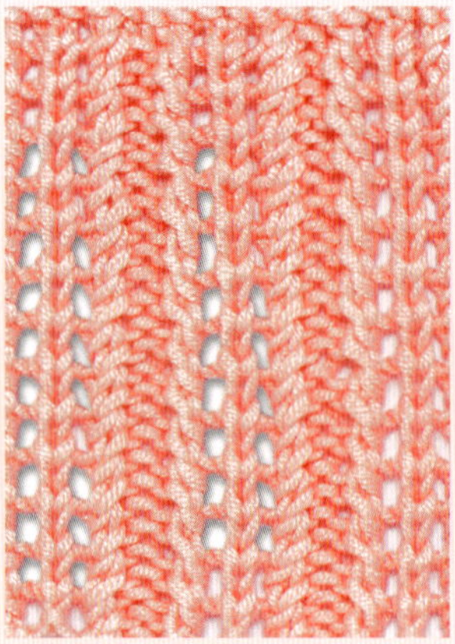

123 网眼罗纹花样
Eyelet rib stitch

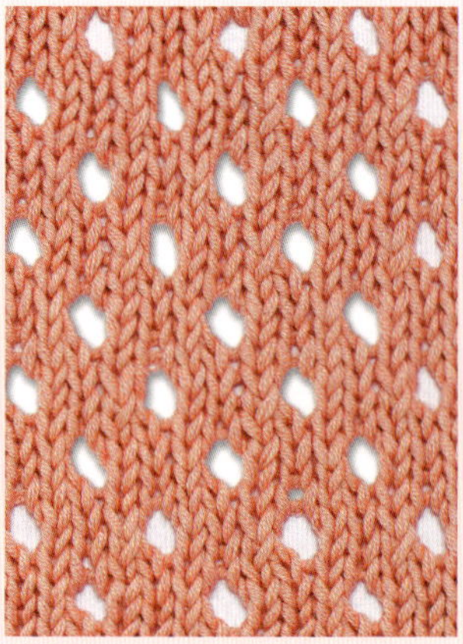

124 斑点蕾丝花样
Spot stitch

125 三叶草蕾丝花样
Clover powdering

126 菱形蕾丝花样
Open diamonds

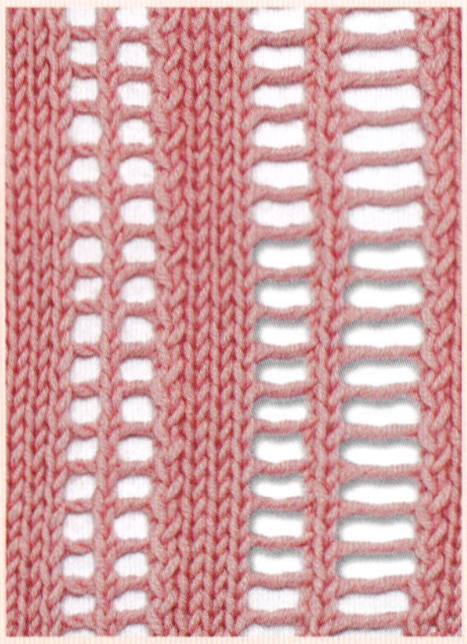

127 阶梯蕾丝花样
Ladders

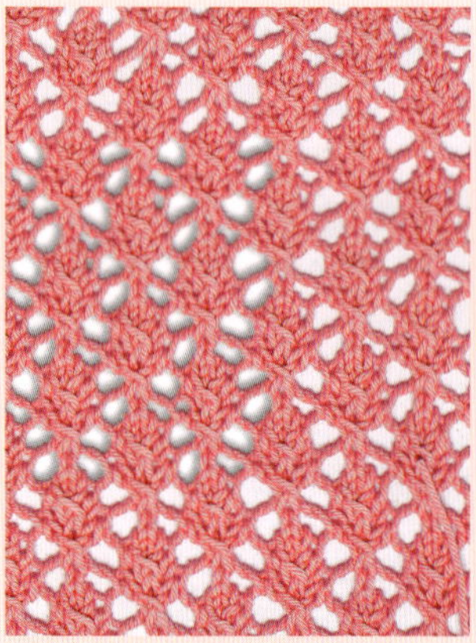

128 叶子蕾丝花样
Fern leaf

129 蕨类灌木蕾丝花样
Branching fern

130 莓类灌木蕾丝花样
Branching berries

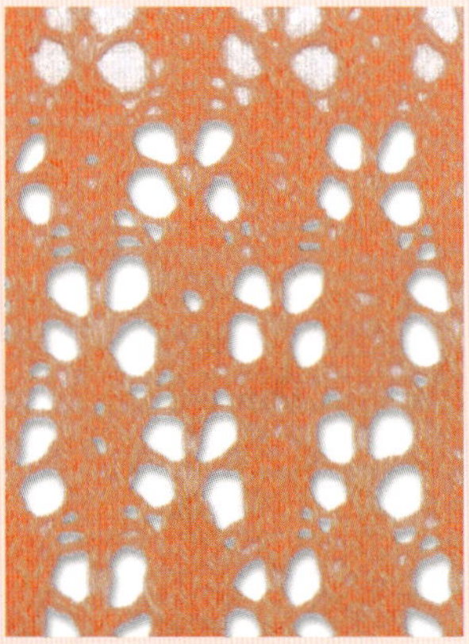

131 四叶草蕾丝花样
Four-spot lace stitch

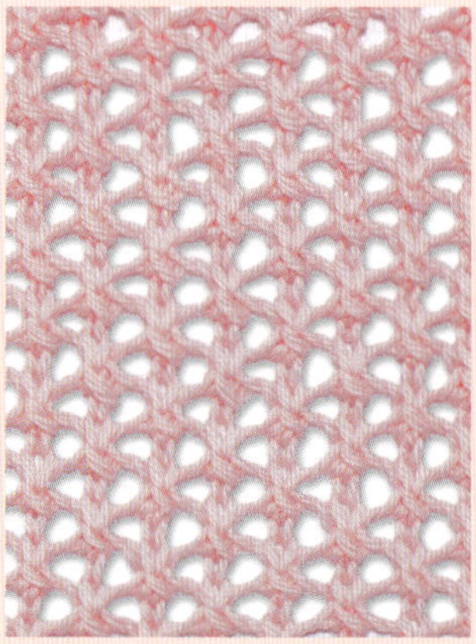

132 五彩纸屑蕾丝花样
Confetti

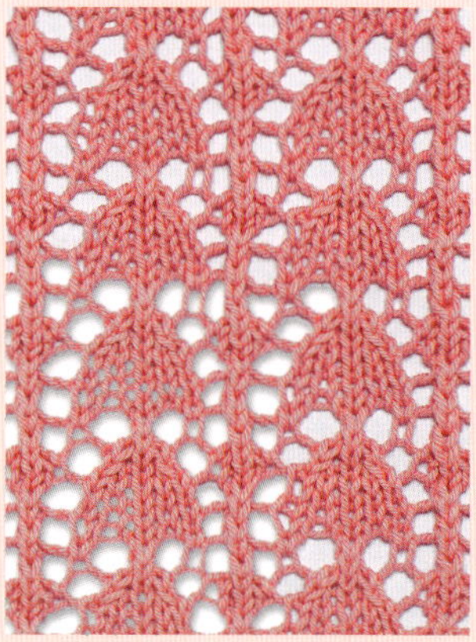

133 风铃草蕾丝花样
Harebell

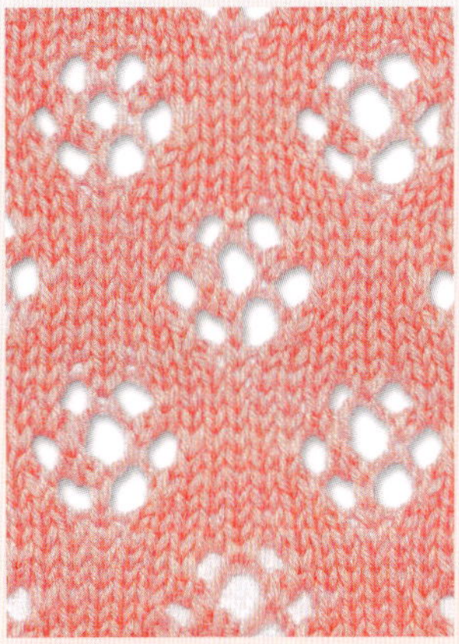
134 蔷薇蕾丝花样
Little rose lace stitch

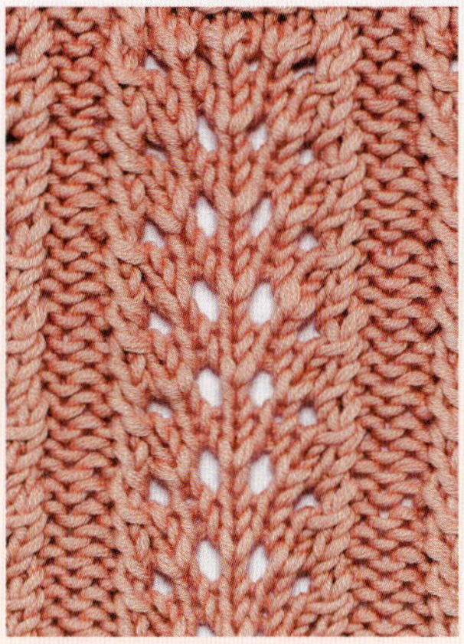
135 小扇形蕾丝花样
Little fan stitch

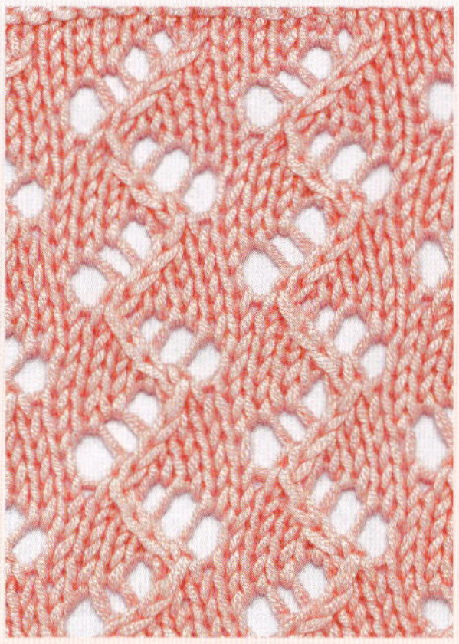
136 之字形蕾丝花样
Zigzag lace

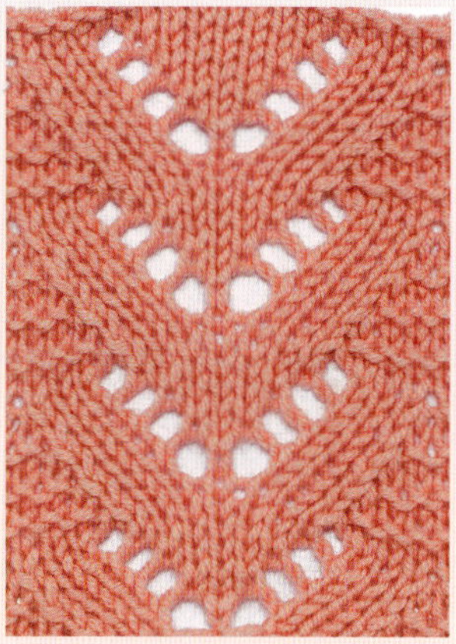
137 V字形蕾丝花样
Chevron lace

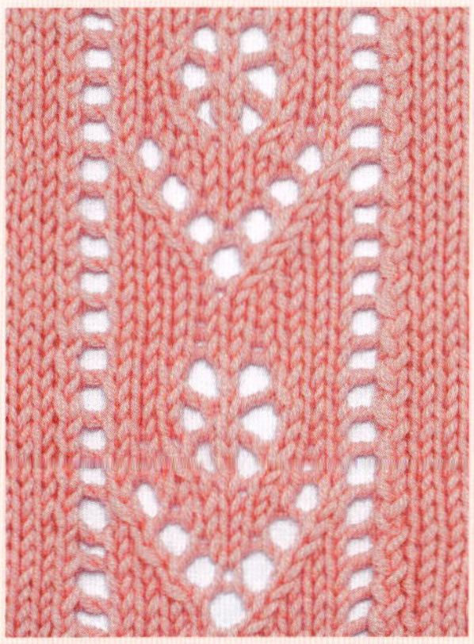
138 雏菊和阶梯蕾丝花样
Daisy and ladder

139 番红花蕾丝花样
Crocus stitch

140 爱心菱形蕾丝花样
Jewelled heart

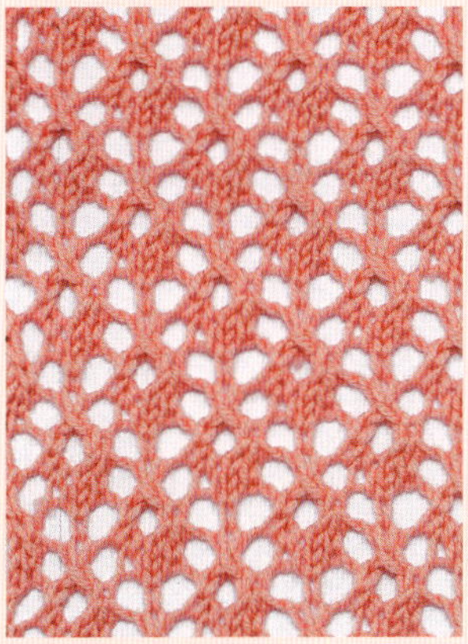
141 鸟眼蕾丝花样
Bird’s eye

142 佩斯利蕾丝花样
Lacy paisley

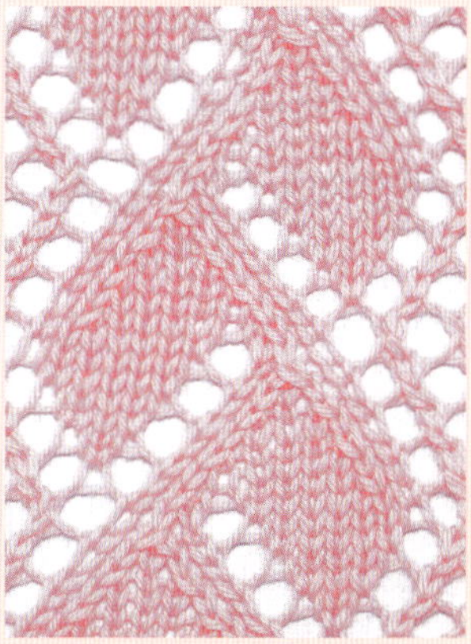
143 花架与藤蔓蕾丝花样
Trellis and vine

144 夕颜花蕾丝花样
Moon flower

145 镂空X形花样
Crisscross

146 心形蕾丝花样
Filigree heart

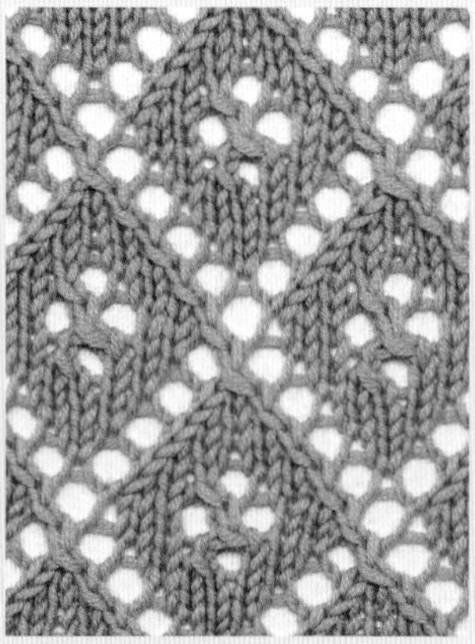

147 双重菱形蕾丝花样
Diamond within a diamond

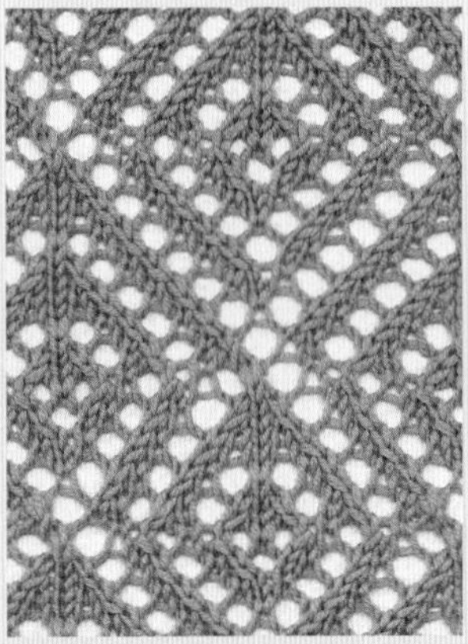

148 多重菱形蕾丝花样
Double-diamond mesh

149 垂垂鸭跖草蕾丝花样
Drooping dayflower

150 镂空三角花样
Triangles

151 双孔花架蕾丝花样
Two-spot trellis

152 菱形镂空饰边花样
Outlined diamonds

153 镂空郁金香花样
Tulip

154 镂空小枝丫花样
Little branches

155 百合花蕾丝花样
Lily

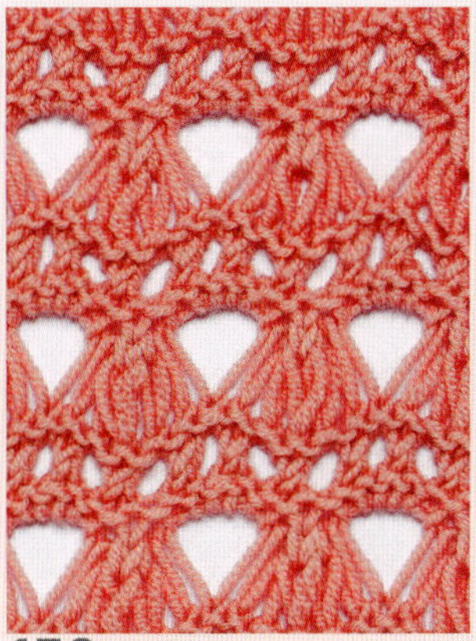

156 海贝镂空花样
Cockleshells

157 叶子蕾丝花样
Ribbed leaves

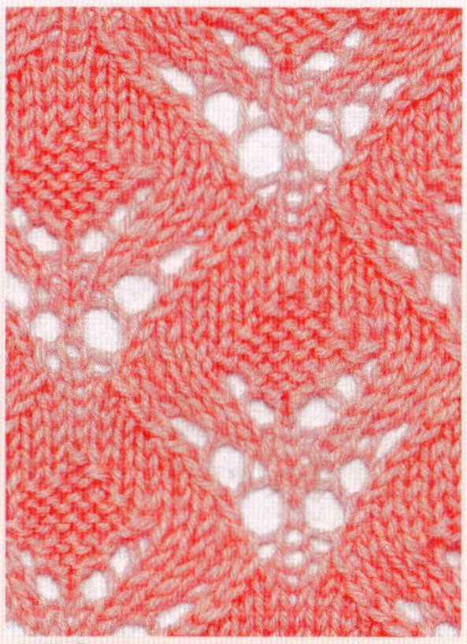

158 镂空花园花样
Flower garden

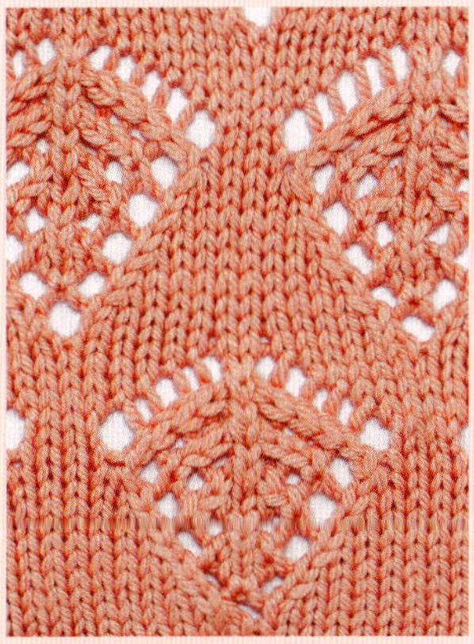

159 蕨叶蕾丝花样
Fern lace

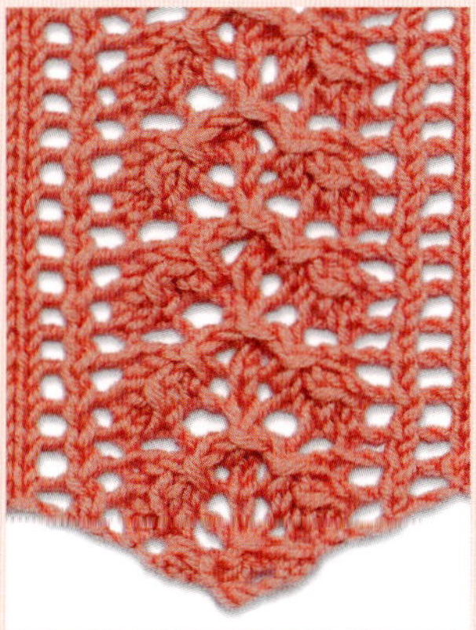

160 落叶蕾丝花样
Falling leaves

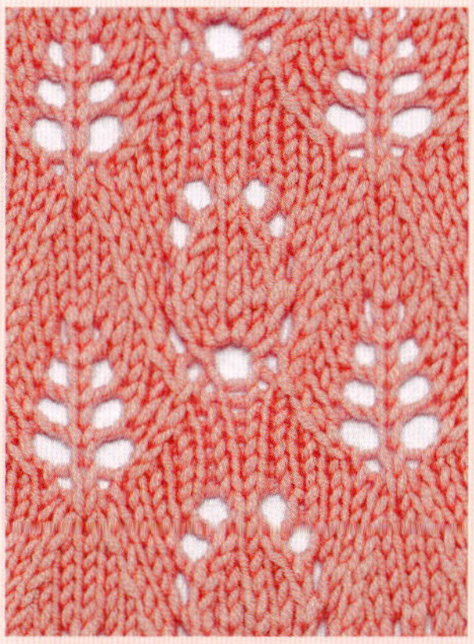

161 叶芽蕾丝花样
Leaf and bud lace

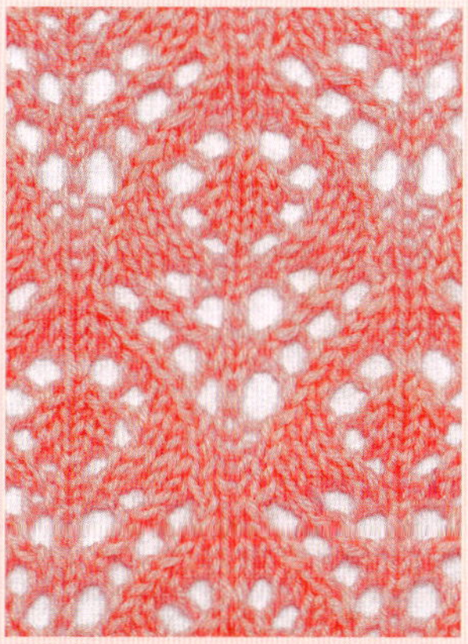

162 雏菊蕾丝花样
Daisy lace

163 小花蕾丝花样
Floret

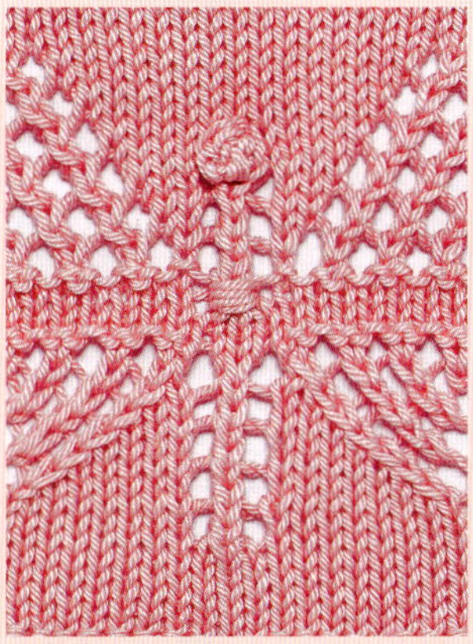

164 镂空蝴蝶花样
Butterfly motif

165 镂空小蝴蝶花样
Small butterfly motif

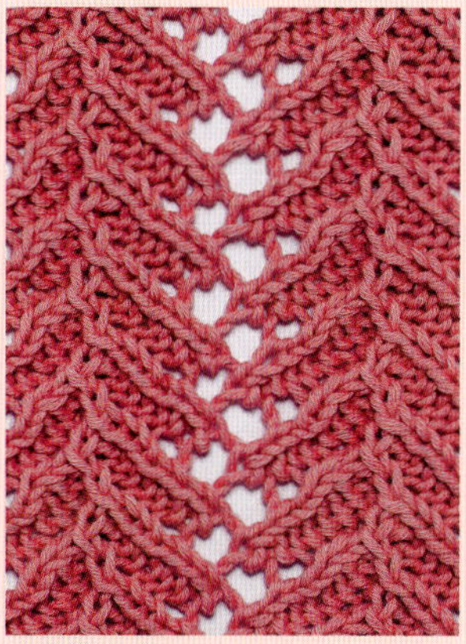

166 海草蕾丝花样
Seaweed stitch

122

扇贝花样

1级

一组组加减针的有序组合形成了一幅雅致的波浪形花样，在传统的贝壳花样中，右图所示的这一种或许更为小巧。

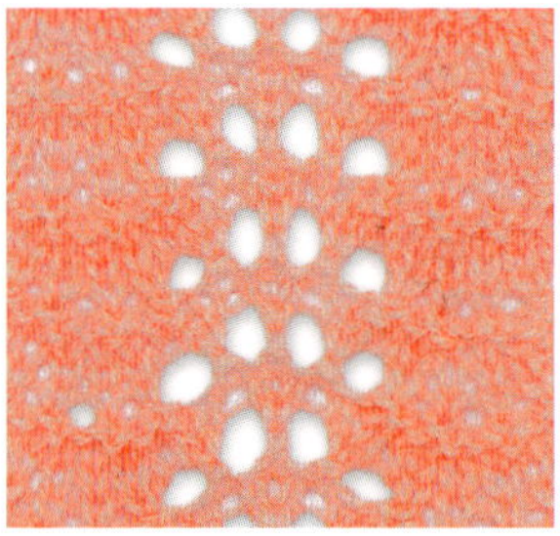

织法

第1行（正面） 1下针，*[下针左上2针并1针]重复2次，[1挂针，1下针]重复3次，1挂针，[右上2针并1针]重复2次。从*处开始重复编织至剩最后1针，织1下针。
第2行 均织上针。
第3行 均织下针。
第4行 均织下针。
以上4行即构成扇贝花样。

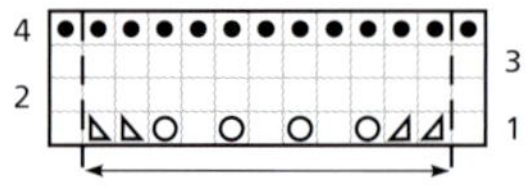

针数为11的倍数+2针

123

网眼罗纹花样

1级

并针和挂针成对出现，针脚保持紧密，并适时织上针，织出镂空的罗纹花样。

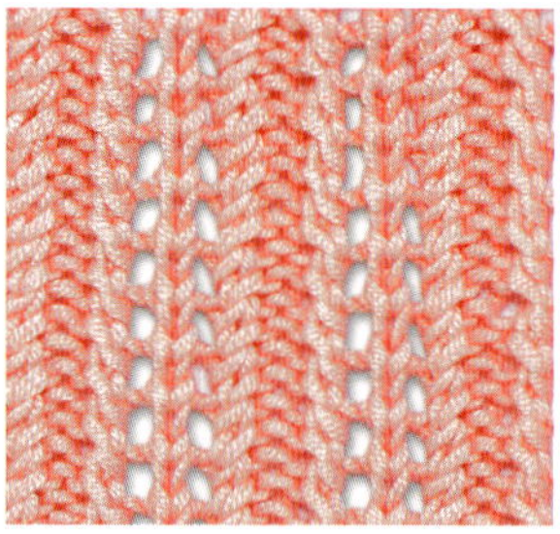

织法

第1行（正面） 重复织[1上针，下针左上2针并1针，1挂针，1下针，1挂针，右上2针并1针]至剩最后1针，织1上针。
第2行 重复织[1下针，5上针]至剩最后1针，织1下针。
以上2行即构成网眼罗纹花样。

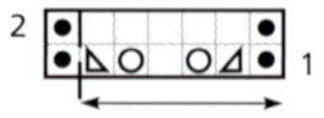

针数为6的倍数
+1针

124

斑点蕾丝花样

1级

斑点蕾丝花样是最简单的蕾丝花样，一排排孔眼错落有序，正反面交替排列，这也令花样更与众不同。

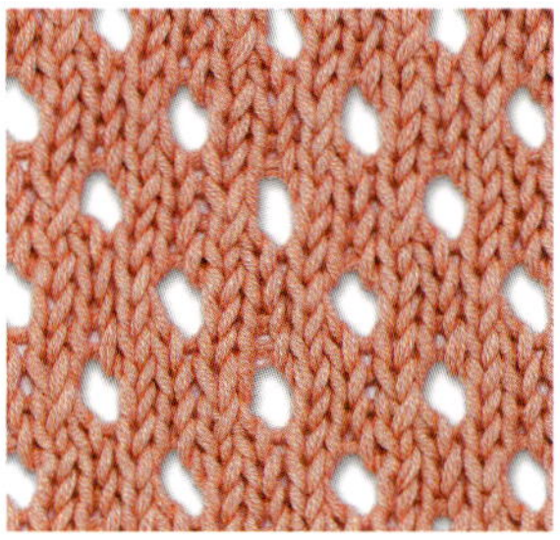

织法

第1行（正面） 均织下针。
第2行 均织上针。
第3行 2下针，重复织[1挂针，下针左上2针并1针，2下针]至剩最后3针，织1挂针、下针左上2针并1针、1下针。
第4行 均织上针。
第5行 均织下针。
第6行 3上针，重复织[上针左上2针并1针，1挂针，2上针]至剩最后2针，织2上针。
以上6行即构成斑点蕾丝花样。

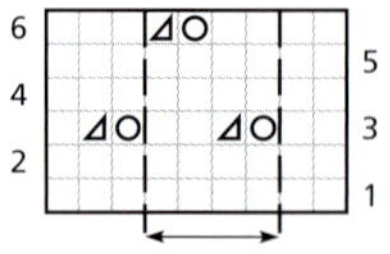

针数为4的倍数+5针

特定符号

◿ 正面行编织下针左上2针并1针，反面行编织上针左上2针并1针。

125

三叶草蕾丝花样

1级

三叶草蕾丝花样的魅力就在于它的极致简洁性。这些叶片看起来像镶嵌在下针编织的表面上一样。

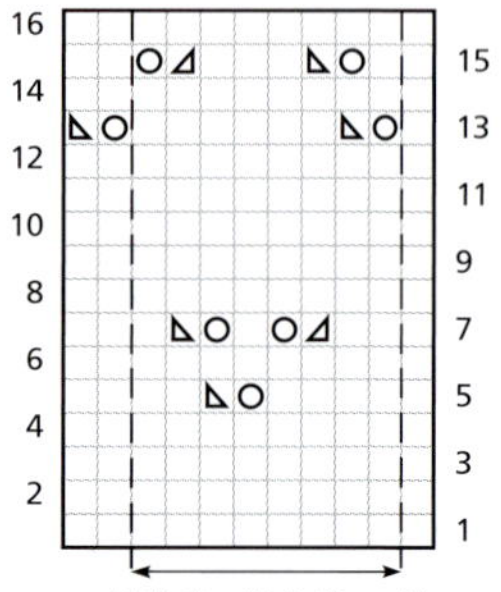

针数为8的倍数+3针

p.84、85 基础符号

□ 正面织下针，反面织上针　● 正面织上针，反面织下针　◺ 正面织下针扭针，反面织上针扭针　◿ k2tog　◺ skpo　Λ s2kpo　◸ sk2po　O yo

126

菱形蕾丝花样

1级

这些菱形蕾丝花样的底部织了2针挂针，强化了花样的轮廓感，也使得减针处的弧形轮廓更柔和。

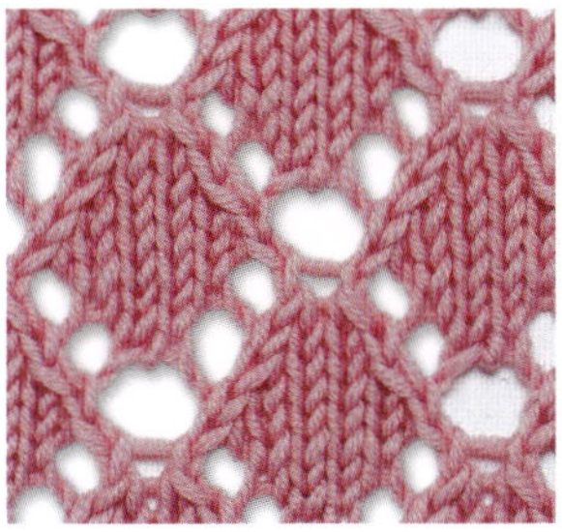

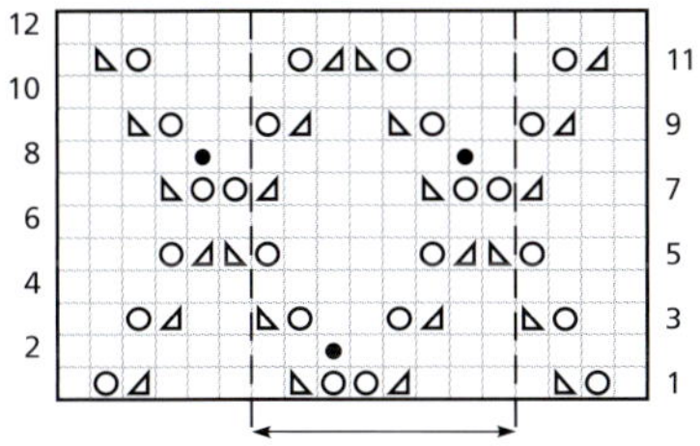

针数为8的倍数+10针

127

阶梯蕾丝花样

1级

阶梯蕾丝花样十分简洁新颖，可以用来勾勒出其他针法花样的轮廓。另外，两种阶梯蕾丝花样都可用作重复性花样。

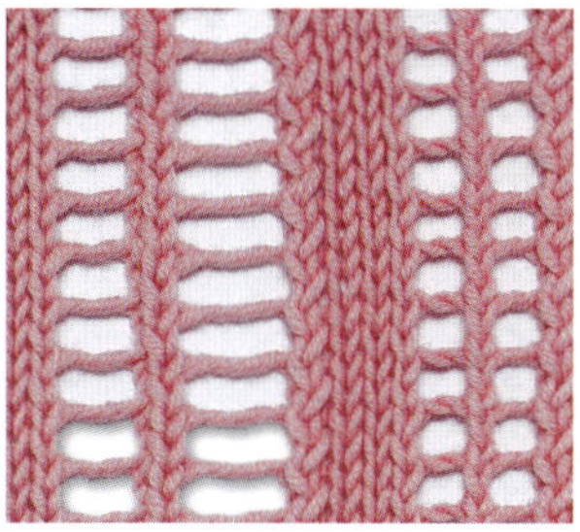

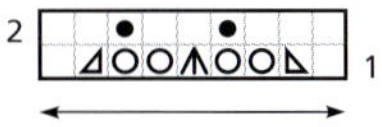

宽阶梯：9针的花样

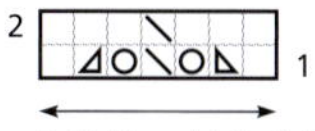

窄阶梯：7针的花样

织法

第1行（正面） 1下针，下针右上2针并1针，挂线2次，下针中上3针并1针，挂线2次，下针左上2针并1针，1下针。

第2行 2上针，1下针，2上针，1下针，3上针。

以上2行即构成宽阶梯蕾丝花样。

织法

第1行（正面） 1下针，下针右上2针并1针，1挂针，1下针扭针，1挂针，下针左上2针并1针，1下针。

第2行 3上针，1上针扭针，3上针。

以上2行即构成窄阶梯蕾丝花样。

128

叶子蕾丝花样

1级

小小的叶子交织在一起，井然有序，形成整体蕾丝花样。除侧边外，所有的减针均采用3针并1针的减针。

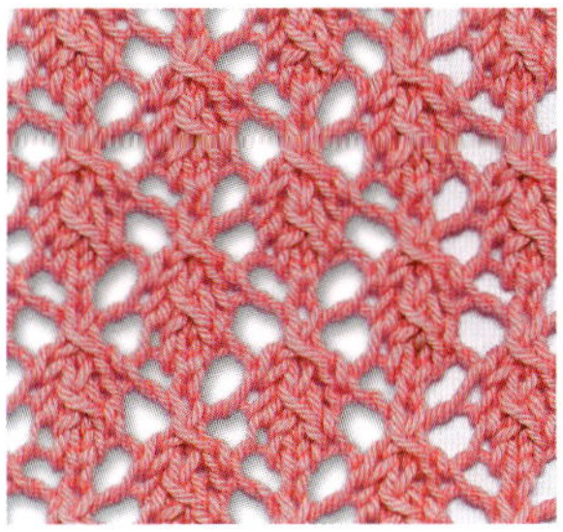

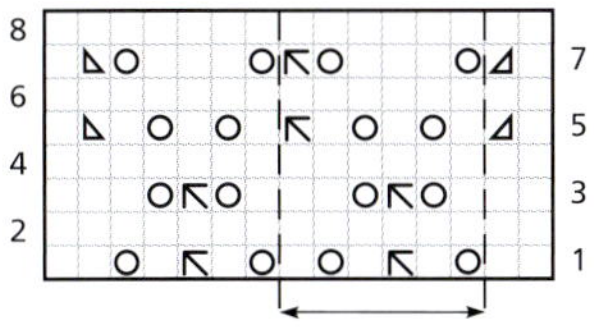

针数为6的倍数+9针

129

蕨类灌木蕾丝花样

1级

这种棒针花样弧线精美，看起来似乎非常复杂，实则不然。挂针和减针之间错落有序，从而形成这种蕾丝效果。

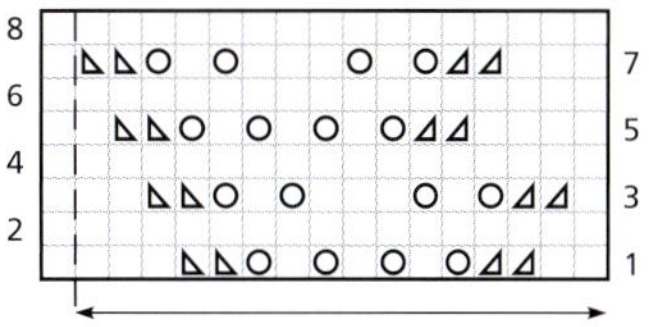

针数为16的倍数+1针

130
莓类灌木蕾丝花样
1级

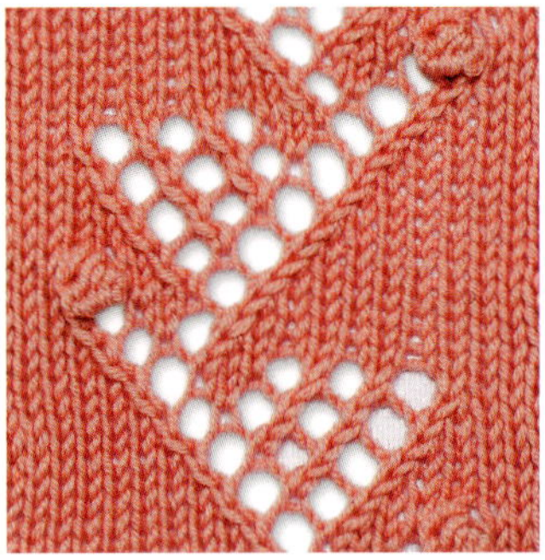

单侧泡泡花样的使用增强了这一之字形花样的不对称性。

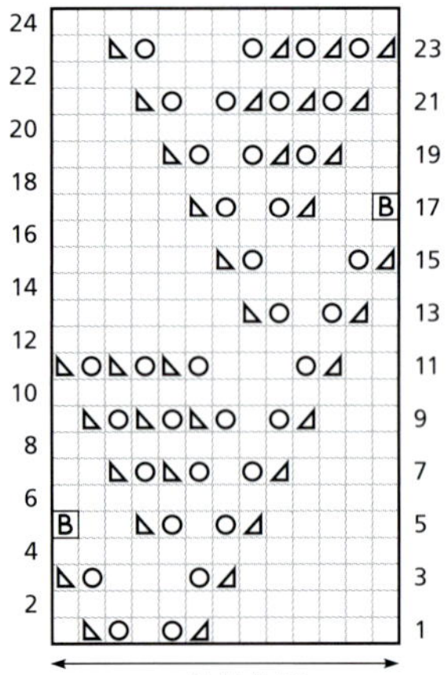

13针的花样

特定符号

B 从同一针目中编织1下针、1上针、1下针、1上针、1下针，翻面，编织5上针，翻面，挑起第2针、第3针、第4针及第5针套收在第1针上，编织下针扭针。

131
四叶草蕾丝花样
1级

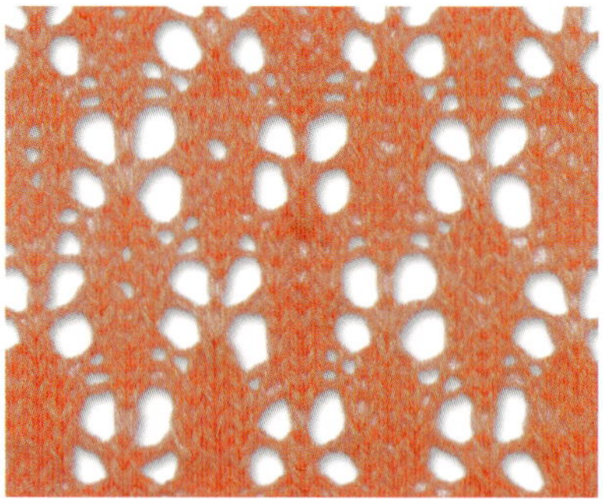

一组组孔眼看起来像一片片四叶草叶子。但各组四叶草叶片大小略有不同，这是由于织每个孔眼时有不同的加减针。

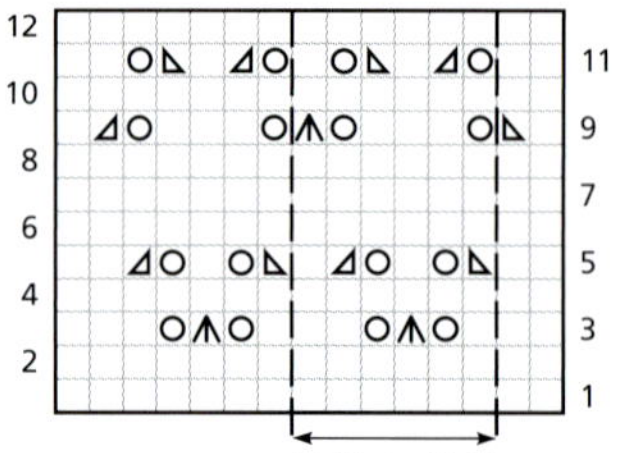

针数为6的倍数+9针

织法

第1行（正面） 均织下针。
第2行及其他反面各行 均织上针。
第3行 3下针，重复织[挂针，下针中上3针并1针，1挂针，3下针]至行尾。
第5行 2下针，重复织[下针右上2针并1针，1挂针，1下针，1挂针，下针左上2针并1针，1下针]至剩最后1针，织1下针。
第7行 均织下针。
第9行 1下针，下针右上2针并1针，1挂针，重复织[3下针，1挂针，下针中上3针并1针，1挂针]至剩最后6针，织3下针、1挂针、下针左上2针并1针、1下针。
第11行 2下针，1挂针，下针左上2针并1针，重复织[1下针，下针右上2针并1针，1挂针，1下针，1挂针，下针左上2针并1针]至剩最后5针，织1下针、下针右上2针并1针、1挂针、2下针。
第12行 均织上针。
以上12行即构成四叶草蕾丝花样。

132
五彩纸屑蕾丝花样
1级

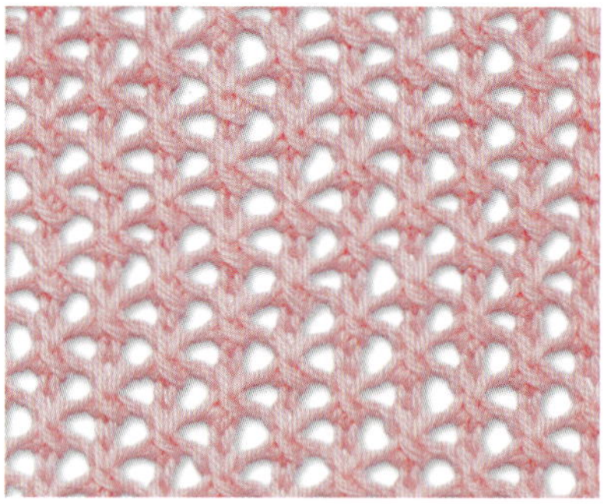

这种古典的整体花样糅合了蕾丝和凸饰纹路元素，真是妙不可言。

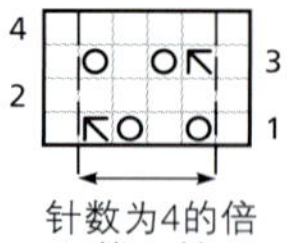

针数为4的倍数+2针

织法

第1行（正面） 1下针，重复织[挂针，1下针，1挂针，下针右上3针并1针]至剩最后1针，织1下针。
第2行 均织上针。
第3行 1下针，重复织[下针右上3针并1针，1挂针，1下针，1挂针]至剩最后1针，织1下针。
第4行 均织上针。
以上4行即构成五彩纸屑蕾丝花样。

p.86、87基础符号

□ 正面织下针，反面织上针 ◿ k2tog ◺ skpo ⋀ s2kpo ⟍ sk2po ○ yo

133

风铃草蕾丝花样

1级

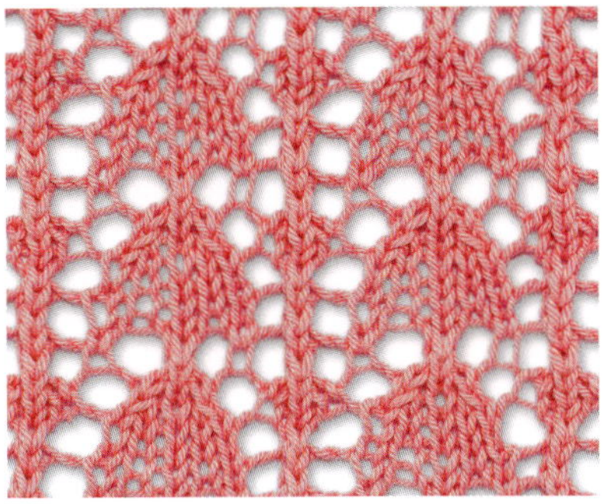

蕾丝边勾勒出风铃草的轮廓，通过右上3针并1针的特殊针法使镂空效果更加明显，同时也使针目更加平顺。

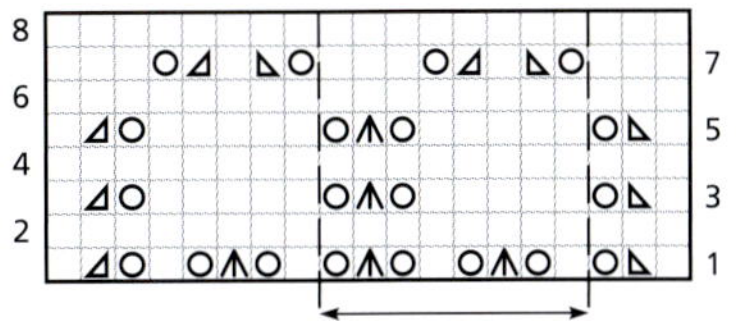

针数为8的倍数
+11针

织法

第1行（正面） 1下针，下针右上2针并1针，1挂针，重复织[1下针，1挂针，下针中上3针并1针，1挂针]至剩最后4针，依次织1下针、1挂针、下针左上2针并1针、1下针。
第2行及其他反面各行 均织上针。
第3行 1下针，下针右上2针并1针，1挂针，重复织[5下针，1挂针，下针中上3针并1针，1挂针]至剩最后8针，依次织5下针、1挂针、下针左上2针并1针、1下针。
第5行 织法同第3行。
第7行 3下针，重复织[1挂针，下针右上2针并1针，1下针，下针左上2针并1针，1挂针，3下针]至行尾。
第8行 均织上针。
以上8行即构成风铃草蕾丝花样。

134

蔷薇蕾丝花样

1级

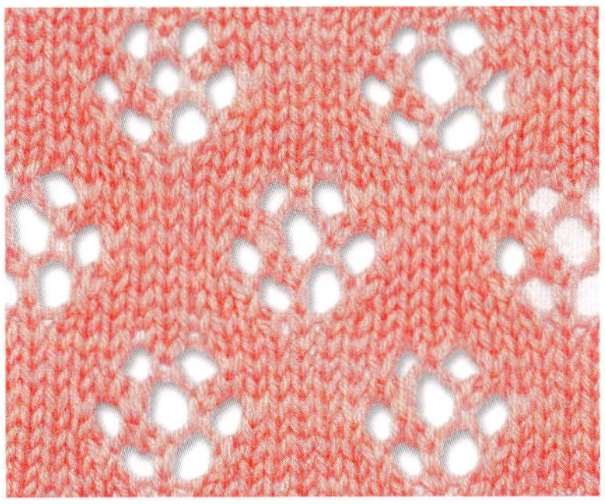

一组组加减针有序组合，织出蔷薇蕾丝花样，花瓣由镂空的设得兰蕾丝花样构成。

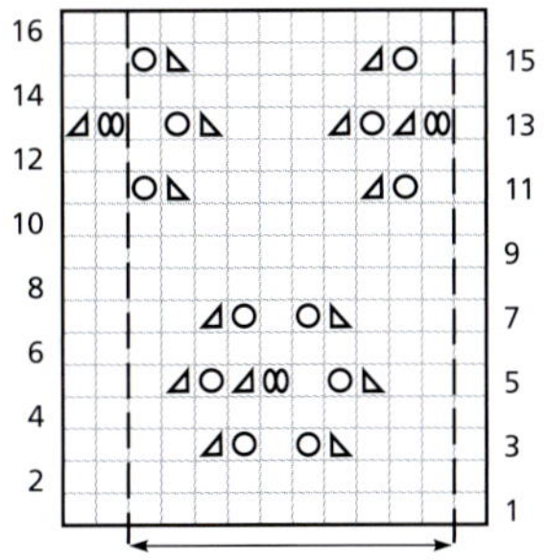

针数为10的倍数+3针

特定符号

OO 挂线2次，下一行（编织到这里时）放掉1个线圈。

织法

第1行（正面） 均织下针。
第2、4、8、10、12行 均织上针。
第3行 4下针，重复织[下针右上2针并1针，1挂针，1下针，1挂针，下针左上2针并1针，5下针]至剩最后9针，依次织下针右上2针并1针、1挂针、1下针、1挂针、下针左上2针并1针、4下针。
第5行 3下针，重复织[下针右上2针并1针，1挂针，1下针，挂线2次，下针左上2针并1针，1挂针，下针左上2针并1针，3下针]至行尾。
第6行 均织下针，挂线2次处放掉1个线圈。
第7行 织法同第3行。
第9行 均织下针。
第11行 2下针，1挂针，下针左上2针并1针，重复织[5下针，下针右上2针并1针，1挂针，1下针，1挂针，下针左上2针并1针]至剩最后9针，依次织5下针、下针右上2针并1针、1挂针、2下针。
第13行 1下针，挂线2次，下针左上2针并1针，1挂针，下针左上2针并1针，重复织[3下针，下针左上2针并1针，1挂针，1下针，挂线2次，下针左上2针并1针，1挂针，下针左上2针并1针]至剩最后8针，依次织3下针、下针右上2针并1针、1挂针、1下针、挂线2次、下针左上2针并1针。
第14行 织法同第6行。
第15行 织法同第11行。
第16行 均织上针。
以上16行即构成蔷薇蕾丝花样。

135
小扇形蕾丝花样
2级

编织这款蕾丝花样时用到了加减针。挂针处的4个孔眼不在同一行，正面相邻行的针数有变化。

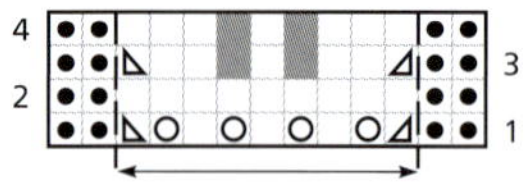

针数为9的倍数+2针，
针数可变

织法

第1行（正面） *2上针，下针左上2针并1针，重复3次[1挂针，1下针]，1挂针，下针右上2针并1针，重复织*至剩最后2针，织2上针。
第2行 重复织[2下针，9上针]至剩最后2针，织2下针。
第3行 重复织[2上针，下针左上2针并1针，5下针]至剩最后2针，织2上针。
第4行 重复织[2下针，7上针]至剩最后2针，织2下针。
以上4行即构成小扇形蕾丝花样。

136
之字形蕾丝花样
2级

在下针编织背景上，加减针织出的柱状花样呈之字形。只要掌握了在反面减针的技巧，那么织之字形蕾丝花样便十分简单。

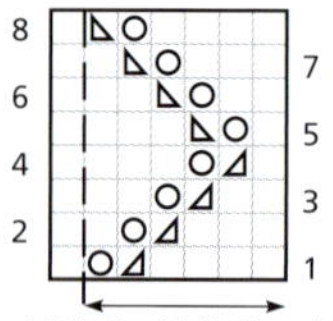

针数为6的倍数+1针

特定符号

◿ 正面各行织下针左上2针并1针，反面各行织上针左上2针并1针。
◺ 正面各行织下针右上2针并1针，反面各行织上针右上2针并1针。

织法

第1行（正面） 重复织[4下针，下针左上2针并1针，挂针]至剩最后1针，织1下针。
第2行 2上针，重复织[1挂针，上针左上2针并1针，4上针]至剩最后5针，依次织挂针、上针左上2针并1针、3上针。
第3行 2下针，重复织[下针左上2针并1针，1挂针，4下针]至剩最后5针，依次织上针左上2针并1针、1挂针、3下针。
第4行 重复织[4上针，1挂针，上针左上2针并1针]至剩最后1针，织1上针。
第5行 1下针，重复织[1挂针，上针左上2针并1针，4下针]至行尾。
第6行 3上针，重复织[上针右上2针并1针，1挂针，4上针]至剩最后4针，依次织上针右上2针并1针，1挂针，2上针。
第7行 3下针，重复织[1挂针，下针右上2针并1针，4下针]至剩最后4针，依次织1挂针、下针右上2针并1针、2下针。
第8行 1上针，重复织[上针右上2针并1针，1挂针，4上针]至行尾。
以上8行即构成之字形蕾丝花样。

137
V字形蕾丝花样
2级

V字形蕾丝花样弧线优美，看起来比较复杂，但实际上编织起来简单易上手，因为针数保持不变，反面各行只织上针。

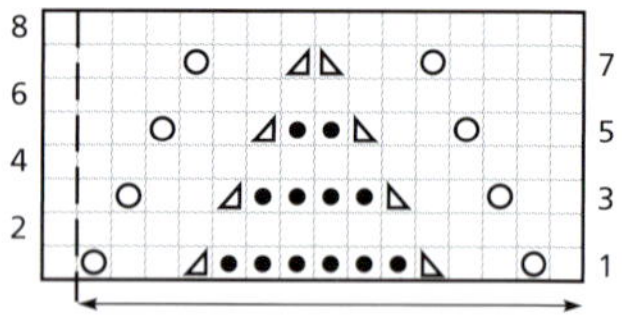

针数为15的倍数+1针

织法

第1行（正面） 重复织[1下针，1挂针，2下针，下针右上2针并1针，6上针，下针左上2针并1针，2下针，1挂针]至剩最后1针，织1下针。
第2行及其他反面各行 均织上针。
第3行 重复织[2下针，1挂针，2下针，下针右上2针并1针，4上针，下针左上2针并1针，2下针，1挂针，1下针]至剩最后1针，织1下针。
第5行 重复织[3下针，1挂针，2下针，下针右上2针并1针，2上针，下针左上2针并1针，2下针，1挂针，2下针]至剩最后1针，织1下针。
第7行 重复织[4下针，1挂针，2下针，下针右上2针并1针，2下针，1挂针，3下针]至剩最后1针，织1下针。
第8行 均织上针。
以上8行即构成V字形蕾丝花样。

□ 正面织下针，反面织上针　● 正面织上针，反面织下针　◺ 正面织下针扭针，反面织上针扭针　◿ k2tog　◺ skpo　⋀ s2kpo　⋌ sk2po　○ yo

138
雏菊和阶梯蕾丝花样
2级

在雏菊和阶梯蕾丝花样中，单个的挂针与减针错落有致，形成了花蕾、叶片和阶梯状花样。

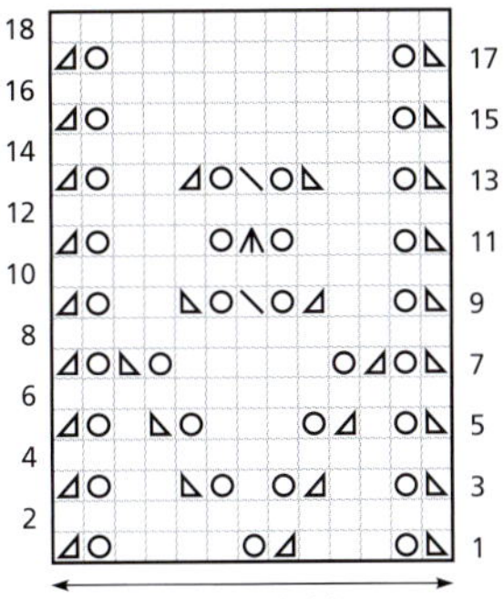

13针的花样

139
番红花蕾丝花样
2级

一组组斜线相互结合，勾勒出这一简洁、独特的番红花蕾丝花样。

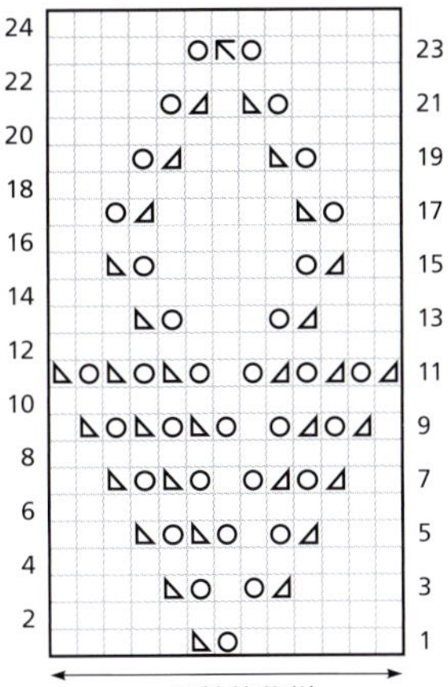

13针的花样

140
爱心菱形蕾丝花样
2级

在上针编织背景上织出一颗简单的爱心形状，爱心内部装饰有菱形花样。

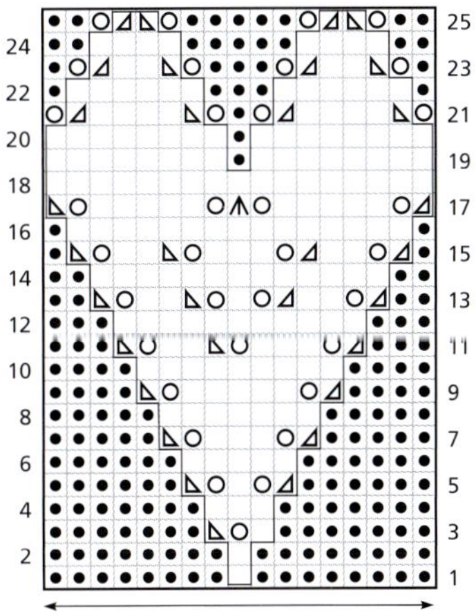

17针的花样

141
鸟眼蕾丝花样
2级

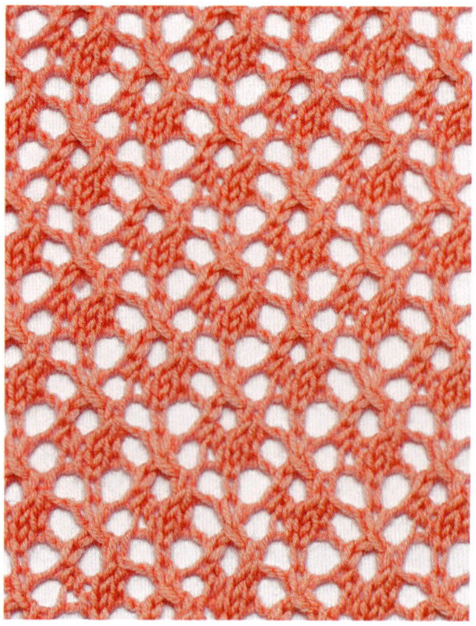

花样中心的孔眼是它名字的由来。倘若花样中心没有孔眼，便是小小的叶子花样。

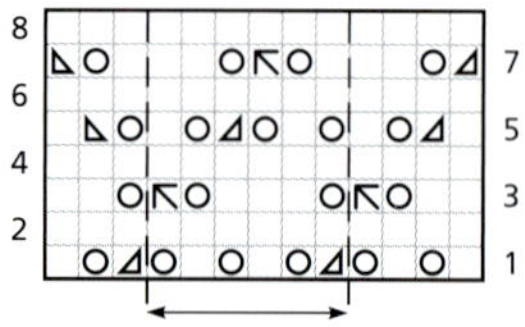

针数为6的倍数+7针

142
佩斯利蕾丝花样
2级

这种佩斯利风格的花样是镂空蕨类针法的众多变体之一。可以将旋涡花样剥离出来单独点缀，也可以按照第1行到第21行的织法用作边缘装饰。

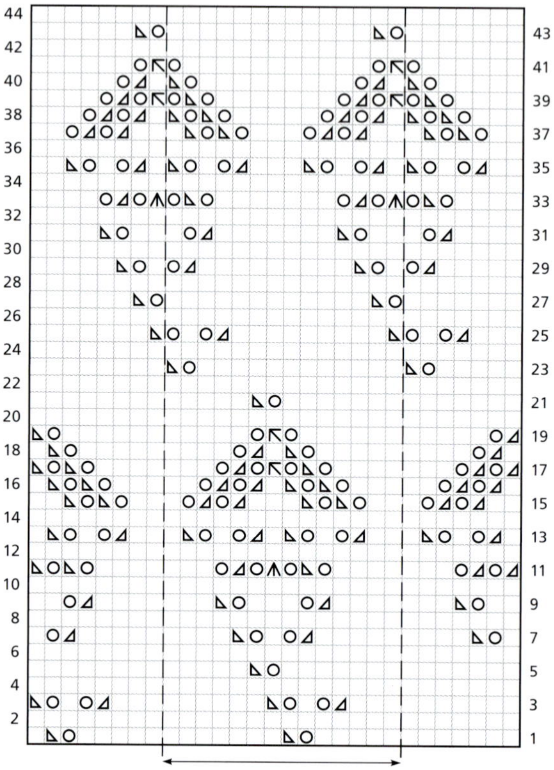

针数为14的倍数+15针

p.90、91 基础符号

□ 正面织下针，反面织上针　● 正面织上针，反面织下针　◿ 正面织k2tog，反面织p2tog　◺ 正面织skpo,反面织k2tog　s2kpo　sk2po　k3tog

143

花架与藤蔓蕾丝花样

2级

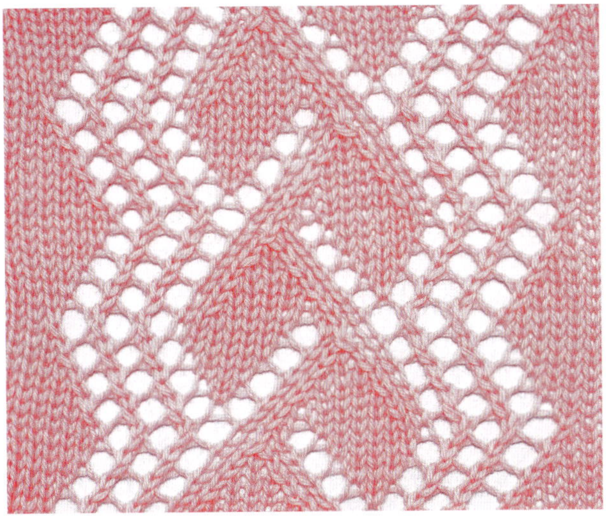

这一经典的花样采用轮廓清晰的斜线织出了镂空的花架和藤蔓茎叶花样。这个花样可用作点缀，也可以用作重复性花样，纹理更加精致。

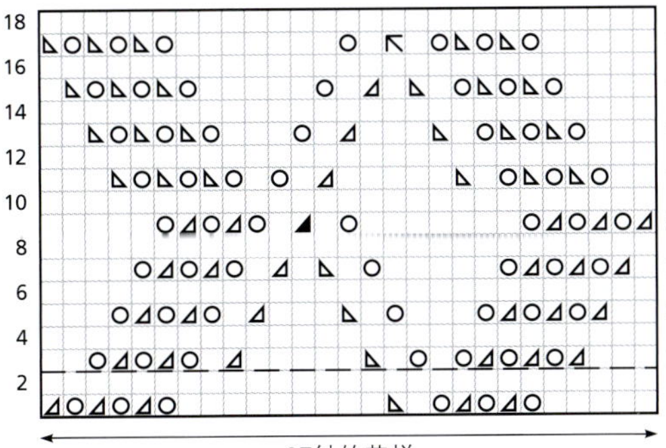

27针的花样

特定符号

◢ 下针右上2针并1针，将刚织好的针目移回左棒针，挑起下一针套收，将它移回右棒针。

温馨提示

重复第3~18行织法，即可织出花架与藤蔓蕾丝花样。

144

夕颜花蕾丝花样

2级

这朵编织出的夕颜花纹路清晰，并用单罗纹针展示了叶子上的叶脉。

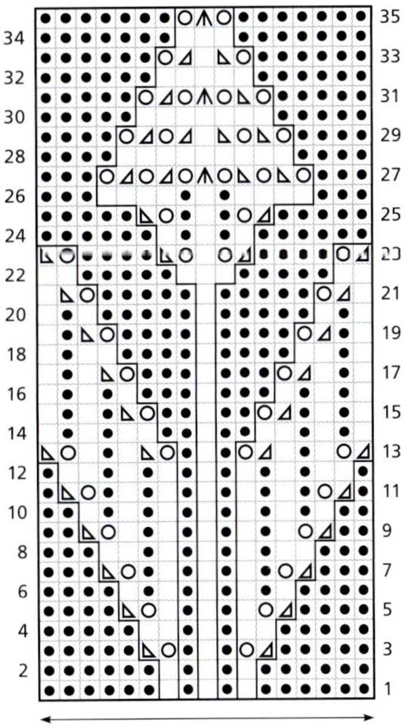

17针的花样

○ yo

145
镂空X形花样
2级

定向的镂空平行线呈现X形花样。这一花样也可以用来填充其他凸饰针或蕾丝针。

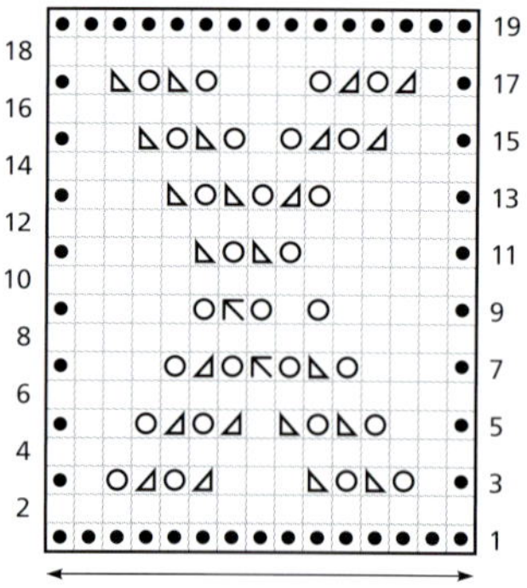

15针的花样

146
心形蕾丝花样
2级

可以在毛衣正面织出一个心形蕾丝花样用作点缀，也可以重复织多个，再用罗纹花样或栅格花样织出它的饰边。

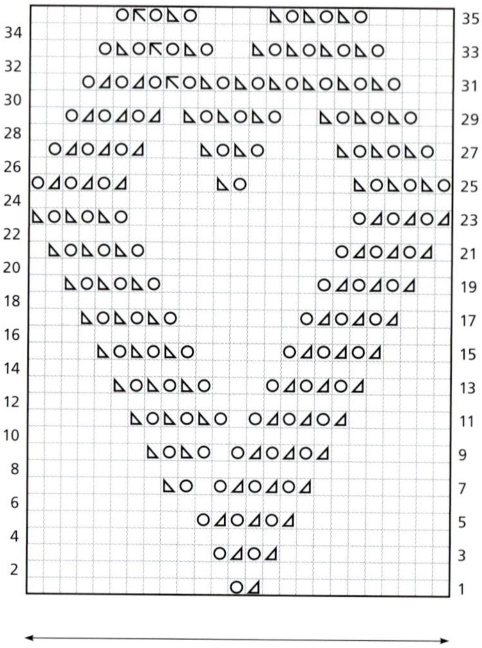

25针的花样

p.92、93 基础符号

□ 正面织下针，反面织上针　● 正面织上针，反面织下针　k2tog　skpo　s2kpo　sk2po　yo

147

双重菱形蕾丝花样

2级

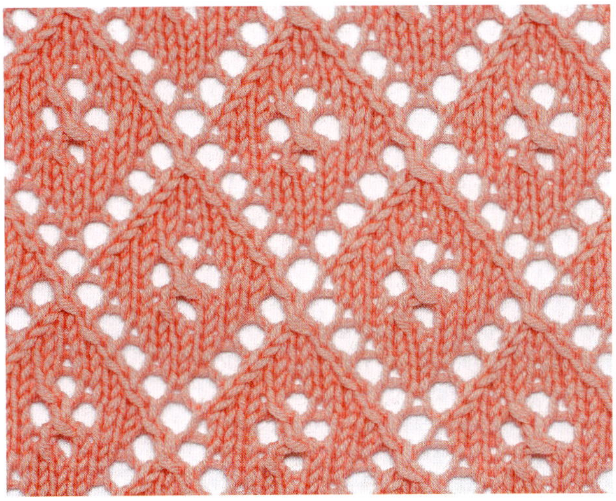

双重菱形蕾丝花样排列有序，看起来比较复杂，实际上操作起来并没那么难。

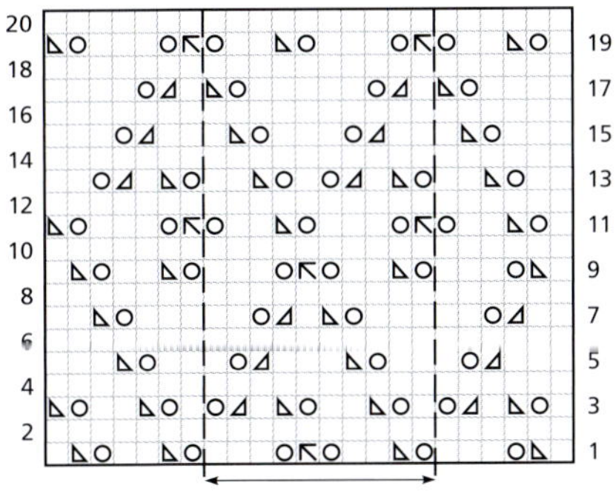

针数为10的倍数+13针

148

多重菱形蕾丝花样

2级

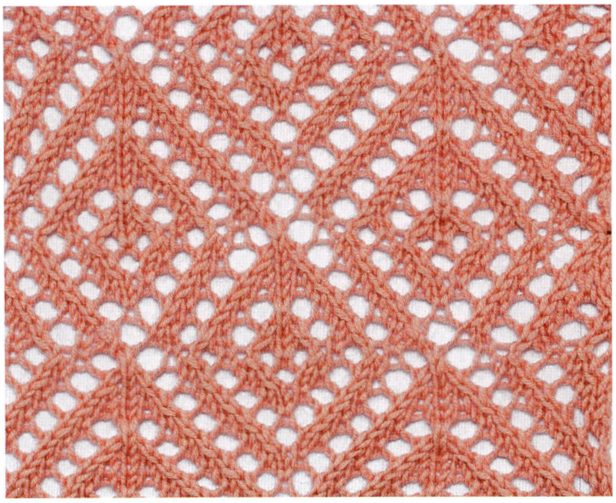

这一纹路丰富的多重菱形蕾丝花样排列紧密，看起来复杂，但实际上简单易上手，因为反面各行只用到上针针法。

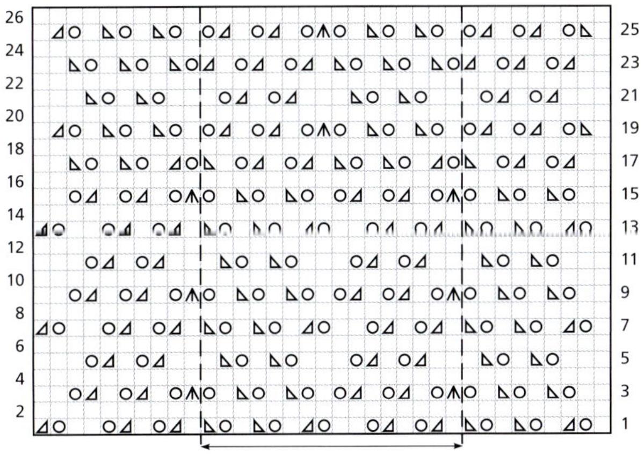

针数为16的倍数+19针

149

垂垂鸭跖草蕾丝花样

2级

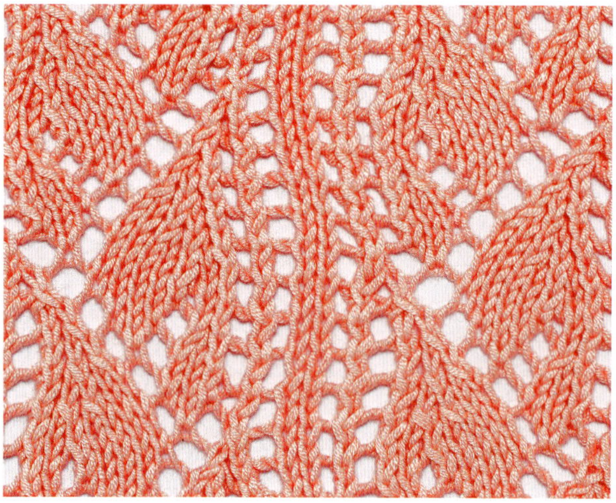

如上图所示，垂垂鸭跖草蕾丝花样十分别致，可以按照花样重复编织，形成整体蕾丝花样；也可以只织中间的15针构成点缀式的饰片花样。该花样的设计来自于一种针目可变的经典花样。这一扩展的花样编织起来很容易上手，因为每行的针数保持不变。

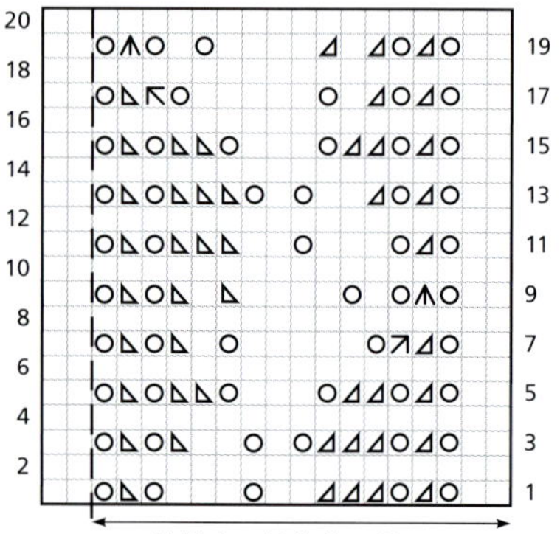

针数为17的倍数+2针

150

镂空三角花样

2级

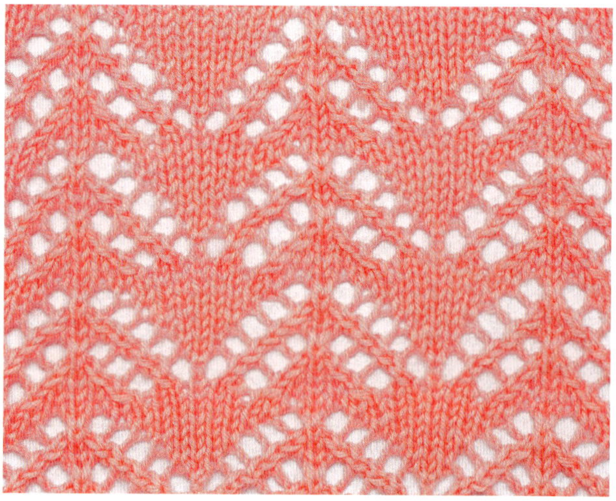

镂空三角形与下针编织的实心三角形有序组合，形成既简洁又别致的蕾丝花样。只需按照第1~10行编织即可织出精致的饰边。

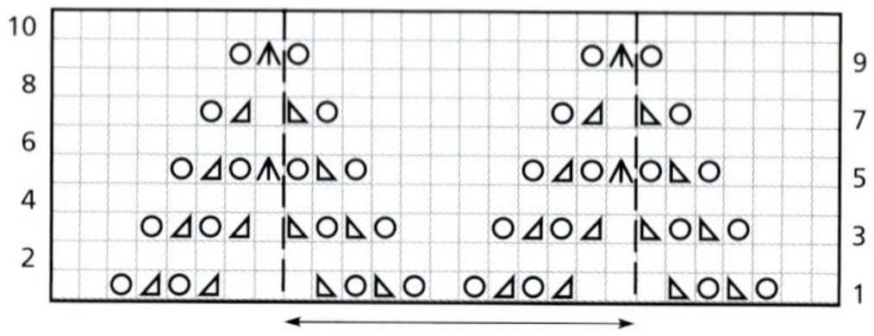

针数为12的倍数+15针

温馨提示

以上第1~10行即构成镂空三角花样。

p.94、95 基础符号

□ 正面织下针，反面织上针　k2tog　skpo　s2kpo　k3tog　sk2po　yo　c2b

151

双孔花架蕾丝花样

2级

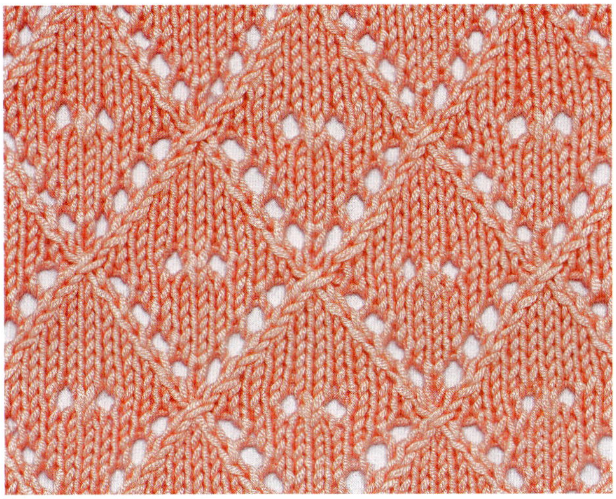

这一复杂的双孔花架蕾丝花样需要用到3针麻花针完成相邻菱形间减针处线条的整齐平移。也可以省略菱形中心的双孔，只需忽略编织图中对应位置的加减针符号，直接织3针下针即可。

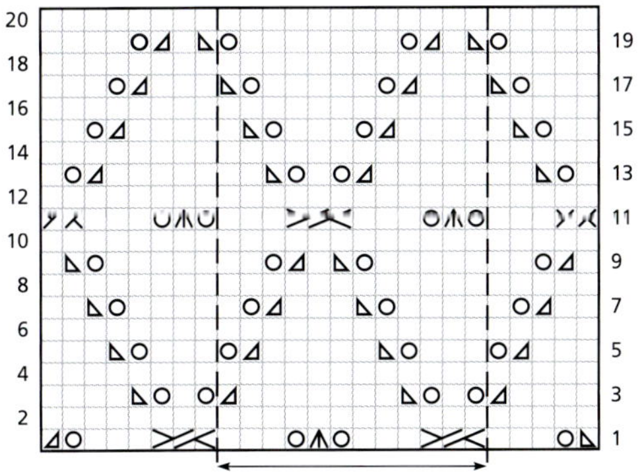

针数为12的倍数+13针

特定符号

移2针至麻花针，并置于后方，编织1下针，然后从麻花针上移最近的1针至左棒针，将麻花针握在前方，编织1下针，再从麻花针上编织1下针。

温馨提示

需要用到1根麻花针。

152

菱形镂空饰边花样

2级

菱形镂空饰边花样呈现出巧妙的浮雕效果，因为对应加减针的针距增加了1针。可以用起伏针代替下针编织填充菱形内部。

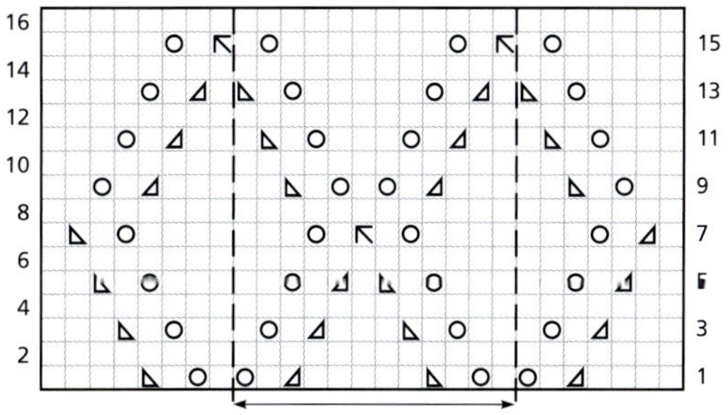

针数为12的倍数+15针

153

镂空郁金香花样

2级

如上图所示，加减针的有序组合编织出别具一格的镂空郁金香花样。可再用2针栅格针作为花样的饰边，减轻织物的重量。

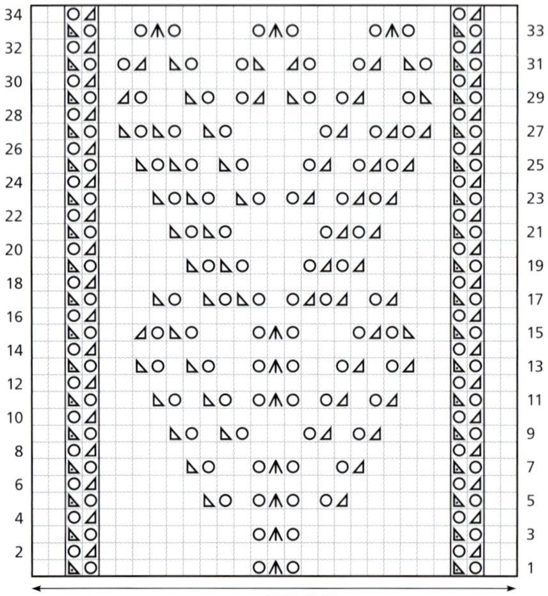

29针的花样

特定符号

正面行编织下针左上2针并1针，反面行编织上针左上2针并1针。

反面行编织上针左上2针并1针。

154

镂空小枝丫花样

2级

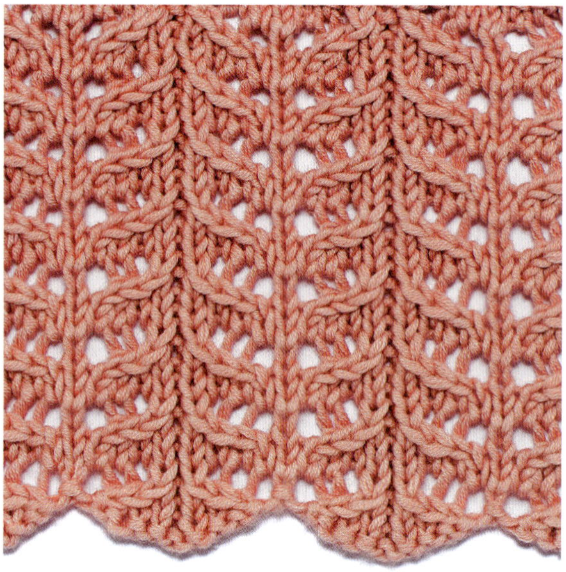

镂空小枝丫花样的编织图只有寥寥几行，但织出的纹路看起来却比较复杂，编织时正反面都需要做加减针处理。

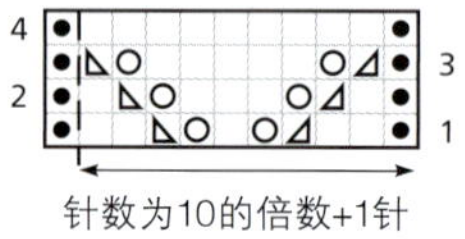

针数为10的倍数+1针

特定符号

正面行编织下针左上2针并1针，反面行编织上针左上2针并1针。

正面行编织下针右上2针并1针，反面行编织上针右上2针并1针。

织法

第1行（正面）　重复织[1上针，2下针，下针左上2针并1针，1挂针，1下针，1挂针，下针右上2针并1针，2下针]至剩最后1针，织1上针。
第2行　重复织[1下针，1上针，上针右上2针并1针，1挂针，3上针，1挂针，上针左上2针并1针，1上针]至剩最后1针，织1下针。
第3行　重复织[1上针，下针左上2针并1针，1挂针，5下针，1挂针，下针右上2针并1针]至剩最后1针，织1上针。
第4行　重复织[1下针，9上针]至剩最后1针，织1下针。
以上4行即构成镂空小枝丫花样。

p.96、97 基础符号

正面织下针，反面织上针　正面织上针，反面织下针　k2tog　skpo　s2kpo　yo

155

百合花蕾丝花样

2级

在下针编织背景中，将3种不同的减针方式相结合，编织出这一幅简单的百合花蕾丝花样。

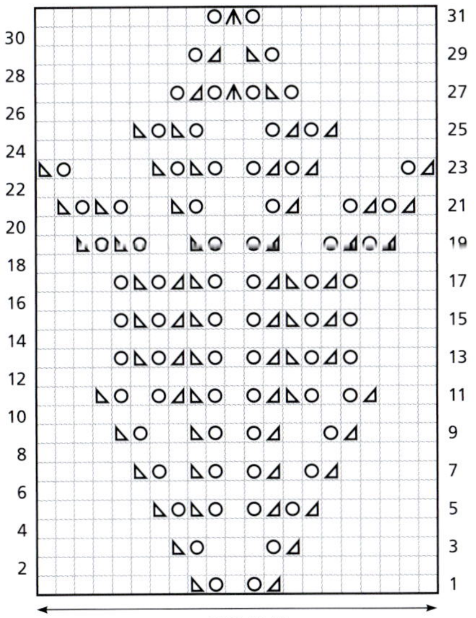

21针的花样

156

海贝镂空花样

3级

编织时每一针均将线在针上绕3圈，形成一排超长的针目，呈现出别致的海贝镂空花样。正反面的纹理并不完全相同，但反面看起来也很可爱。这种棒针花样非常适合用来编织围巾、披肩等。

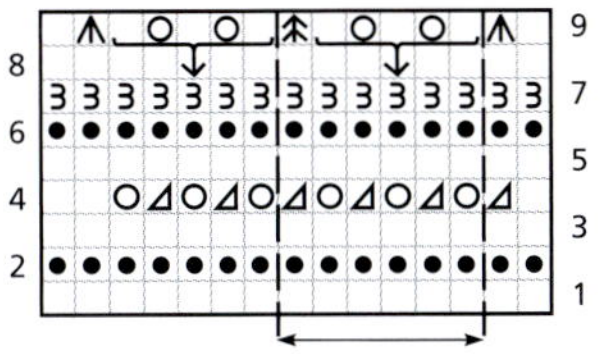

针数为6的倍数
+9针

特定符号

反面行编织上针左上2针并1针。

对（符号提示的）每一针绕线3圈来编织下针，下一行（编织到这些针目时）放掉多余的针目。

从指定的针目下方的行编织括号内的针目。

下针中上5针并1针：以下针的方向同时滑3针，编织下针左上2针并1针，挑起滑过的针目套收。

织法

第1行（正面）　均织下针。
第2行　均织下针。
第3行　均织下针。
第4行　2上针，重复织[1挂针，上针左上2针并1针]至剩最后1针，织1上针。
第5行　均织下针。
第6行　均织下针。
第7行　均织下针，织每一针时均将线在棒针上绕3圈。
第8行　均织上针，放掉多余的针目。
第9行　1下针，中上3针并1针，*隔行织1针放5针（1下针、1挂针、1下针、1挂针、1下针），中上5针并1针，重复织*至剩最后5针，隔行织1针放5针（1下针、1挂针、1下针、1挂针、1下针），中上3针并1针，1下针。

重复第2~9行织法，即可织出海贝镂空花样。

157

叶子蕾丝花样

3级

叶子蕾丝花样别具一格，用凸起的罗纹花样充当叶脉。

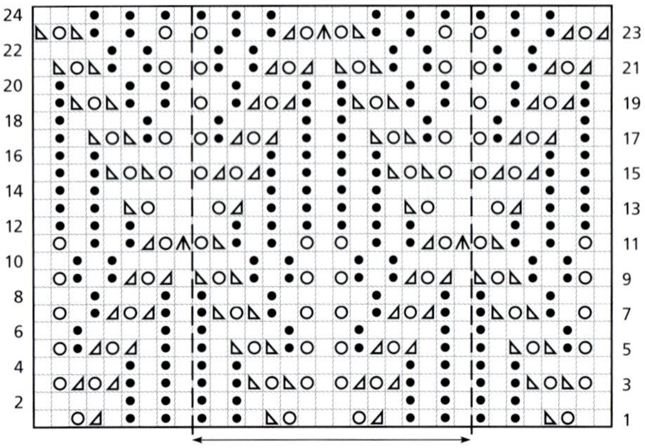

针数为16的倍数+17针

158

镂空花园花样

3级

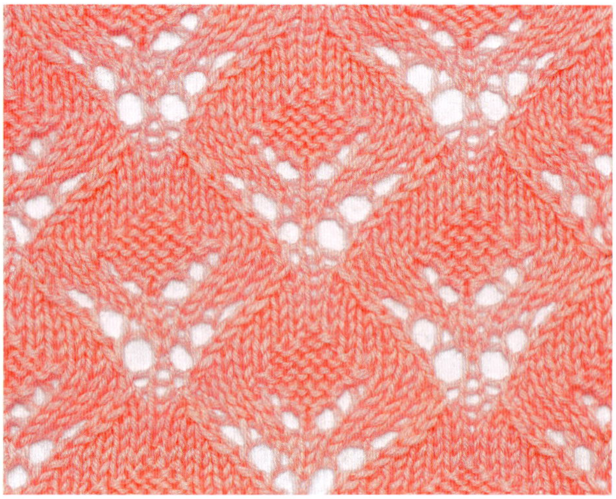

一行行花样的组合使镂空花园花样拥有了优美的曲线。花样中的上、下针编织形成对比，相得益彰。

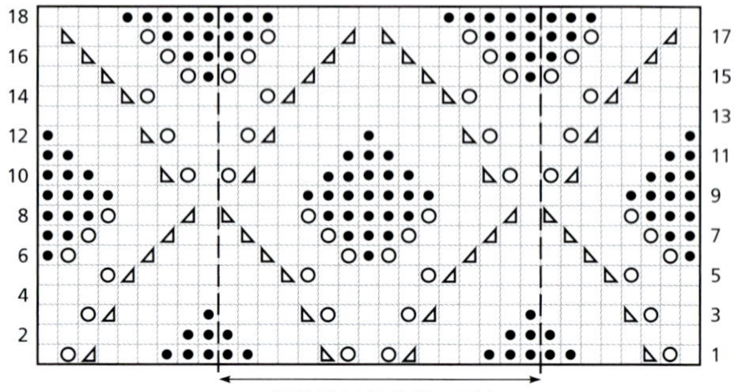

针数为16的倍数+17针

特定符号

正面行编织下针左上2针并1针，反面行编织上针左上2针并1针。

正面行编织下针右上2针并1针，反面行编织扭针的上针2针并1针。

p.98、99 基础符号

正面织下针，反面织上针 | 正面织上针，反面织下针 | k2tog | skpo | s2kpo | sk2po | yo

159

蕨叶蕾丝花样

3级

蕨叶蕾丝花样以设得兰蕾丝为基础，辅以对应的减针，形成了简洁的线条。需注意每个花样顶部条纹反面的加减针。

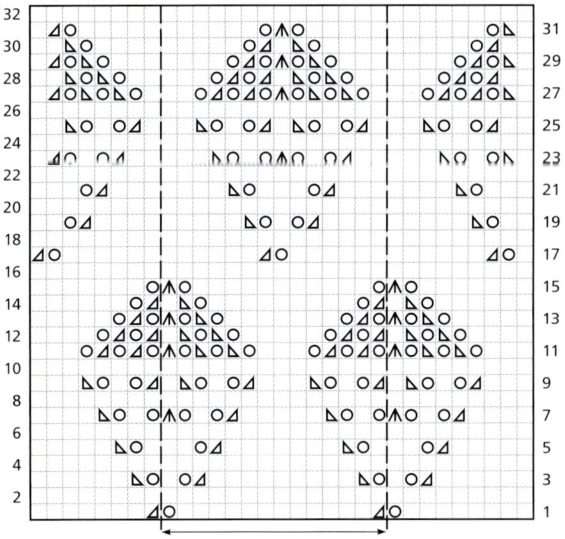

针数为14的倍数+17针

特定符号

◿ 正面行编织下针左上2针并1针，反面行编织上针左上2针并1针。

◺ 正面行编织下针右上2针并1针，反面行编织上针右上2针并1针。

160

落叶蕾丝花样

3级

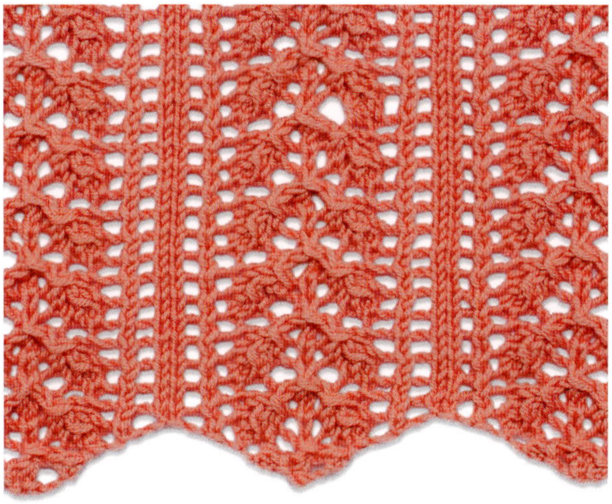

这种老式的针法花样看起来像梯子之间夹着若干片叶子。这种花样还可以用在起针行和收针行，织出褶皱的饰边。

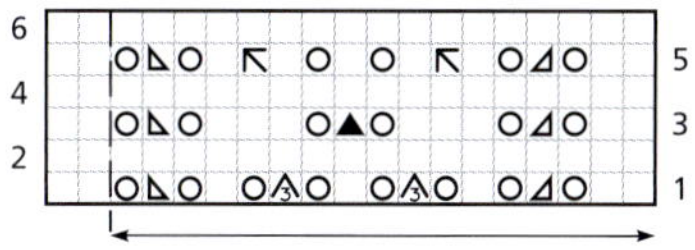

针数为17的倍数+2针

特定符号

滑1针，下针左上3针并1针，将滑针套收。

▲ 滑1针，下针左上4针并1针，将滑针套收。

161

叶芽蕾丝花样

3级

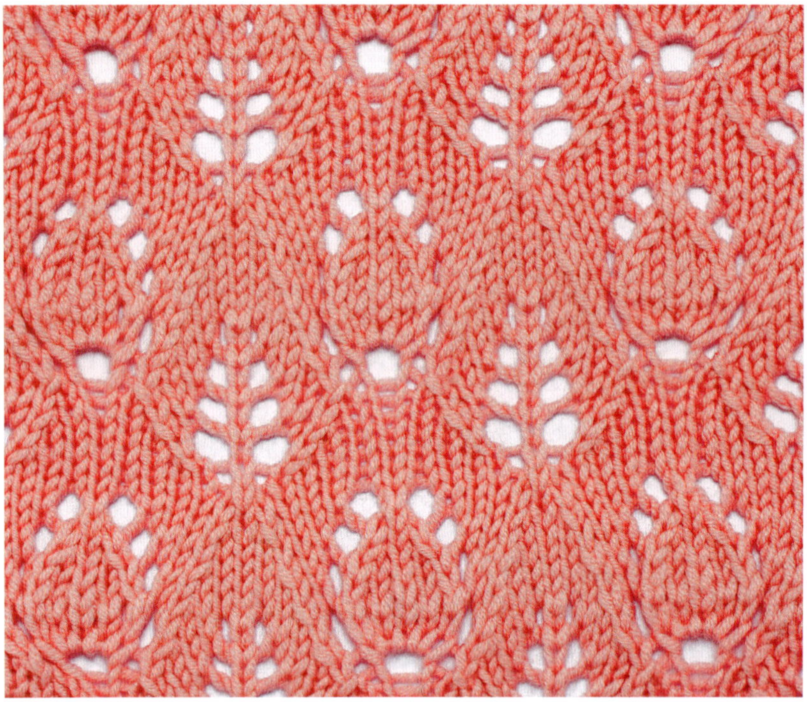

这种精美的叶芽蕾丝花样用到若干种棒针技巧，例如正面的加减针等。另外编织图中所示的叶间花蕾的针目也略有不同。尽管用到多种技巧，但编织起来并不困难，只要完成了第1个重复花样，就能很容易找准自己进行到哪一步了。

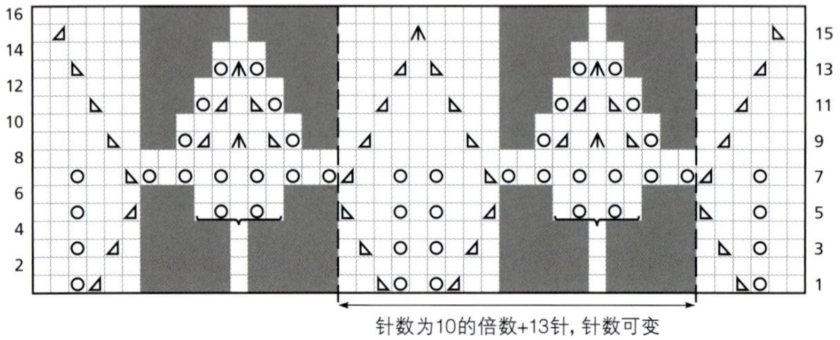

特定符号

从指定的针目中编织1下针、1挂针、1下针、1挂针、1下针。

p.100、101 基础符号

正面织下针，反面织上针　正面织上针，反面织下针　正面织下针扭针，反面织上针扭针　k2tog　skpo　s2kpo　k3tog

162

雏菊蕾丝花样

3级

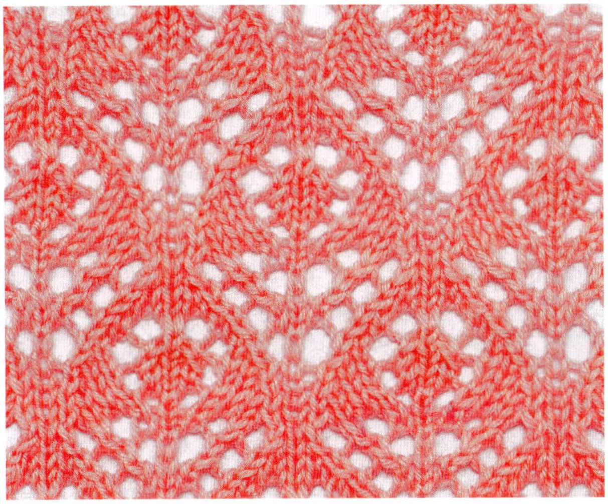

尽管只在正面行编织花样，但整体看上去，雏菊根部的叶子却在花朵之上优雅地拱起。

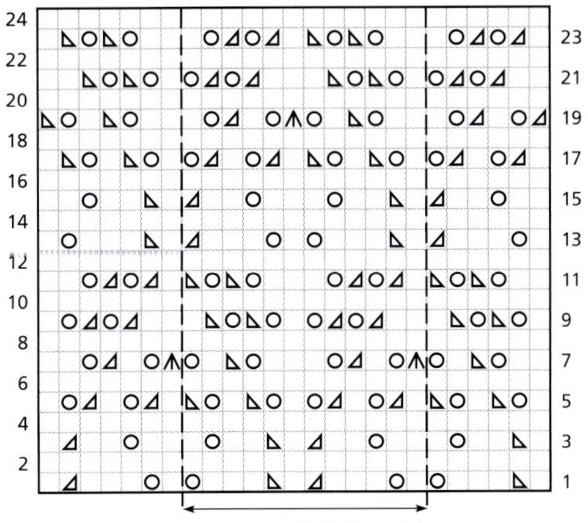

针数为12的倍数+13针

163

小花蕾丝花样

3级

小花中间形成了细细的叶子，使蕾丝花样的设计看起来非常巧妙。

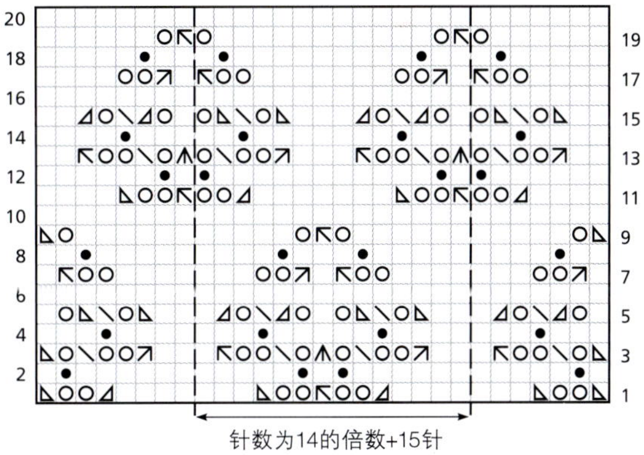

针数为14的倍数+15针

温馨提示

- 反面行，在每个花样中心前编织1上针、1下针时加2挂针，中心后编织1下针、1上针时加2挂针。
- 本次用到3种减2针技巧。

sk2po yo 无针目

164
镂空蝴蝶花样
3级

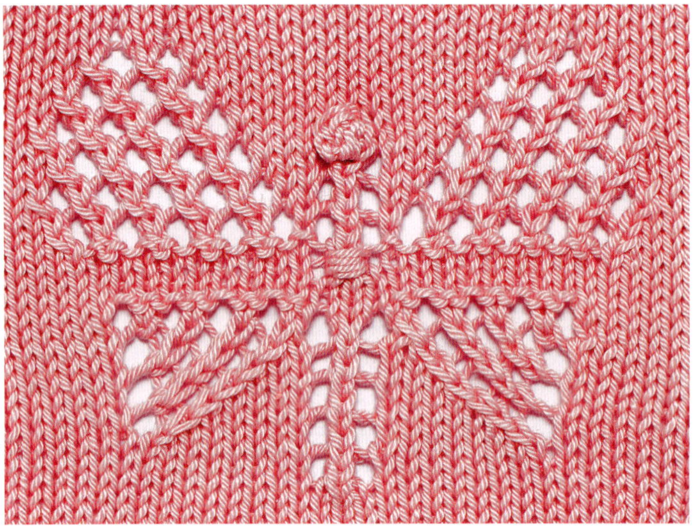

用镂空的针脚和细细的纱线清晰地勾勒出了蝴蝶的轮廓，也展示了蝴蝶脆弱的一面。两侧翅膀下半部分的孔眼需要在正、反面共同编织，但上半部分的孔眼只在正面编织。

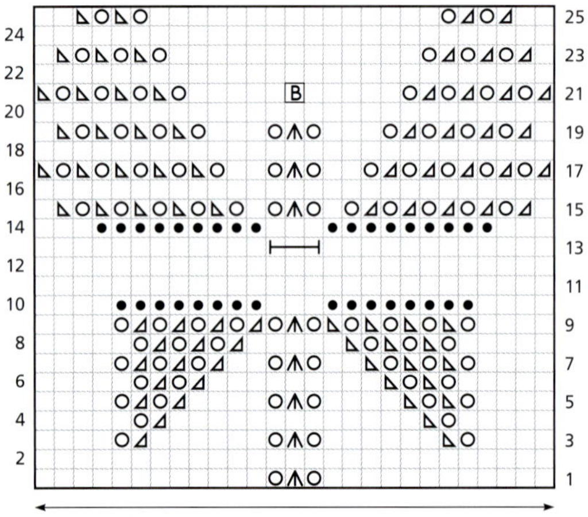

特定符号

B 从同一针目中编织1下针、1上针、1下针、1上针、1下针，翻面，5上针，翻面，依次挑起第2针、第3针、第4针和第5针套收在第1针上，编织1下针扭针。

编织3下针，将它们移至麻花针，以逆时针方向对它们绕线4圈，在反面结束，将针目移回右棒针。

◿ 正面行编织下针左上2针并1针，反面行编织上针左上2针并1针。

◺ 正面行编织下针右上2针并1针，反面行编织扭针的上针2针并1针。

温馨提示

需要用到1根麻花针。

p.102、103 基础符号

□ 正面织下针，反面织上针　● 正面织上针，反面织下针　◿ k2tog　◺ skpo　Λ s2kpo　⊼ sk2po　○ yo　■ 无针目

165
镂空小蝴蝶花样
3级

镂空小蝴蝶花样下方有两个大孔眼，这一花样的设计来自于一种有时也被称为蜜蜂针的古老针法。

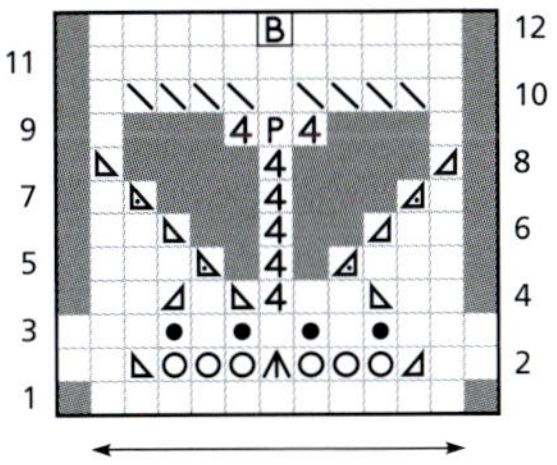

11针的花样，针数可变

特定符号

4 连续编织4针挂针；在第5~8行，将前一行的（多余）挂针放掉。

\ 从挂针的后面入针编织下针。

P 将前一行的（多余）挂针放掉，挑起5根长线挂在左棒针上，一起织1上针。

B 从同一针目中编织1下针、1上针、1下针，翻面，3上针，翻面，挑起第2针和第3针套收在第1针上，编织1下针扭针。

◿ 反面行编织上针左上2针并1针。

◺ 反面行编织扭针的上针2针并1针。

温馨提示

需从反面行开始编织花样。

166
海草蕾丝花样
3级

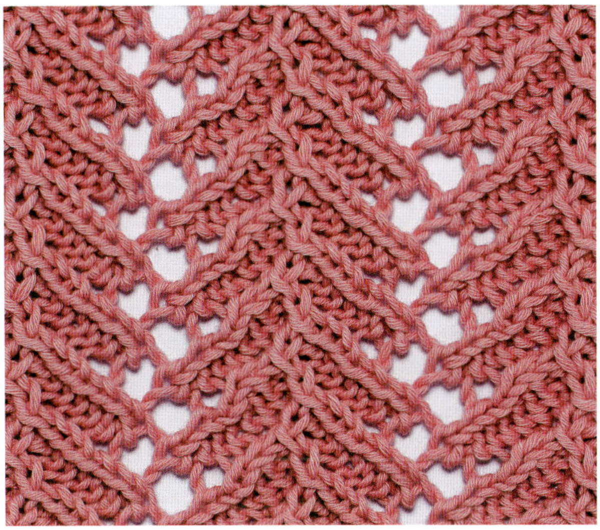

收拢的罗纹针使这一蕾丝花样看起来像柔软的叶子。这一花样无须织成整体花样，不断重复编织图中的4行针法即可织成精致的饰边（见第186页“针法应用”）。

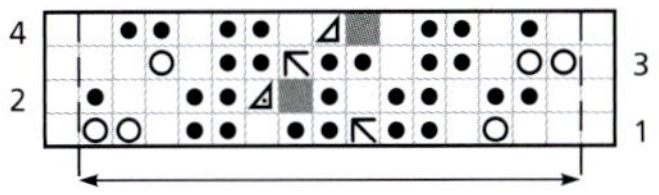

针数为14的倍数+2针，针数可变

特定符号

⇖ 保持线在后面，编织下针中上3针并1针。

◿ 反面行编织上针的左上2针并1针。

◿ 反面行编织下针的左上2针并1针。

温馨提示

第1行针数增加，然后各行交替变化。

针法主题 泡泡针与叶子花样

泡泡针与叶子花样总是给人一种很强的视觉冲击，因为与实物相比，所织花样的3D效果非常逼真。可不要被针法指南吓住啊，只要掌握了1针放多针的方法就不会太难，而且呈现的效果也会很特别。

167 钟形罗纹花样
Bell rib

168 泡泡罗纹花样
Bobble rib

169 V字形花样
Chevrons

170 叶片花样
Little leaf

171 冬青叶花样
Holly leaf

172 浆果丛花样
Berry bobble clusters

173 装饰性波纹花样
Ornamental wave

174 波点花样
Polkadot

175 叶片罗纹花样
Little leaf rib

176 泡泡斜纹花样
Little bobble diagonals

177 泡泡与枝丫花样
Bobble and branch

178 泡泡菱形网格花样
Bobble diamond net

179 帽花结花样
Cockade

180 双叶花样
Twin leaves

181 箭头花样
Arrowhead

182 菱形花结花样
Diamond knots

183 玩偶匣花样
Jack-in-the-box

184 花叶花样
Formal leaf

185 向日葵花样
Sunflower

186 花叶装饰花样
Leaf and swag

187 嫩芽花样
Sprig

188 蔓丛花样
Trailing branch

189 种穗花样
Seedheads

192 火焰花花样
Flame flower

190 梨子糖花样
Peardrop

191 分叉的风铃草花样
Branching bellflower

193 落叶花样
Falling leaves

194 玉米穗花样
Ear of corn

195 佩斯利花样
Paisley

196 提洛尔玫瑰花样
Tyrolean roses

197 樱桃串花样
Bunches of cherries

198 多叶藤蔓植物花样
Leafy vine

199 柠檬叶花样
Lime leaf

200 火焰叶花样
Flame leaves

201 浮雕麻花花样
Embellished cable

203 嵌叶菱形花样
Leaf within a diamond

204 葡萄串花样
Bunch of grapes

202 羽毛花样
Plume

205 树叶与浆果花样
Leaves and berries

167

钟形罗纹花样

1级

如上图所示，钟形花样与2针罗纹针错落有致。按照编织图中心的5针可织出1组钟形花样，也可以在钟形花样之间多添加几针罗纹针。

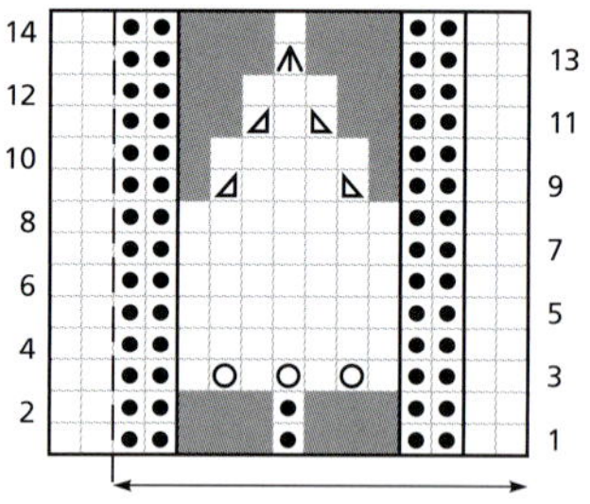

针数为7的倍数+2针，针数可变

织法

第1行（正面） 2下针，重复织[5上针，2下针]至行尾。

第2行 2上针，重复织[5下针，2上针]至行尾。

第3行 2下针，*2上针，1针放7针(1下针、1挂针、1下针、1挂针、1下针、1挂针、1下针)，2上针，2下针，重复织*至行尾。

第4行 2上针，重复织[2下针，7上针，2下针，2上针]至行尾。

第5行 2下针，重复织[2上针，7下针，2上针，2下针]至行尾。

第6、7、8行 重复织第4、5、4行的针法。

第9行 2下针，重复织[2上针，下针右上2针并1针，3下针，下针左上2针并1针，2上针，2下针]至行尾。

第10行 2上针，重复织[2下针，5上针，2下针，2上针]至行尾。

第11行 2下针，重复织[2上针，下针右上2针并1针，1下针，下针左上2针并1针，2上针，2下针]至行尾。

第12行 2上针，重复织[2下针，3上针，2下针，2上针]至行尾。

第13行 2下针，重复织[2上针，中上3针并1针，2上针，2下针]至行尾。

第14行 2上针，重复织[2下针，1上针，2下针，2上针]至行尾。

以上14行即构成钟形罗纹花样。

168

泡泡罗纹花样

1级

泡泡罗纹花样非常简单，在3针罗纹针与2针罗纹针中间插入泡泡针即可。倘若想要减少泡泡，可以适当加宽泡泡针之间的距离，也可以增加罗纹针的针数。

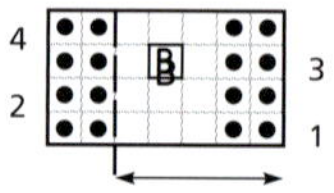

针数为5的倍数+2针

特定符号

B 泡泡针：从同一针目中编织1下针、1挂针、1下针、1挂针、1下针，翻面，5上针，翻面，5下针，翻面，5上针，翻面，像织下针左上3针并1针一样同时滑过3针，编织下针左上2针并1针，将滑过的针目套收。

织法

第1行（正面） 2上针，重复织[3下针，2上针]至行尾。

第2行 2下针，重复织[3上针，2下针]至行尾。

第3行 2上针，重复织[1下针，泡泡针，1下针，2上针]至行尾。

第4行 织法同第2行。

以上4行即构成泡泡罗纹花样。

169

V字形花样

1级

有多种不同的方式可以将泡泡针与麻花针组合在一起。如上图所示，用9针泡泡针勾勒出1个V字形，再在花样中心用1针泡泡针加以点缀。

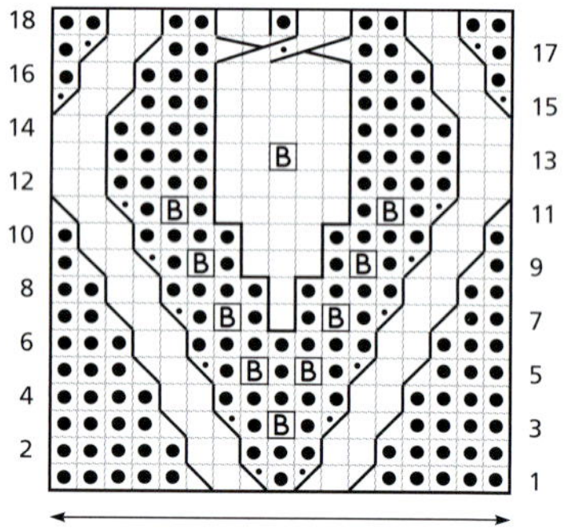

17针的花样

特定符号

B 从同一针目中编织1下针、1上针、1下针、1上针、1下针，翻面，5上针，翻面，依次挑起刚刚织好的4针，一针一针地套收在最后1针上，编织1下针扭针。

移3针至麻花针，并置于后方，编织2下针，从麻花针上移最近的1针回左棒针，1上针，从麻花针上编织2下针。

温馨提示

需要用到1根麻花针。

p.108、109 基础符号

□ 正面织下针，反面织上针　● 正面织上针，反面织下针　正面织下针扭针，反面织上针扭针　k2tog　skpo　s2kpo　○ yo　无针目

170

叶片花样

1级

在上针编织的织片上排列着一行行凸起的叶片，这一花样用途广泛。凸起的叶片花样错落有致，倘若想把叶片纵向对齐，直接重复第1行至第12行的织法即可。

织法

第1行（正面） 均织上针。
第2行 均织下针。
第3行 3上针，重复织[1下针扭针，5上针]至剩最后4针，依次织1下针扭针、3上针。
第4行 3下针，1上针扭针，重复织[5下针，1上针扭针]至剩最后3针，织3下针。
第5行 3上针，*1针放5针（下针的右扭针加针，1挂针，1下针扭针，1挂针，下针的左扭针加针），5上针，重复织*至剩行尾4针。行尾4针依次织1针放5针（下针的右扭针加针、1挂针、1下针扭针、1挂针、下针的左扭针加针）、3上针。
第6行 3下针，5上针，重复织[5下针，5上针]至剩最后3针，织3下针。
第7行 3上针，重复织[5下针，5上针]至剩最后8针，依次织5下针、3上针。
第8行 织法同第6行。
第9行 3上针，重复织[下针右上2针并1针，1下针，下针左上2针并1针，5上针]至剩最后8针，依次织右上2针并1针、1下针、下针左上2针并1针、3上针。
第10行 3下针，5上针，重复织[5下针，3上针]至剩最后3针，织3下针。
第11行 3上针，重复织[中上3针并1针，5上针]至剩最后6针，依次织中上3针并1针、3上针。
第12行 均织下针。
第13行 均织上针。
第14行 均织下针。
第15行 6上针，重复织[1下针扭针，5上针]至剩最后1针，织1上针。
第16行 6下针，重复织[1上针扭针，5下针]至剩最后1针，织1下针。
第17行 6上针，*1针放5针（下针的右扭针加针，1挂针，1下针扭针，1挂针，下针的左扭针加针），5上针，重复织*至剩最后1针，织1上针。
第18行 6下针，重复织[5上针，5下针]至剩最后1针，织1下针。
第19行 6上针，重复织[5下针，5上针]至剩最后1针，织1上针。
第20行 织法同第18行。
第21行 6上针，重复织[下针右上2针并1针，1下针，下针左上2针并1针，5上针]至剩最后1针，织1上针。
第22行 6下针，重复织[3上针，5下针]至剩最后1针，织1下针。
第23行 6上针，重复织[中上3针并1针，5上针]至剩最后1针，织1上针。
第24行 均织下针。
以上24行即构成叶片花样。

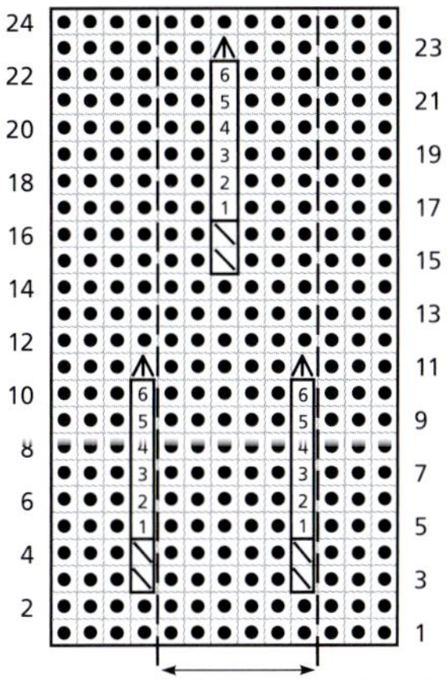

针数为6的倍数+7针，针数可变

叶片

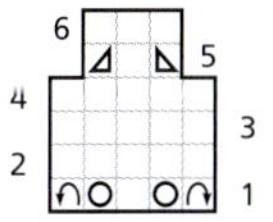

温馨提示

编织叶片时，单个针法如小编织图所示，6行针法如主编织图所示。

c3bp c3fp m1L m1R

171

冬青叶花样

1级

在编织冬青叶花样的过程中针数保持不变，因此冬青叶虽然轮廓清晰，但不会在织物表面形成凸起纹路。

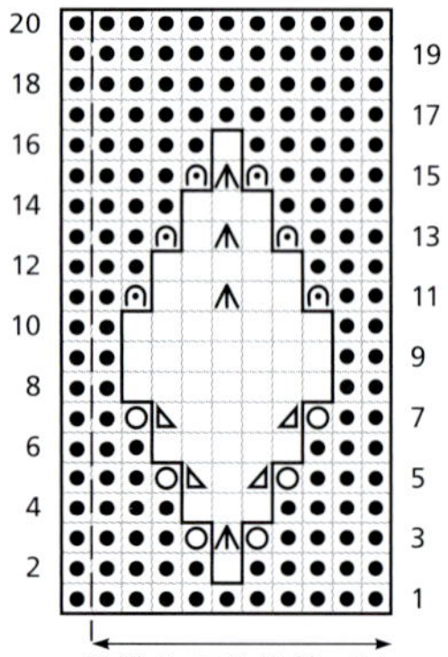

针数为10的倍数+1针

172

浆果丛花样

1级

如果你喜欢泡泡针的编织效果，但又不喜欢拿着织物翻来翻去，那么浆果丛花样非常适合你。每个泡泡针跨2行，正面采用加针编织出凸起的泡泡，反面采用减针编织。

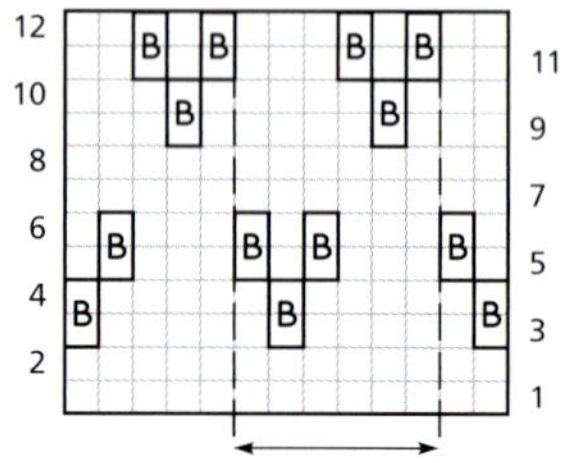

针数为6的倍数+7针，针数可变

特定符号

第1行（正面）：从同一针目中编织1下针、1挂针、1下针、1挂针、1下针。

第2行（反面）：5下针，依次挑起刚刚织好的4针，一针一针地套收在最后1针上。

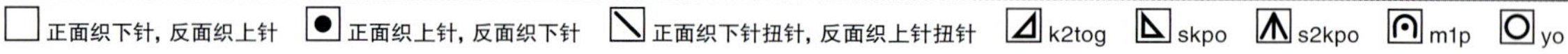

正面织下针，反面织上针；正面织上针，反面织下针；正面织下针扭针，反面织上针扭针；k2tog；skpo；s2kpo；m1p；yo

173
装饰性波纹花样
1级

装饰性波纹花样用加减针代替麻花针，织出柔和的曲线。曲线中间饰有整齐的小泡泡。

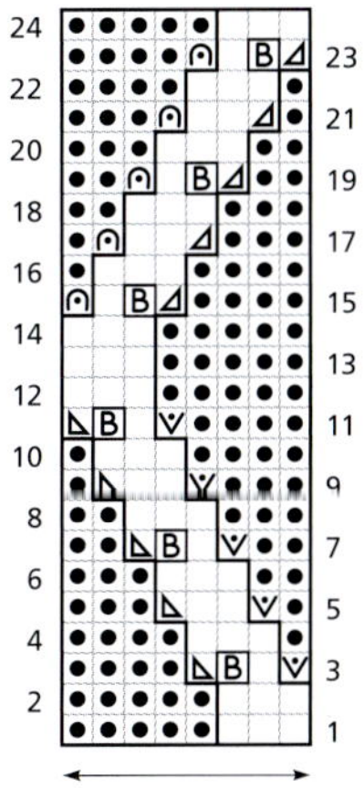

特定符号
B 从同一针目中编织1下针、1上针、1下针，翻面，3上针，翻面，依次挑起刚刚织好的2针，一针一针地套收在最后1针上，编织1下针扭针。
V 从针目的后面编织1上针（不放掉），然后从（同一针目的）前面编织1上针，一共从同一针目中编织2针。

174
波点花样
1级

在下针编织的织片上，凸起的泡泡针格外显眼。当然，泡泡的大小和间距可以适当调整，以搭配其他棒针花样。

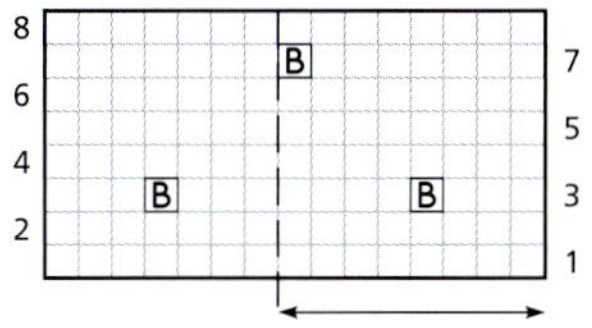

特定符号
B **泡泡针：**从同一针目中编织1下针、1下针扭针、1下针、1下针扭针、1下针，翻面，5上针，翻面，5下针，翻面，5上针，翻面，依次挑起刚刚织好的4针，一针一针地套收在最后1针上，编织1下针扭针。

织法
第1行（正面） 均织下针。
第2行和其他反面各行 均织上针。
第3行 3下针，重复织[泡泡针，7下针]至剩最后4针，依次织泡泡针、3下针。
第5行 均织下针。
第7行 重复织[7下针，泡泡针]至剩最后7针，织7下针。
第8行 均织上针。
以上8行即构成波点花样。

175

叶片罗纹花样

1级

叶子依附于单罗纹针，叶片沿着罗纹花样上下延展。只有织完第6~12行才能完全呈现出叶片花样。

织法

第1行（正面） *1上针，1针放5针（1下针、1挂针、1下针、1挂针、1下针），1上针，1下针；重复织*至剩最后3针，依次织1上针、1针放5针（1下针、1挂针、1下针、1挂针、1下针），1上针。
第2行 *1下针，5上针，1下针，1上针；重复织*至剩最后7针，依次织1下针、5上针、1下针。
第3行 *1上针，下针右上2针并1针，1下针，下针左上2针并1针，1上针，1下针；重复织*至剩最后7针，依次织1上针、下针右上2针并1针、1下针、下针左上2针并1针、1上针。
第4行 *1下针，3上针，1下针，1上针；重复织*至剩最后5针，依次织1下针、3上针、1下针。
第5行 *1上针，中上3针并1针，1上针，1下针；重复织*至剩最后5针，依次织1上针、中上3针并1针、1上针。
第6行 1下针，重复织[1上针，1下针]至行尾。
第7行 *1上针，1下针，1上针，1针放5针（1下针、1挂针、1下针、1挂针、1下针）；重复织*至剩最后3针，依次织1上针、1下针、1上针。
第8行 *1下针，1上针，1下针，5上针；重复织*至剩最后3针，依次织1下针、1上针、1下针。
第9行 1上针，1下针，1上针，下针右上2针并1针，1下针，下针左上2针并1针；重复织*至剩最后3针，依次织1上针、1下针、1上针。
第10行 *1下针，1上针，1下针，3上针；重复织*至剩最后3针，依次织1下针、1上针、1下针。
第11行 *1上针，1下针，1上针，中上3针并1针；重复织*至剩最后3针，依次织1上针、1下针、1上针。
第12行 织法同第6行。
以上12行即构成叶片罗纹花样。

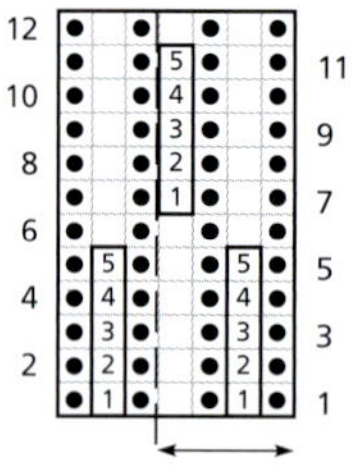

针数为4的倍数+3针，针数可变

叶片

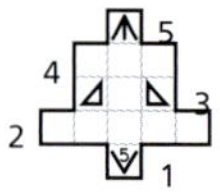

特定符号

[5] 从同一针目中编织1下针、1挂针、1下针、1挂针、1下针。

温馨提示

编织叶片时，单针针法如小编织图所示，5行针法如主编织图所示。

176

泡泡斜纹花样

1级

泡泡花样斜向排列，呈一侧倾斜的自然趋势。每个泡泡针上方的针目要从后半个线圈入针编织上针，以保持花样的稳定性。

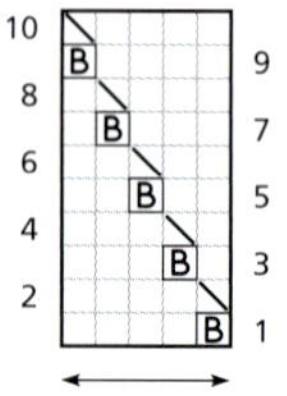

针数为5的倍数

特定符号

[B] 从同一针目中编织1下针、1上针、1下针，翻面，3上针，翻面，3下针，依次挑起刚刚织好的2针，一针一针地套收在最后1针上。

织法

第1行（正面） 重复织[泡泡针，4下针]至行尾。
第2行与其他反面行 除泡泡针上方织上针扭针外，其余均织上针。
第3行 重复织[1下针，泡泡针，3下针]至行尾。
第5行 重复织[2下针，泡泡针，2下针]至行尾。
第7行 重复织[3下针，泡泡针，1下针]至行尾。
第9行 重复织[4下针，泡泡针]至行尾。
第10行 织法同第2行。
以上10行即构成泡泡斜纹花样。

p.112、113 基础符号

□ 正面织下针，反面织上针　● 正面织上针，反面织下针　╲ 正面织下针扭针，反面织上针扭针　k2tog　skpo　s2kpo　○ yo

177

泡泡与枝丫花样

1级

大部分纹路花样都在同一排完成，圆润的枝丫上点缀着若干大泡泡，非常生动。

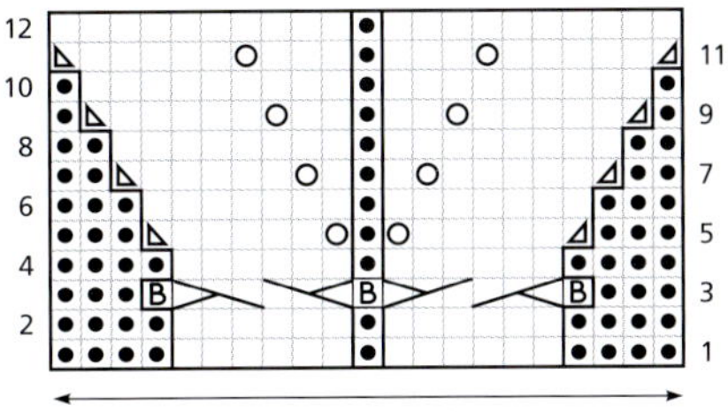

21针的花样

特定符号

B 从同一针目中编织1下针、1挂针、1下针、1挂针、1下针，翻面，5下针，翻面，5上针，翻面，5下针，依次挑起刚刚织好的4针，一针一针地套收在最后1针上，编织1下针扭针。

温馨提示

需要用到1根麻花针。

178

泡泡菱形网格花样

1级

在下针编织的织片上，用上针勾勒出菱形轮廓，并在每个菱形中间织上针脚紧实的小泡泡。如果要在毛衣上编织整体泡泡菱形网格花样，侧边处锁边即可，无须用泡泡点缀。

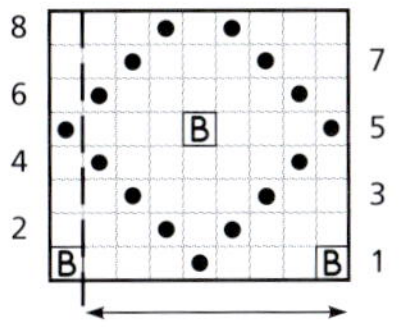

针数为8的倍数+1针

特定符号

B **泡泡针：**从同一针目中编织1下针、1挂针、1下针、1挂针、1下针，翻面，5下针，[以下针方向入针编织1滑针]4次，1下针，挑起滑过的针目套收。

织法

第1行（正面） 重复织[泡泡针，3下针，1上针，3下针]至剩最后1针，织泡泡针。
第2行 重复织[3上针，1下针，1上针，1下针，2上针]至剩最后1针，织1上针。
第3行 重复织[2下针，1上针，3下针，1上针，1下针]至剩最后1针，织1下针。
第4行 重复织[1上针，1下针，5上针，1下针]至剩最后1针，织1上针。
第5行 重复织[1上针，3下针，泡泡针，3下针]至剩最后1针，织1上针。
第6行 织法同第4行。
第7行 织法同第3行。
第8行 织法同第2行。
以上8行即构成泡泡菱形网格花样。

179

帽花结花样

2级

用交叉针织出收窄的底部，向上呈扇状延展，再用泡泡点缀，帽花结花样便织好了。这一花样既可以单独用作点缀，也可以与其他花样组合使用。

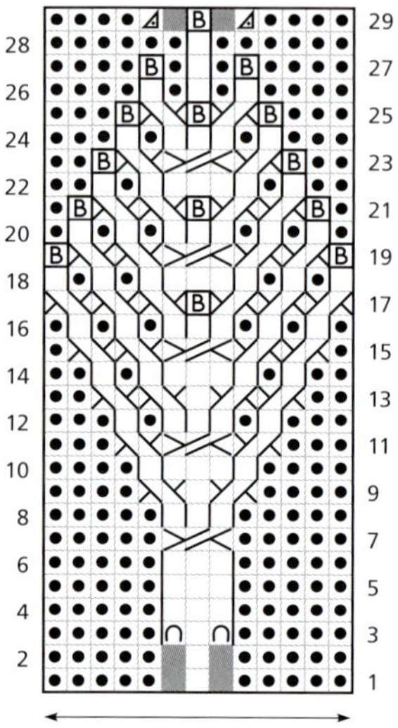

11针的花样，
针数可变

特定符号

B 从同一针目中编织1下针、1挂针、1下针，翻面，3上针，翻面，3下针，翻面，3上针，翻面，下针中上3针并1针。

移2针至麻花针，并置于后方，1下针，然后从麻花针上编织2下针。

温馨提示

需要用到1根麻花针。

180

双叶花样

2级

双叶花样整齐对称，取材于大自然，构成了一幅精致、巧妙的饰片花样。

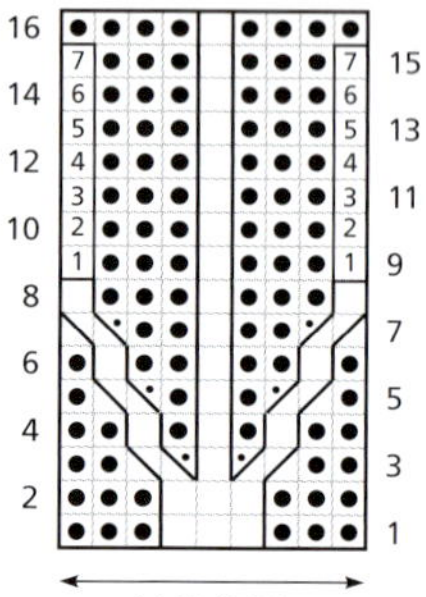

9针的花样，
针数可变

叶片

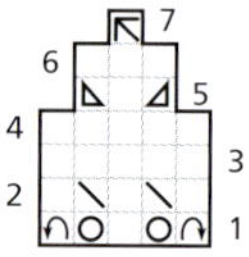

特定符号

反面行编织上针扭针。

温馨提示

- 编织叶片时，单针针法如小编织图所示，7行针法如主编织图所示。
- 需要用到1根麻花针。

p.114、115 基础符号

正面织下针，反面织上针　正面织上针，反面织下针　p2tog　k2tog　skpo　sk2po　m1　yo　m1L　m1R

181

箭头花样

2级

泡泡针、麻花交叉针、镂空蕾丝针，3种针法组合编织出了生动的箭头花样，箭头处织5针麻花针连接。

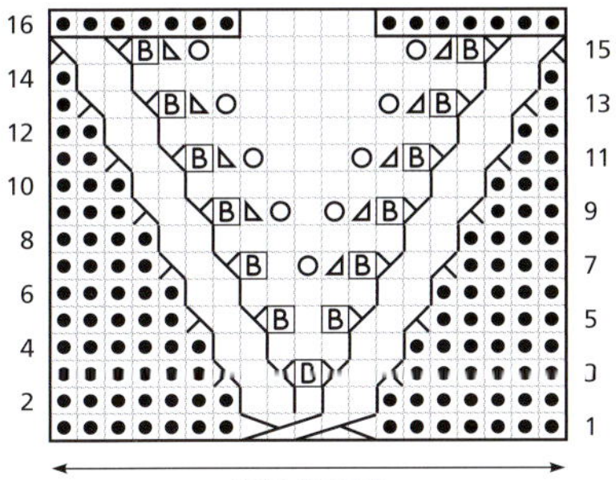

19针的花样

特定符号

 移3针至麻花针，并置于后方，2下针，从麻花针上移最近的1针回左棒针，并编织下针，再从麻花针上编织2下针。

B 从同一针目中编织1下针、1挂针、1下针，翻面，3下针，翻面，3上针，依次挑起刚刚织好的2针，一针一针地套收在最后1针上。

温馨提示

需要用到1根麻花针。

182

菱形花结花样

2级

七针花结针织出一个纹路丰富的菱形格。花结的织法与泡泡的织法一样，只是编织时无须翻面。

特定符号

B **泡泡针：** 1针放7针（1下针、1挂针、1下针、1挂针、1下针、1挂针、1下针），将织好的第2~7针挑起压在第1针上并套收。

织法

第1行 重复织[3下针，泡泡针，2下针]至剩最后1针，织1下针。
第2行与其他反面各行 均织上针。
第3行 重复织[2下针，泡泡针，1下针，泡泡针，1下针]至剩最后1针，织1下针。
第5行 重复织[1下针，泡泡针，3下针，泡泡针]至剩最后1针，织1下针。
第7行 重复织[泡泡针，5下针]，至剩最后1针，织泡泡针。
第9行 重复织[1下针，泡泡针，3下针，泡泡针]至剩最后1针，织1下针。
第11行 重复织[2下针，泡泡针，1下针，泡泡针，1下针]至剩最后1针，织1下针。
第12行 均织上针。
以上12行即构成菱形花结花样。

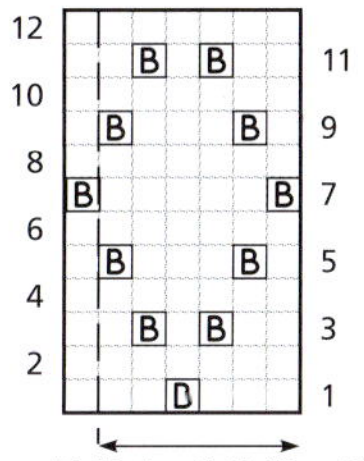

针数为6的倍数+1针

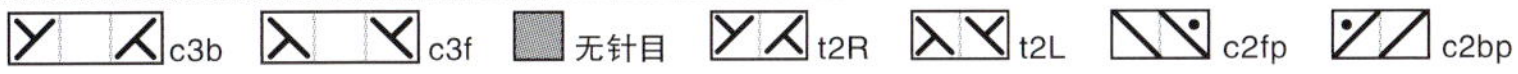

183

玩偶匣花样

2级

每个菱形网格花样中都饰有凸起的纹理和手柄上的小泡泡。

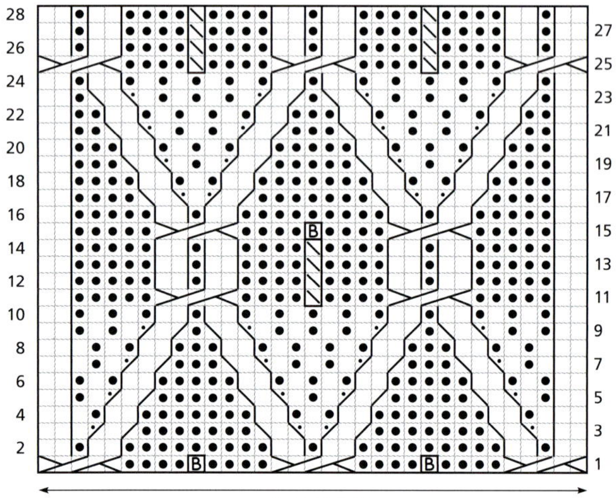

33针的花样

特定符号

移3针至麻花针，并置于后方，2下针，将麻花针握在前方，编织1上针，然后从麻花针上编织2下针。

B 从同一针目中编织1下针、1挂针、1下针，翻面，3上针，翻面，下针中上3针并1针。

温馨提示

需要用到1根麻花针。

184

花叶花样

2级

镂空的斜线和垂线塑造出硕大的花叶花样。

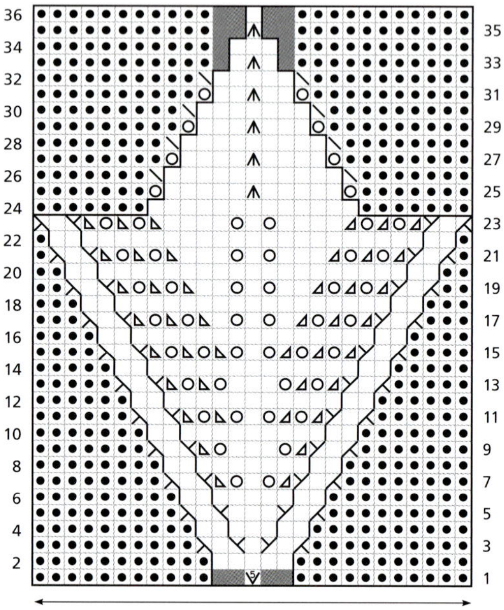

23针的花样，针数可变

特定符号

5 从同一针目中编织1下针、1上针、1下针、1上针、1下针。

反面行编织下针扭针。

温馨提示

需要用到1根麻花针。

p.116、117 基础符号

正面织下针，反面织上针 | 正面织上针，反面织下针 | 正面织下针扭针，反面织上针扭针 | k2tog | s2kpo | skpo | yo | sk2po

185
向日葵花样
2级

下面窄长的编织图却可以织出圆圆的矮向日葵，也强调了针目密度会对花样产生影响。

特定符号

B 1针放5针（1下针、1上针、1下针、1上针、1下针），翻面，5上针，翻面，将织好的4针挑起压在第1针上并套收，织1下针扭针。

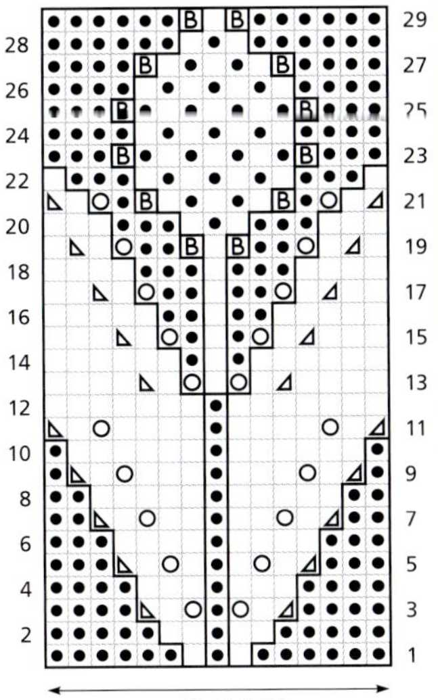

15针的花样

186
花叶装饰花样
2级

用泡泡勾勒出V字形，再将花叶置于V字形中心，编织出的花叶装饰图案既可以单独用作点缀花样，也可以如左图所示，用作不断重复的饰片花样。

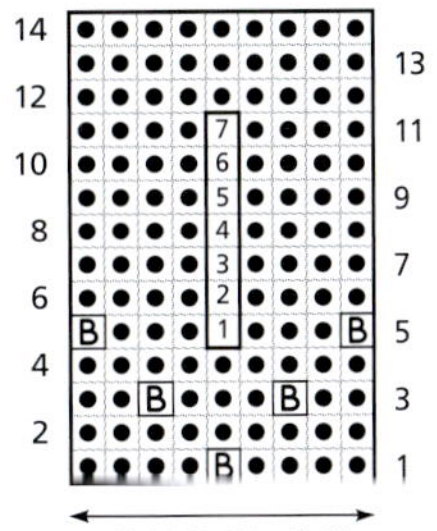

9针的花样，针数可变

叶片

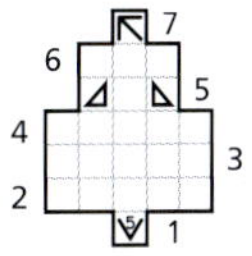

特定符号

B 从同一针目中编织1下针、1上针、1下针、1上针、1下针，翻面，5上针，翻面，5下针，翻面，扭针的上针2针并1针，1上针，翻面，下针右上3针并1针。

从同一针目中编织1下针、1上针、1下针、1上针、1下针。

温馨提示

编织叶片时，单针针法如小编织图所示，7行针法如主编织图所示。

无针目 c3b c3bp c3f c3fp

187
嫩芽花样
2级

茎上的叶片和嫩芽结构略有不同。反面最后一处减针使嫩芽形状更加圆润，而正面3针并1针的处理方法使大叶片的尖端更为明显。

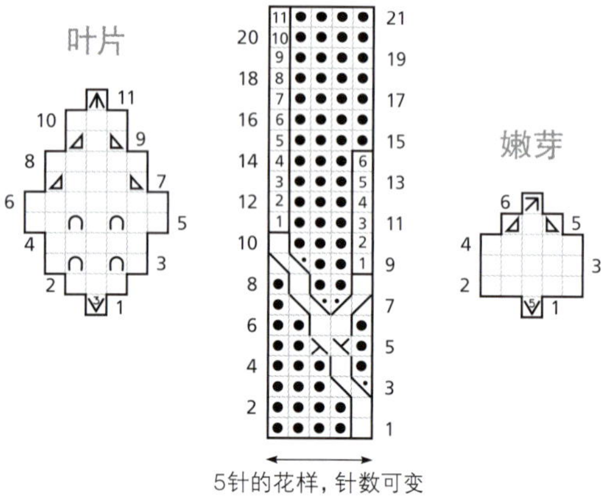

特定符号

3/ 从同一针目中编织1下针、1挂针、1下针。

5/ 从同一针目中编织1下针、1挂针、1下针、1挂针、1下针。

反面行编织下针右上3针并1针。

温馨提示

- 编织嫩芽时，单针针法如小编织图所示，6行针法如主编织图所示；编织叶片时，单针针法如小编织图所示，11行针法如主编织图所示。
- 需要用到1根麻花针。

188
蔓丛花样
2级

扭针罗纹针使蔓枝弧线清晰，蔓枝顶端以成簇的泡泡装饰。

特定符号

B 从同一针目中编织1下针、1挂针、1下针、1挂针、1下针，翻面，5下针，翻面，5上针，依次挑起刚刚织好的4针，一针一针地套收在最后1针上。

移3针至麻花针，并置于前方，编织1上针，然后从麻花针上编织1下针扭针、1上针、1下针扭针。

移1针至麻花针，并置于后方，编织1下针扭针、1上针、1下针扭针，然后从麻花针上编织1上针。

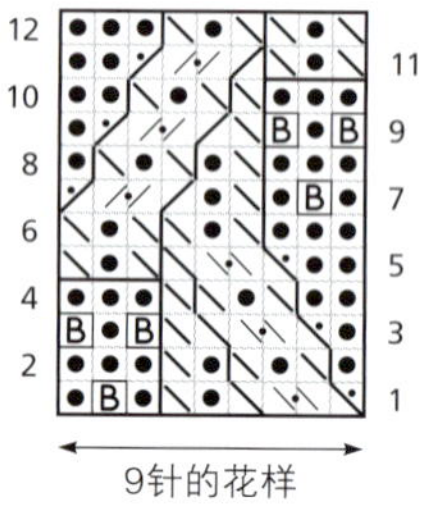

温馨提示

需要用到1根麻花针。

正面织下针，反面织上针 | 正面织上针，反面织下针 | 正面织下针扭针，反面织上针扭针 | k2tog | skpo | s2kpo | sk2po | c2fp

189

种穗花样

2级

要营造出几根种穗束在一起的视觉效果非常简单。先将线在棒针上绕几圈再编织，这一针法技巧可以织出缩褶效果。

特定符号

编织3下针，将它们移至麻花针，以顺时针方向绕线4圈，绕完后线在反面，将针目移回右棒针。

从同一针目中编织1下针扭针、1下针，然后将左棒针插入刚织好的2针之间的渡线，编织1下针扭针。

种穗

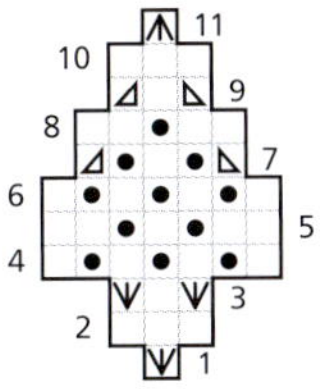

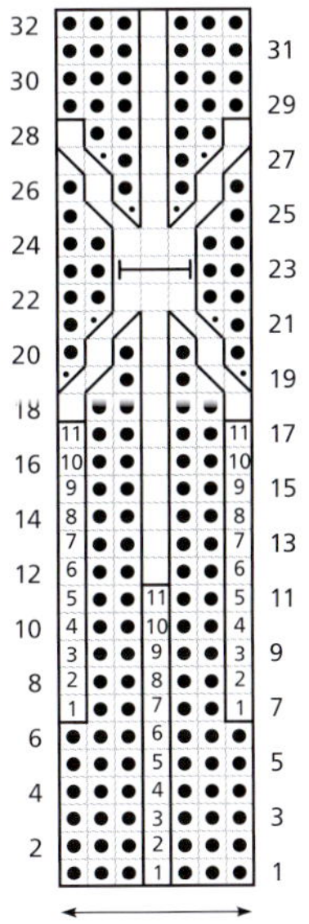

7针的花样，针数可变

温馨提示

- 编织种穗时，单针针法如小编织图所示，11行针法如主编织图所示。
- 需要用到1根麻花针。

190

梨子糖花样

2级

大大的铃形花样悬在菱形麻花花样中间，这种填充方式十分有趣。

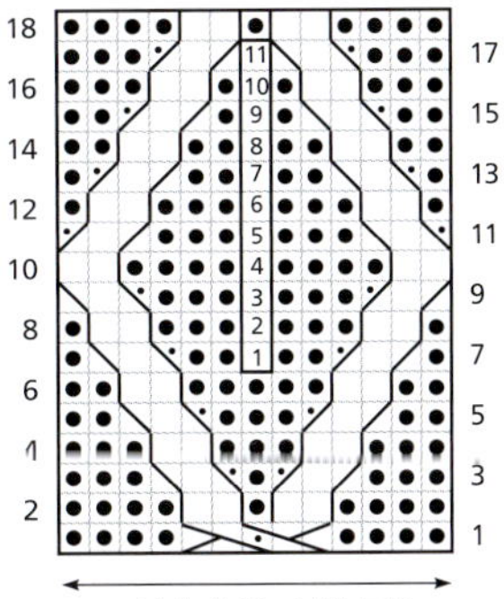

13针的花样，针数可变

铃形花样

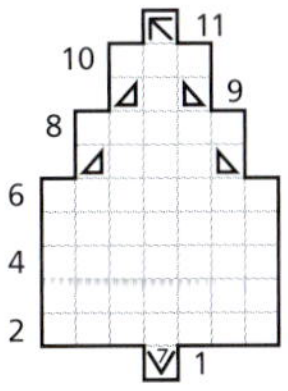

特定符号

移2针至麻花针，并置于前方，移下一针至第2根麻花针上，并置于后方，编织2下针，然后从第2根麻花针上编织1上针，再从第1根麻花针上编织2下针。

从同一针目中编织1下针、1挂针、1下针、1挂针、1下针。

温馨提示

- 从第7行开始编织铃形花样，单针针法如小编织图所示，11行针法如主编织图所示。
- 需要用到2根麻花针。

c2f c2bp c3bp c3fp m1

191

分叉的风铃草花样

2级

2针交叉针织出花茎，花茎上饰有小小的叶片和风铃形花朵，三者构成了分叉的风铃草花样。如果只想织出单个花样用作点缀，按照第1~14行的针法进行编织即可，需注意要忽略第14行的双绕线，并用上针代替第9行中间的花茎针法。

温馨提示

- 编织花朵花样时，单针针法如右下方小编织图所示，9行针法如右下方中间主编织图所示。编织叶片花样时，单针针法和5行针法如右下方小编织图所示。
- 第2~25行即构成分叉的风铃草花样。
- 需要用到1根麻花针。

特定符号

移1针至麻花针，并置于后方，编织1下针扭针，然后从麻花针上编织1下针扭针。

移1针至麻花针，并置于前方，编织1上针，然后从麻花针上编织1下针扭针。

移1针至麻花针，并置于前方，编织1下针扭针，然后从麻花针上编织1下针扭针。

移1针至麻花针，并置于后方，编织1下针扭针，然后从麻花针上编织1上针扭针。

编织上针时，挂线2次，下一行（编织到此针时）放掉第2个线圈。

叶片

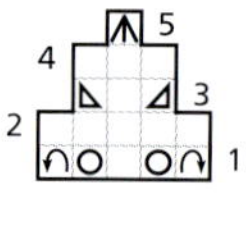

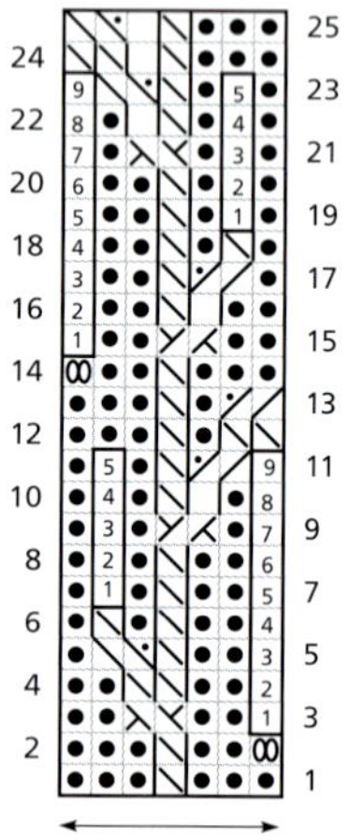

7针的花样，针数可变

花朵

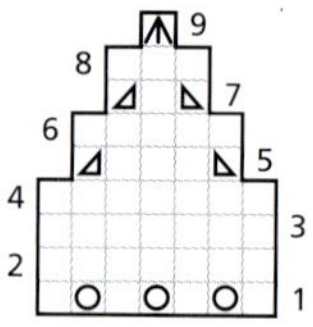

正面织下针，反面织上针　正面织上针，反面织下针　正面织下针扭针，反面织上针扭针　k2tog　skpo　s2kpo　yo　c2b

192

火焰花花样

2级

火焰花花样看似纹理复杂，但实际上很容易编织。反面各行均按编织图编织。

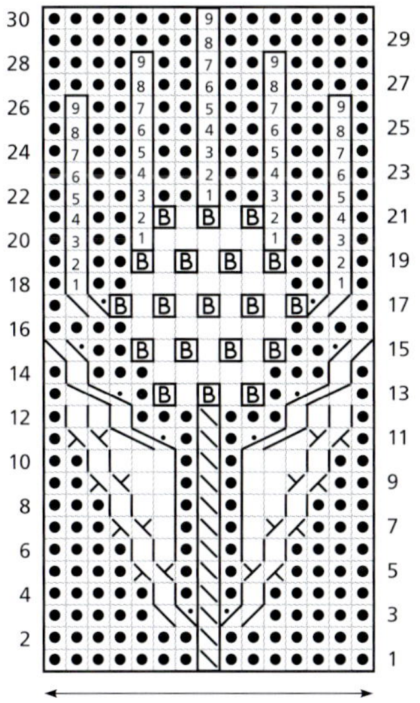

15针的花样，针数可变

花瓣

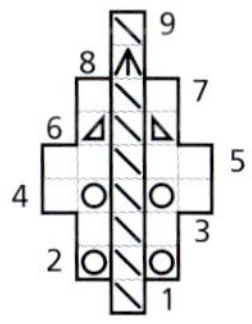

特定符号

移2针至麻花针，并置于后方，编织1下针，然后从麻花针上编织2上针。

移1针至麻花针，并置于前方，编织2上针，然后从麻花针上编织1下针。

B 从同一针目中编织1下针、1挂针、1下针、1挂针、1下针，翻面，5上针，翻面，[以下针的方向编织1滑针]4次，1下针，挑起滑过的针目套收。

温馨提示

- 编织花瓣时，单针针法如小编织图所示，9行针法如主编织图所示。
- 需要用到1根麻花针。

193

落叶花样

2级

这种循环往复的半水滴形叶子编织起来十分容易，因为编织过程中只用到一种加减针技巧。这种针法使织物表面形成凸饰的落叶花样。

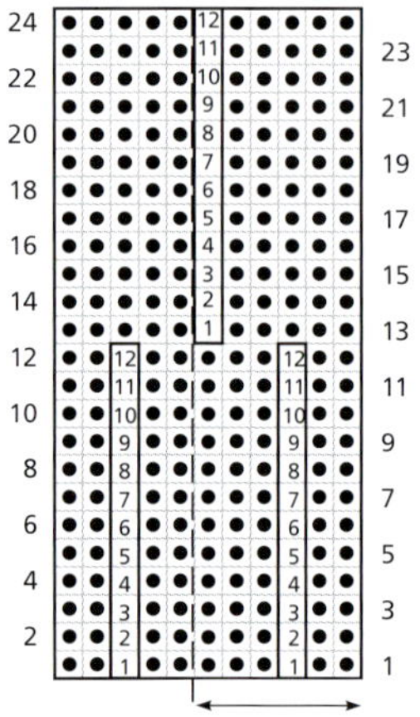

针数为6的倍数+5针，针数可变

温馨提示

编织叶片时，单针针法如小编织图所示，12行针法如主编织图所示。

叶片

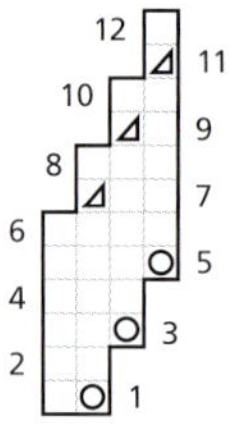

194

玉米穗花样

2级

这个栩栩如生的棒针花样令人拍手称赞。不信你看，小巧紧实的花结与单麻花针相结合，编织出的玉米穗花样非常精美。

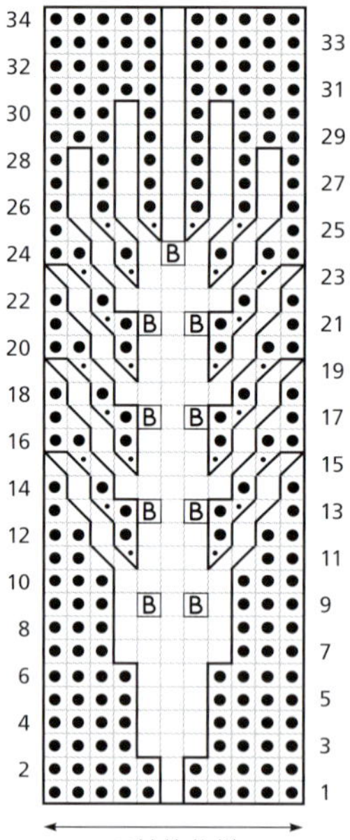

11针的花样

特定符号

B 从同一针目中编织1下针、1上针、1下针、1上针、1下针，依次挑起刚刚织好的4针，一针一针地套收在最后1针上。

温馨提示

需要用到1根麻花针。

p.122、123 基础符号

□ 正面织下针，反面织上针 ● 正面织上针，反面织下针 ╲ 正面织下针扭针，反面织上针扭针 k2tog ○ yo c2fp c2bp

195

佩斯利花样

3级

佩斯利花样纹理丰富，令人印象深刻，实际上编织起来并没有想象的那么困难。尽管反面有些行也需要用到麻花针，不过并不会比正面麻花针复杂。其余反面各行均织上、下针。

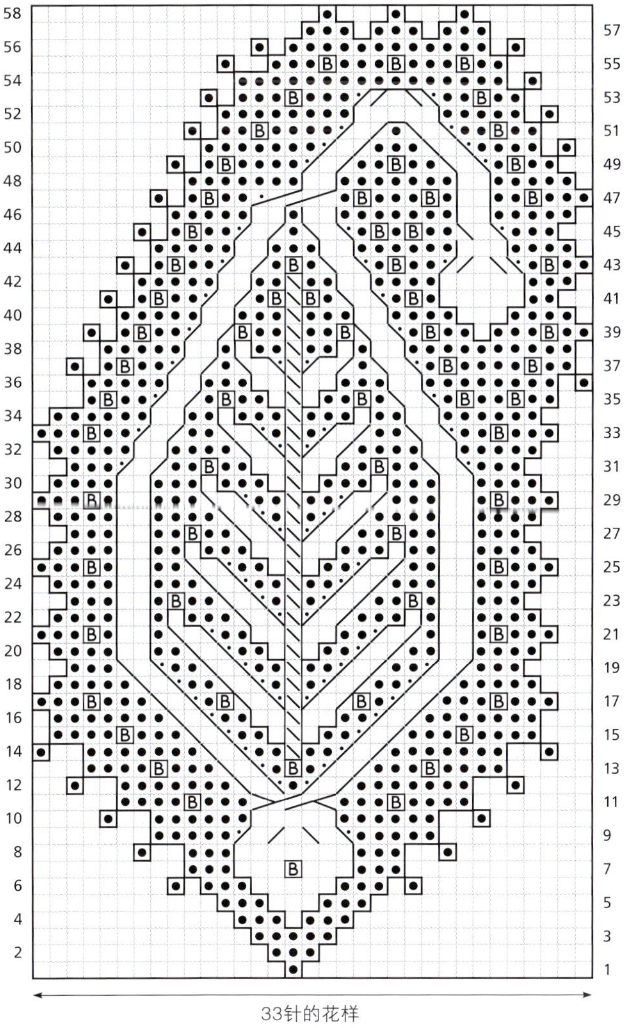

特定符号

B 从同一针目中编织1下针、1上针、1下针、1上针、1下针，翻面，5上针，翻面，下针左上2针并1针，1下针，下针右上2针并1针，翻面，3上针，翻面，下针中上3针并1针。

正面行：移2针至麻花针，并置于前方，编织1上针，然后从麻花针上编织2下针；反面行：移下一针至麻花针，并置于前方，编织2上针，然后从麻花针上编织1下针。

正面行：移下一针至麻花针，并置于后方，编织2下针，然后从麻花针上编织1下针；反面行：移2针至麻花针，并置于后方，编织1下针，然后从麻花针上编织2上针。

移3针至麻花针，并置于后方，编织2下针，然后从麻花针上移最近的1针回左棒针，并将麻花针置于前方，编织1上针，再从麻花针上编织2下针。

移3针至麻花针，并置于后方，编织2下针，然后从麻花针上编织3上针。

温馨提示

需要用到1根麻花针。

196

提洛尔玫瑰花样

3级

刺绣与凸饰针法相结合是20世纪30年代奥地利棒针风格的一大特色。在这一与时俱进的提洛尔玫瑰花样中，泡泡菱形花样中点缀有玫瑰花结。

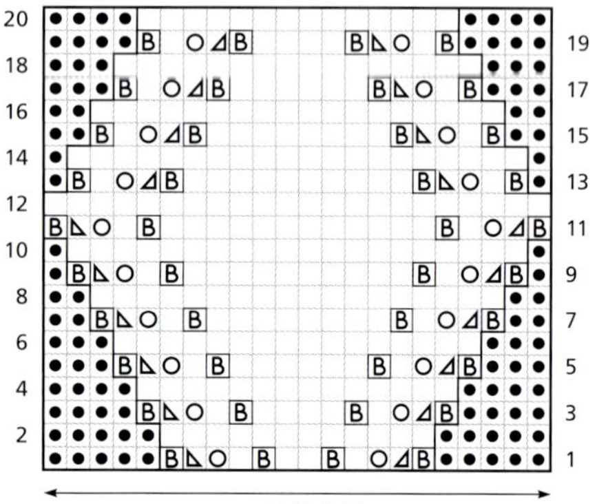

22针的花样

特定符号

B 从同一针目中编织1下针、1上针、1下针，翻面，3上针，翻面，3下针，依次挑起刚刚织好的2针，一针一针地套收在最后1针上。

温馨提示

玫瑰花结并未在编织图中显示，只需编织在菱形中间。

197

樱桃串花样

3级

樱桃串花样精美华丽，从起针行开始不断重复编织泡泡针，产生一种罗纹针、泡泡针的分层效果。

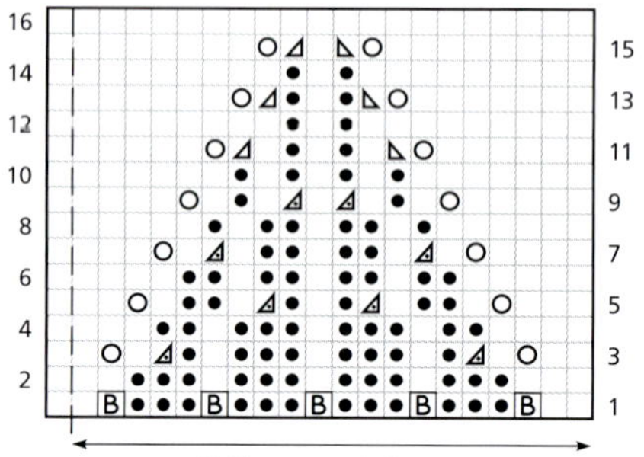

针数为20的倍数+1针

特定符号

B 从同一针目中编织1下针、1上针、1下针、1上针、1下针，翻面，5上针，翻面，依次挑起刚刚织好的4针，一针一针地套收在最后1针上，编织1下针扭针。

p.124、125 基础符号

□ 正面织下针，反面织上针　● 正面织上针，反面织下针　k2tog　skpo　p2tog　k3tog　sk2po　O yo

198

多叶藤蔓植物花样

3级

在上针编织的织片上，用3针麻花针编织弯曲的藤蔓枝干，别致典雅。左右两侧的叶子针法各异，为了避免对照主编织图看不清楚，请分别按照对应的编织图编织。如果需要重复编织这一图案，或者与其他花样（如缆绳花样等）结合，可以在不同饰片花样的两侧用上针编织若干针。

温馨提示

按照下方左侧的编织图编织叶片A，按照下方右侧的编织图编织叶片B。请注意，起针时，叶片A的第9行相当于10针。

叶片 A

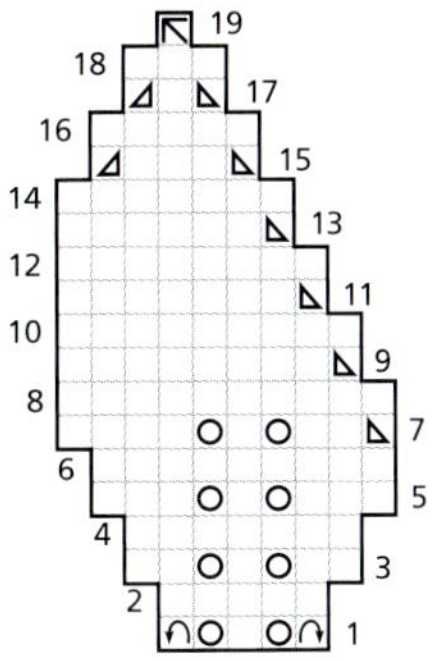

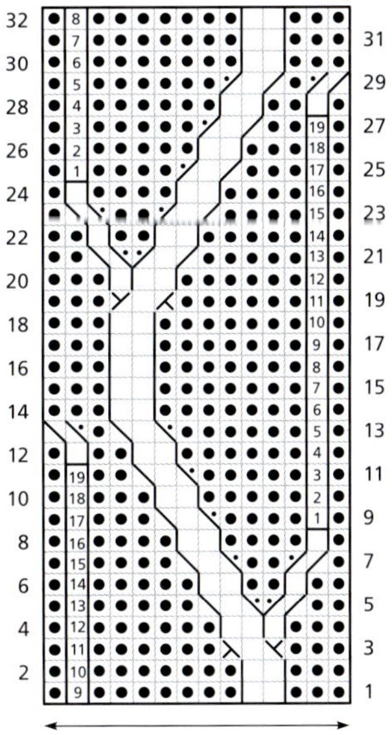

23针，针数可变

叶片 B

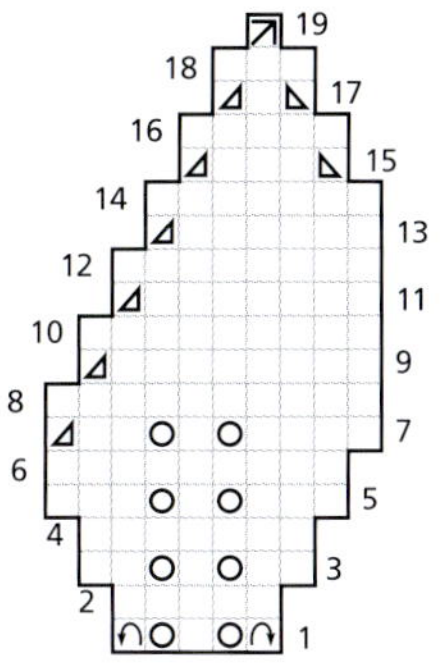

c2fp　c2bp　c3b　c3bp　c3f　c3fp　m1R　m1L

199
柠檬叶花样
3级

柠檬叶花样用各种不同的加减针织出了既美丽又柔和的心形树叶。

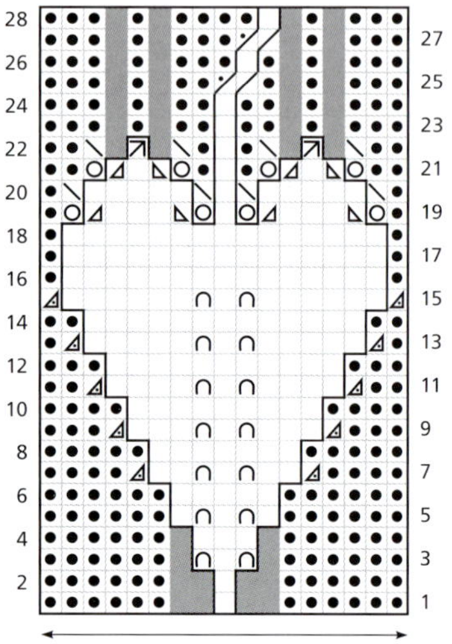

13针的花样，针数可变

特定符号
⧅ 反面行编织下针扭针。
⧄ 反面行编织下针右上3针并1针。

温馨提示
需要用到1根麻花针。

200
火焰叶花样
3级

这些叶子看起来很像蜡烛的火焰，彼此之间相互连接，错落有致。这种循环往复的火焰叶从第1行循环的叶子部分开始，一旦掌握了加减针的逻辑，就很容易织出重复的花样。

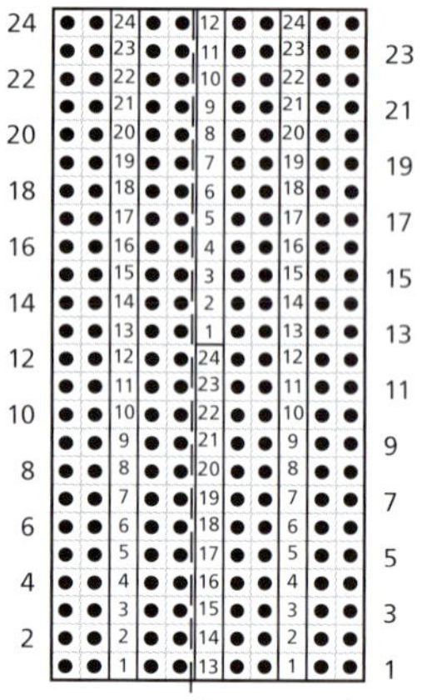

针数为12的倍数+5针，针数可变

叶片

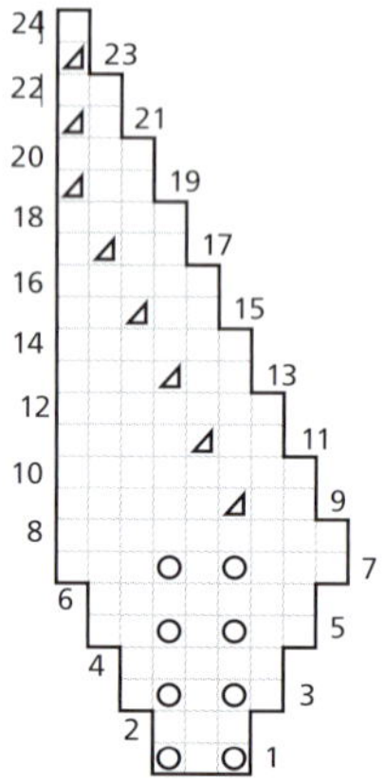

温馨提示
编织叶片时，单针针法如小编织图所示，24行针法如主编织图所示。起针时，叶片编织图的第13行相当于7针（5针加上2针并1针的减针）。

□ 正面织下针，反面织上针　● 正面织上针，反面织下针　k2tog　skpo　p2tog　s2kpo　m1　yo　无针目

201

浮雕麻花花样

3级

在上针编织的织片上，凸起的泡泡针使经典的麻花辫更有生机，菱形中间也饰有铃形花样。

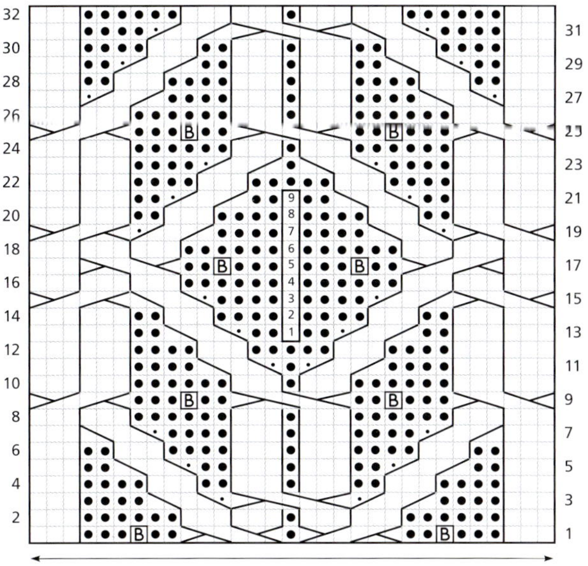

31针的花样，针数可变

特定符号

 移3针至第1根麻花针，并将麻花针置于前方，移下一针至第2根麻花针，并将麻花针置于后方，编织3下针，然后从第2根麻花针编织1上针，再从第1根麻花针编织3下针。

B 从同一针目中编织1下针、1挂针、1下针、1挂针、1下针，翻面，[5下针，翻面]2次，依次挑起刚刚织好的4针，一针一针地套收在最后1针上。

温馨提示

- 编织铃形花样时，单针针法如小编织图所示，9行针法如主编织图所示。
- 需要用到2根麻花针。

铃形花样

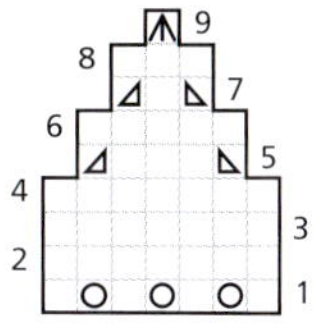

 c2bp 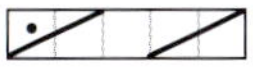 c5bp 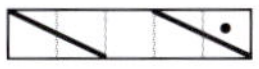 c5fp  c6b  c6f

202

羽毛花样

3级

在上针编织的织片中，单针加针与多处多针加针相结合，使编织出的花样具有涡旋弧线。这一花样还可以用作重复的饰片花样。

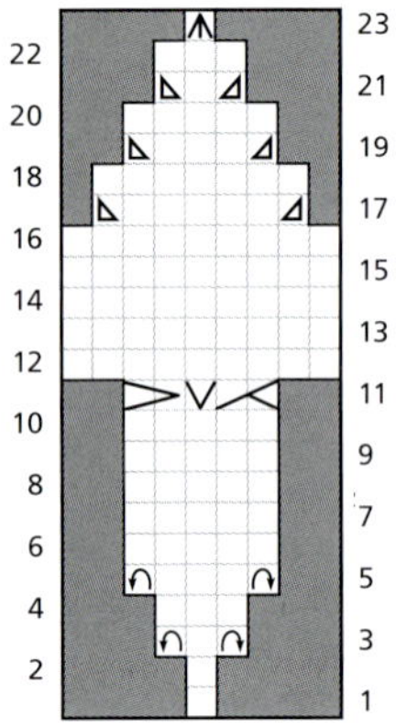

1针的花样，针数可变

特定符号

移3针至麻花针，并置于后方，编织2下针，从麻花针上移最近的1针回左棒针，从这一针中编织1下针、1挂针、1下针、1挂针、1下针，再从麻花针上编织2下针。

温馨提示

- 编织花样时，从1针开始，增加到9针，然后又回到最后1行的1针。
- 需要用到1根麻花针。

203

嵌叶菱形花样

3级

叶子针、泡泡针与麻花针三者的结合形成一幅非常华丽的饰片花样。这一嵌叶菱形花样以阿兰花样为基础，但也独具个性。

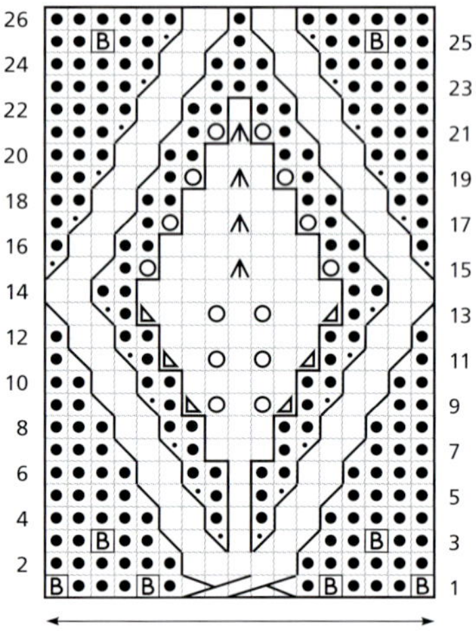

17针的花样

特定符号

B 从同一针目中编织1下针、1上针、1下针、1上针、1下针，翻面，5上针，翻面，5下针，翻面，5上针，翻面，依次挑起刚刚织好的4针，一针一针地套收在最后1针上，然后编织1下针扭针。

移3针至麻花针，并置于后方，编织2下针，从麻花针上移最近的1针回左棒针，并将此针编织下针，再从麻花针上编织2下针。

温馨提示

需要用到1根麻花针。

p.128、129 基础符号

正面织下针，反面织上针　正面织上针，反面织下针　k2tog　skpo　s2kpo　yo　m1L　m1R　无针目　c2b

204

葡萄串花样

3级

一大簇泡泡针与精美的叶子相辅相成，看起来很像一串葡萄。

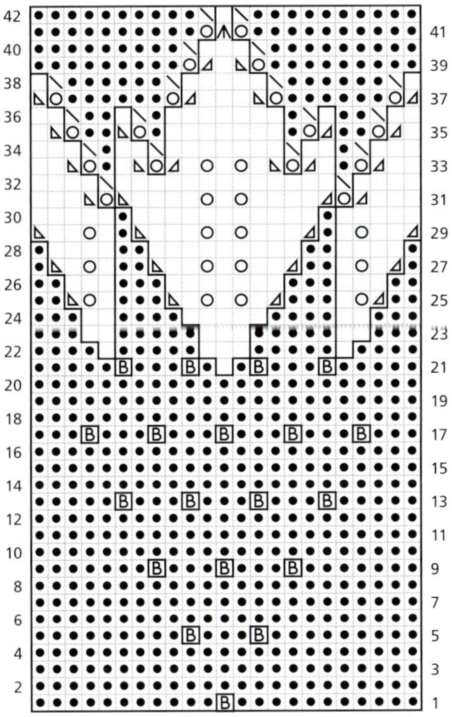

23针的花样

特定符号

B 从同一针目中编织1下针、1挂针、1下针、1挂针、1下针，翻面，5上针，翻面，5下针，翻面，5上针，翻面，依次挑起刚刚织好的4针，一针一针地套收在最后1针上，然后编织1下针扭针。

反面织下针扭针。

205

树叶与浆果花样

3级

棒针花样中浮雕叶子花样与泡泡针相结合，给人一种茎叶摇曳的既视感。

温馨提示

- 编织叶片时，单针针法和14行针法如下方左右两侧的编织图所示。
- 需要用到1根麻花针。

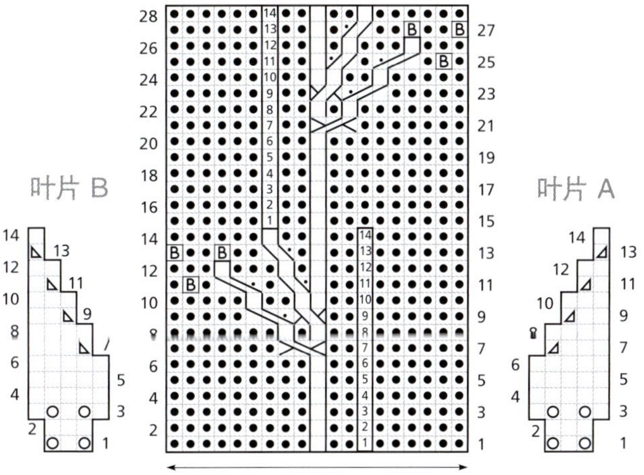

19针的花样，针数可变

特定符号

B 从同一针目中编织1下针、1上针、1下针、1上针、1下针，翻面，5上针，翻面，依次挑起刚刚织好的4针，一针一针地套收在最后1针上，编织1下针扭针。

移1针至麻花针，并置于前方，1下针，1上针，然后从麻花针上编织1下针。

移2针至麻花针，并置于后方，1下针，然后从麻花针上编织1上针、1下针。

移2针至麻花针，并置于后方，1下针，然后从麻花针上编织2上针。

移1针至麻花针，并置于前方，2上针，然后从麻花针上编织1下针。

针法主题

提花和嵌花花样

提花和嵌花编织花样历史悠久。本章针法主题中，有些花样的设计，如费尔岛花样，深受传统棒针风格的影响；有些花样则是在传统花样的基础上稍加变化；还有一些花样非常逼真。其中，提花也被称为横向渡线编织的配色花样，嵌花则被称为渡向渡线编织的配色花样。

206 蓝色蝴蝶结花样
Blue bow

207 玫瑰花蕾花样
Rosebud

208 螃蟹花样
Crab

209 舞动的彩带花样
Folded ribbon

210 基里姆饰边花样
Kilim border

211 基里姆星星花样
Kilim star

212 斜纹菱形花样
Diagonal diamonds

213 靶心花样
Spots

214 数字符号花样
Sampler

215 小巧玲珑花样
Peerie patterns

216 小花与波浪花样
Little flower and waves

217 野生风铃草花样
Folk bluebells

218 现代风格百合花花样
Art nouveau lily

219 墨西哥条纹花样
Mexican stripes

220 织锦花样
Brocade

221 设得兰星星花样
Shetland star

222 设得兰V字形花样
Shaded chevrons

223 镶边地毯花样
Carpet borders

224 日本蜡花花样
Japanese stencil flowers

225 花儿与波浪花样
Flowers and waves

226 雏菊花样
Daisies

227 叶片地毯花样
Carpet leaves

228 涡卷饰边花样
Scroll borders

229 三角形斜纹花样
Diagonal triangles

230 印度饰边花样
Indian borders

231 佩斯利花朵花样
Paisley with flowers

232 南美纸鸢花样
South American kite patterns

233 凯尔特饰边花样
Celtic border

234 明暗交错花纹花样
Counterchange

235 凯尔特结花样
Celtic knot motif

236 雪花花样
Snowflake

237 非洲之星花样
African stars

238 信望爱花样
Faith, hope and charity

206

蓝色蝴蝶结花样

1级

小小的蓝色蝴蝶结花样呈左右对称，完美地展现了嵌花编织的精髓。个别地方用到横向渡线的提花编织，不过主要区域用单色线编织效果会更好。

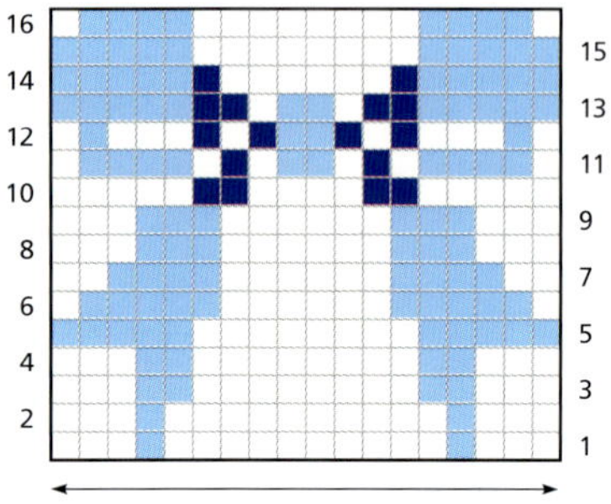

18针的花样

配色

- □ 米色
- ■ 浅蓝色
- ■ 深蓝色

207

玫瑰花蕾花样

2级

这幅小小的玫瑰花蕾花样取材自复古的印花布，背景颜色可以随意变换，但玫瑰花蕾的颜色尽量自然即可。这一花样综合运用了提花和嵌花的编织技巧。

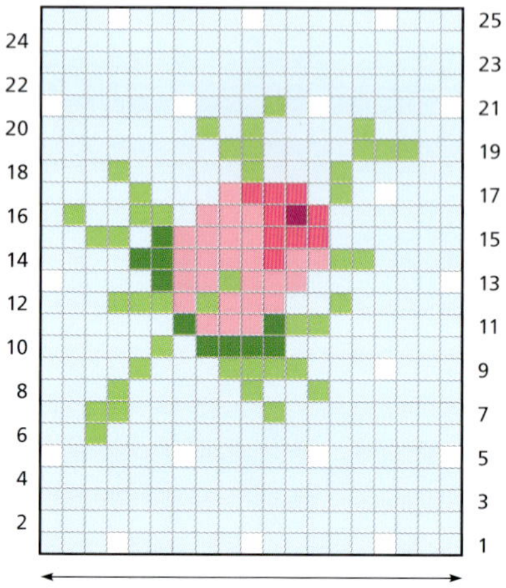

针数为16的倍数，上图所示针数为19针

配色

- □ 冰蓝色
- □ 白色
- ■ 浅绿色
- ■ 深绿色
- ■ 浅粉色
- ■ 深粉色
- ■ 品红色

p.132、133基础符号

□ 正面织下针，反面织上针，颜色如图示

208

螃蟹花样

2级

这只刚从海边爬出的橘黄色螃蟹，主要使用了纵向渡线的嵌花编织，但个别地方也使用了横向渡线的提花编织。除螃蟹钳部分，花样呈左右对称，需要仔细观察编织图进行编织。

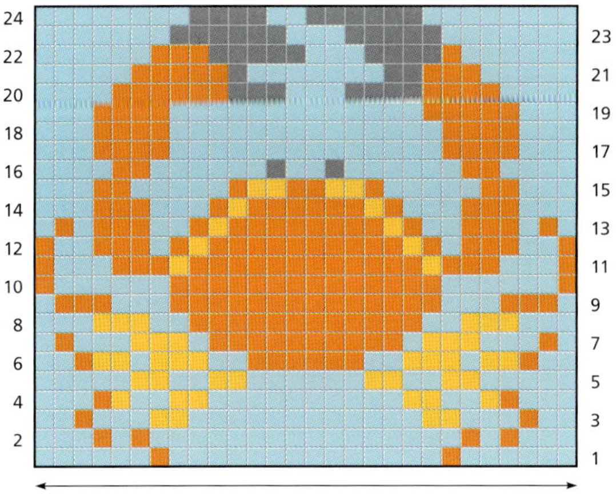

28针的花样

配色

- 蓝绿色
- 炭黑色
- 橘黄色
- 金黄色

209

舞动的彩带花样

2级

如果菱形花样的颜色比四边形阶梯花样深，那么两种几何花样便会给人一种舞动的视觉效果，几何花样的颜色可以无限变化。上图所示的花样采用了简单的提花编织，不过每1行编织时要用到3种不同颜色的线。

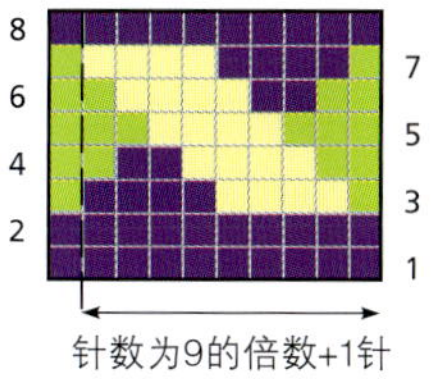

针数为9的倍数+1针

配色

- 深紫色
- 柠檬色
- 青柠色

温馨提示

编织图中只呈现1种配色。

210
基里姆饰边花样
2级

上图所示的花样既可以用作饰边，也可以用作整体花样，还可以与其他棒针针法结合使用。尽管这一花样4行中不是用的简单的双色提花，而是用了3种颜色的线编织，但配色和花样都很简单。

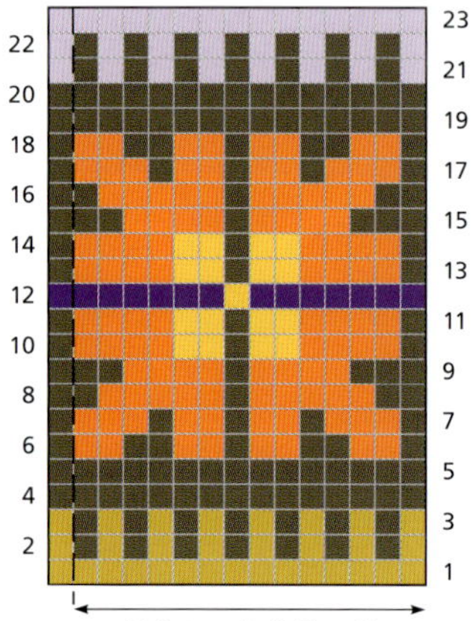

针数为14的倍数+1针

配色

- 芥末黄色
- 橄榄绿色
- 橘黄色
- 金黄色
- 紫色
- 浅紫色

211
基里姆星星花样
2级

选用明暗对比强烈的颜色，使棱角分明的星星花样极具视觉冲击力。这一花样主要用到了嵌花的编织技巧，个别地方需要用到提花的编织技巧。

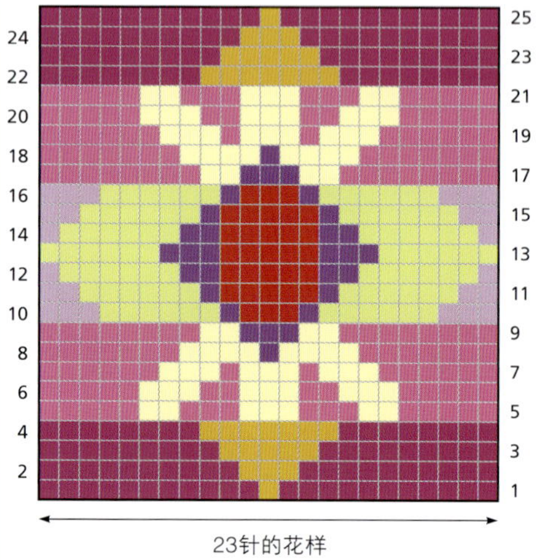

23针的花样

配色

- 紫红色
- 暗粉色
- 浅绿色
- 芥末黄色
- 浅黄色
- 浅紫色
- 深紫色
- 红棕色

p.134、135 基础符号

□ 正面织下针，反面织上针，颜色如图示

212
斜纹菱形花样
2级

斜纹的颜色顺序要与第1行添加的颜色保持一致，这样继续编织时就不会留下许多短线头。为了丰富花样的颜色，也可以选用不同颜色的线装饰菱形的轮廓。

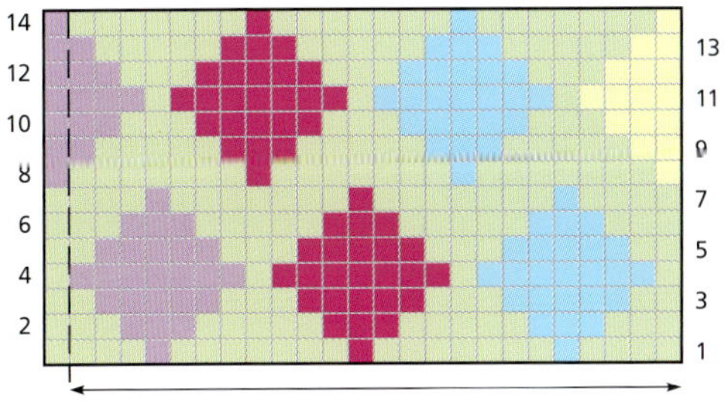

针数为8的倍数+1针，
上图所示针数为24+1针

配色

- 卡其色
- 浅紫色
- 品红色
- 蓝绿色
- 柠檬色

213
靶心花样
3级

这些同心圆的配色灵感源自曾经的俄罗斯未来主义，不过即使是在今天看来，一样充满活力和时尚感。靶心花样完美运用了嵌花的编织技巧。

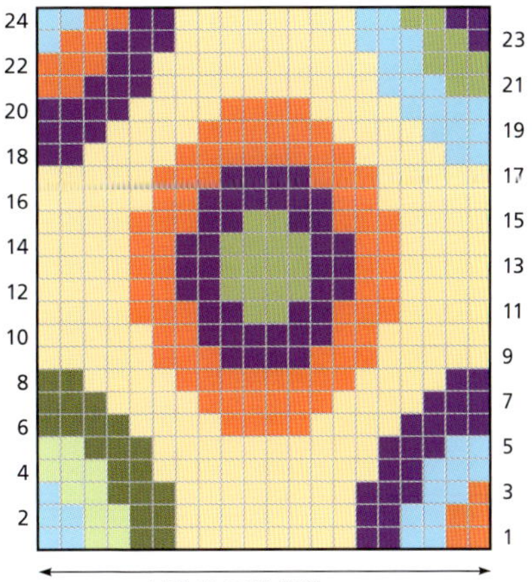

针数为20的倍数

配色

- 沙土色
- 橘黄色
- 茄子紫色
- 青柠色
- 橄榄绿色
- 蓝绿色
- 深褐色

温馨提示

编织图呈现了重复的针法，但没有呈现重复的配色，因为相邻的靶心花样颜色各异。

214

数字符号花样

1级

数字符号花样的设计来自于从前的十字绣花样，可以用来表示具有特殊意义的日期。整个花样只运用了简单的双色提花编织技巧，不过织反面时需要仔细观察对应的编织图。

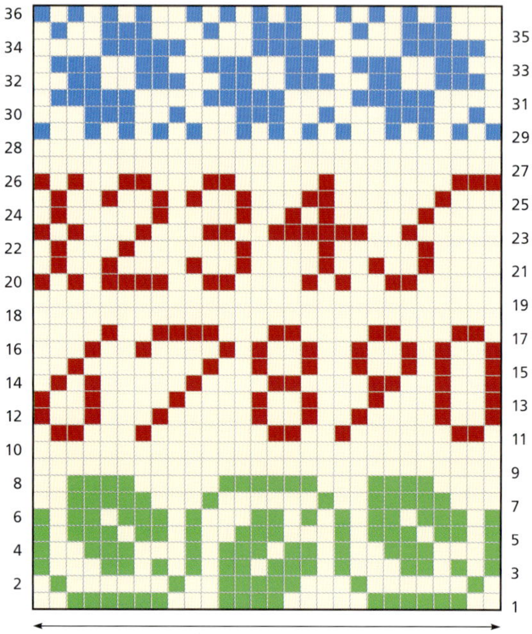

配色

- □ 米色
- ■ 绿色
- ■ 深红色
- ■ 蓝色

p.136、137 基础符号

□ 正面织下针，反面织上针，颜色如图示

215
小巧玲珑花样
1级

Peerie是设得兰方言中的用词，表示“小巧玲珑”的意思。如上图所示，这组经典的设得兰花样可以搭配使用，也可以与除条纹外的其他花样相结合，自行设计出别具一格的花样。

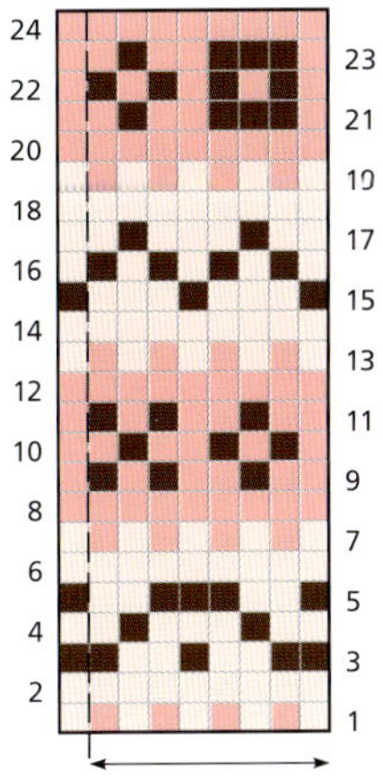

针数为8的倍数+1针

配色
- 浅粉色
- 珊瑚粉色
- 棕色

216
小花与波浪花样
1级

用着色较暗的波浪形引入中心花样是设得兰传统花样中经典的编织技巧。小花与波浪花样只用到提花编织技巧，操作简单、纹路有趣。不断重复基础的4针针法可以织出波浪花样，不断重复基础的8针针法则可以织出小花花样。

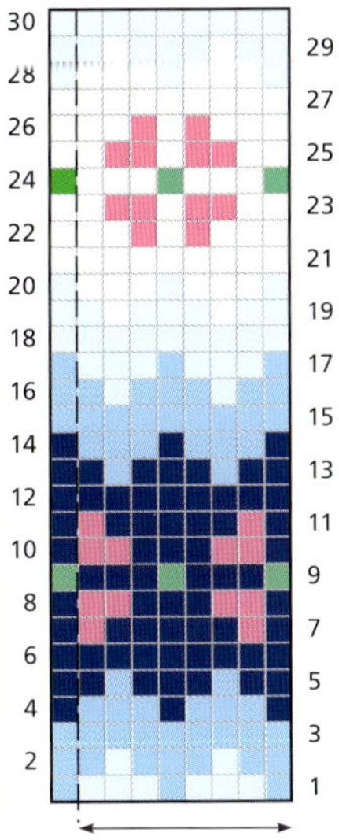

针数为8的倍数+1针

配色
- 米色
- 蓝色
- 浅蓝色
- 藏青色
- 粉红色
- 绿色

217
野生风铃草花样
1级

仅用2种配色，就可以织出多行野生风铃草花样。

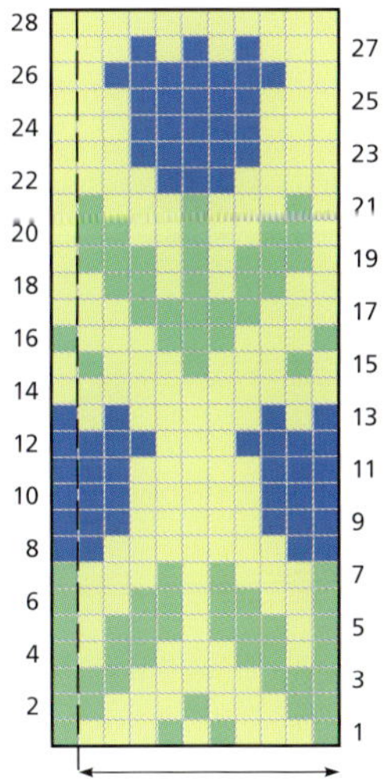

针数为10的倍数+1针

配色
- 浅铬绿色
- 浅青柠色
- 中蓝色

218

现代风格百合花花样

2级

这种百合花和叶子花样的旋涡线颇具19世纪90年代风靡一时的新艺术风格。花样中重复的面积较大，主要用到2种颜色的织线横向渡线编织。织百合花花蕾时，需要用到一种单独颜色的线，以便与其他部分区分。

针数为38的倍数+1针

配色

□ 米色
■ 浅绿色
■ 黄色

p.138、139 基础符号

□ 正面织下针，反面织上针，颜色如图示

219

墨西哥条纹花样

1级

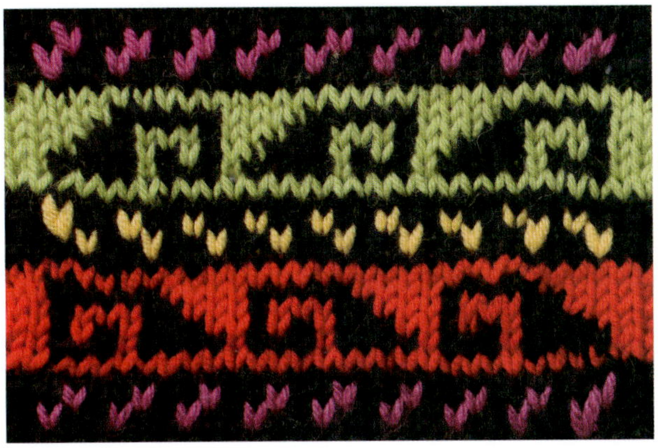

几种简单的几何形状组成条纹花样。黑色与其他颜色有序结合，织出的花样给人一种充满活力的视觉效果，而这一切只需要编织双色提花就可以实现。

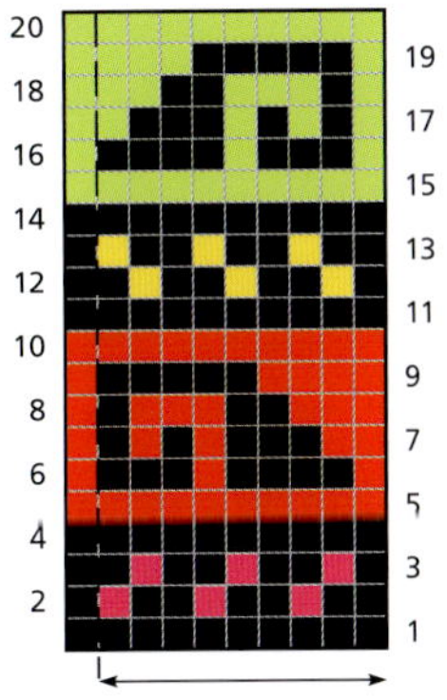

针数为9的倍数+1针

配色

- 黑色
- 粉红色
- 红色
- 黄色
- 青柠色

220

织锦花样

1级

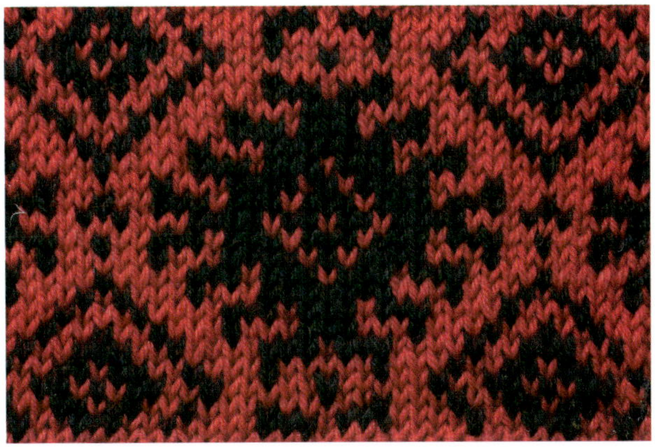

这种四周多分支的菱形花样可以绣在刺绣织物上，也可以织在梭织织物上，同时也是东欧和地中海东部地毯上常见的花样。如上图所示，花样与菱形相结合，形成一幅整体花样。这种花样只用到双色提花编织，虽然重复面积较大，但操作起来十分容易。

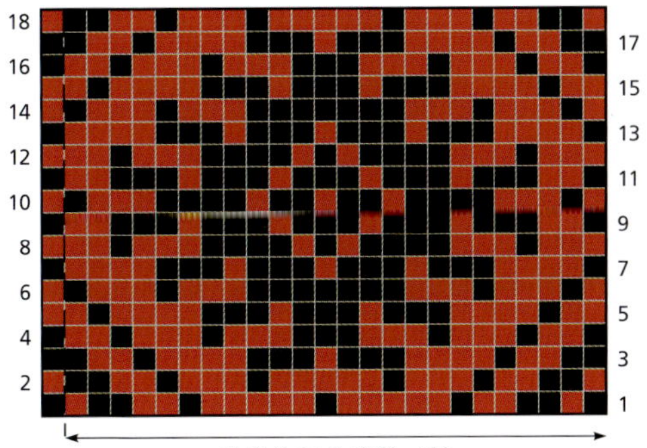

针数为24的倍数+1针

配色

- 黑色
- 深红色

221

设得兰星星花样

1级

这一饰边花样比其他设得兰花样重复的面积大，但只用到双色提花编织，所以编织起来也很容易。由中间星星花样延伸出的菱形花样被称为波峰，可通过织出更多种蓝色波峰来丰富这一花样。

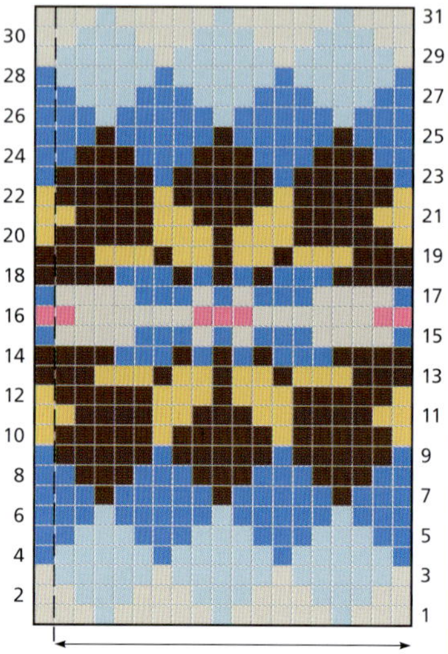

针数为18的倍数+1针

配色

- 自然色
- 浅蓝色
- 蓝色
- 棕色
- 黄色
- 粉红色

222

设得兰V字形花样

1级

V字形花样的设计灵感源自锯齿形花样，暗色的锯齿状条纹上饰有黑色的V字形。条纹从红色渐变到黄色，然后再变回红色，但你也可以选用不同的颜色或不同的宽度。

配色

- 红色
- 黑色
- 朱红色
- 橘黄色
- 金黄色
- 黄色

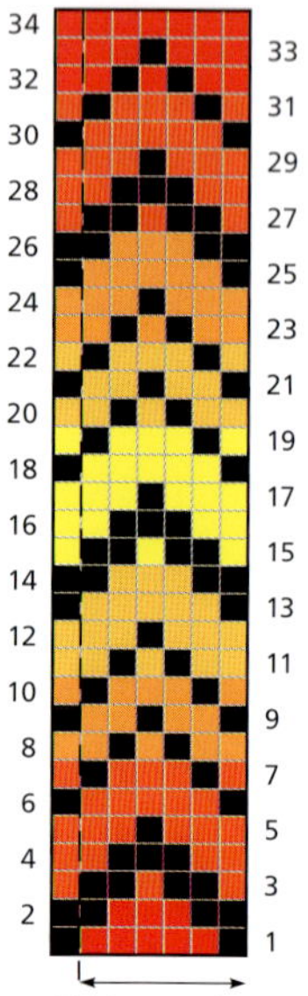

针数为6的倍数+1针

p.140、141 基础符号

□ 正面织下针，反面织上针，颜色如图示

223

镶边地毯花样

1级

这一花样的设计灵感源自土耳其地毯花样。除了中间部分的花样外，其余各行均采用双色提花编织，中间部分则采用了三色提花编织。这一花样中的条纹既可以单独使用，也可以与其他条纹搭配使用。如需搭配使用，则需要注意星星花样每重复3次，尖头饰边就重复7次。

编织图2

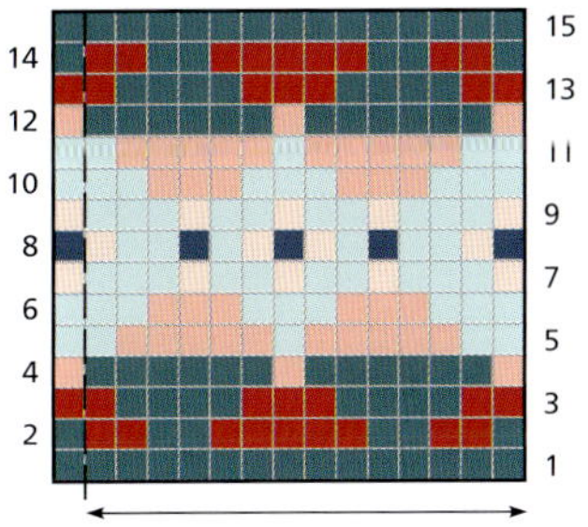

针数为14的倍数+1针

配色

- □ 浅蓝色
- ■ 灰蓝色
- ■ 亮蓝色
- ■ 灰绿色
- ■ 深红色
- □ 蓝绿色
- ■ 珊瑚粉色
- □ 浅粉色

编织图3

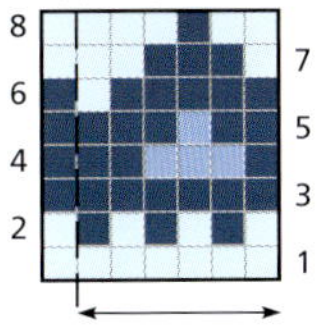

针数为6+1针

编织图1

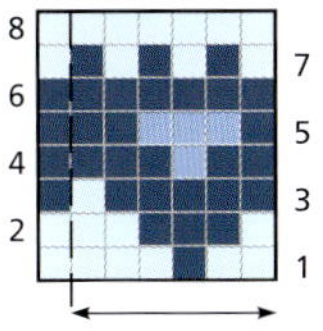

针数为6+1针

所有编织图针数之和为42的倍数+1针

224

日本蜡花花样

3级

这一棒针花样的设计灵感源自一幅模板花样：在斑点背景上点缀着若干朵四散的小花。四散的斑点、随意的花朵，这一花样的编织要比常规重复的花样更费心思，不过只用到2种颜色，编织起来也并不太难。当白色线超过4针时，则需要用压线。

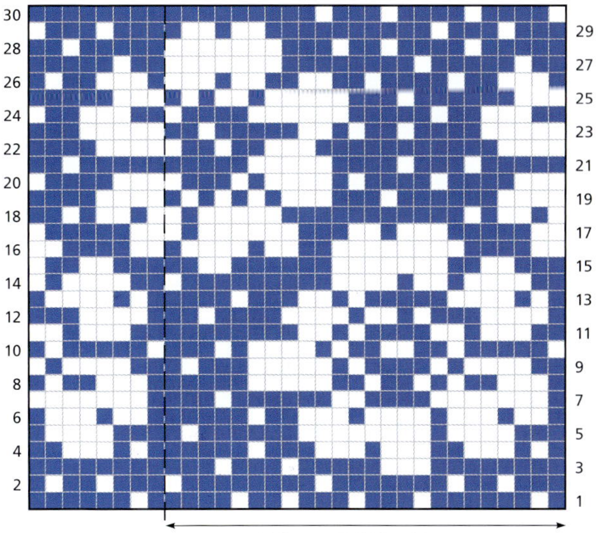

针数为24的倍数+8针

配色

- ■ 蓝色
- □ 白色

225

花儿与波浪花样

2级

这一花样取材自设得兰群岛的波浪和花朵，不过将波浪简化为简单的条纹，并放大花朵花样的处理方式，给人一种时尚的感觉。编织图中只呈现2种花色，不过正如上图所示，你也可以把每一朵花儿都编织成不同的颜色。

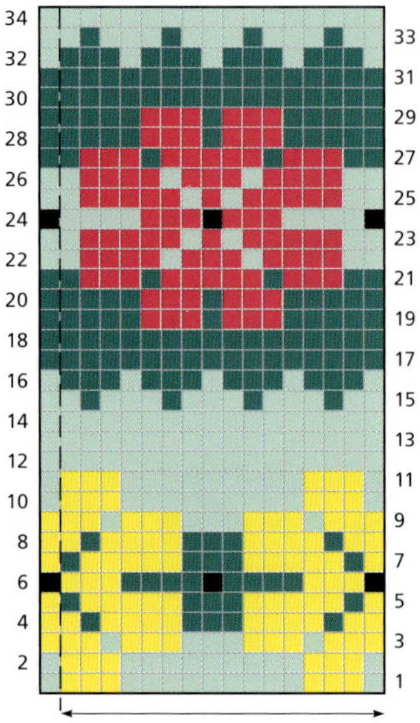

针数为16的倍数+1针

配色

- 浅铬绿色
- 黄色
- 灰绿色
- 品红色
- 黑色

226

雏菊花样

3级

这种雏菊花样与20世纪30年代的印花布花样有异曲同工之妙。结合提花和嵌花编织，在一定颜色的背景花样上，用不同颜色的线编织花朵、花心和叶子。

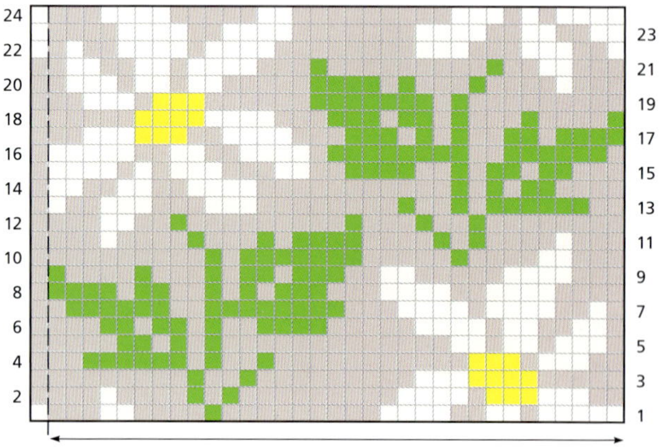

针数为33的倍数+1针

配色

- 米色
- 浅灰褐色
- 绿色
- 黄色

p.142、143 基础符号

□ 正面织下针，反面织上针，颜色如图示

227

叶片地毯花样

3级

单个花样内采用双色提花编织，花样整体则使用嵌花编织，编织出了这款叶片地毯花样。编织叶片和小V字形花样时，不要在花样间换色，要在单个花样内换色。

针数为42的倍数+3针

配色

- 灰色
- 浅灰褐色
- 深蓝绿色
- 鲜橙色

228

涡卷饰边花样

3级

这一花样的设计灵感源自北非地毯。中间大多数图形都采用双色提花编织，只有中间面积较大的部分需要使用不同长度的鲜橙色线填充。

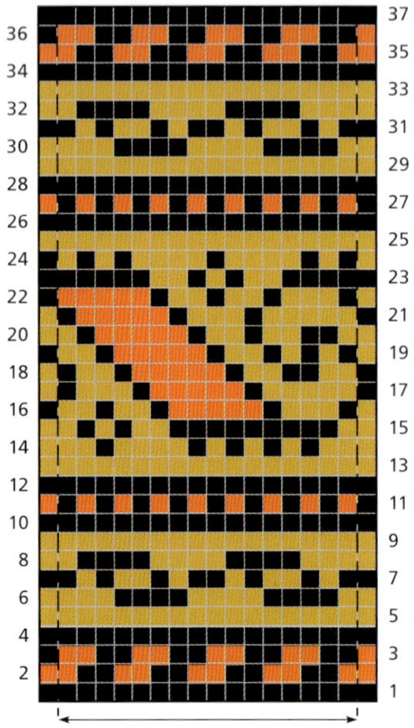

针数为16的倍数+2针

配色

- ■ 黑色
- ■ 鲜橙色
- ■ 黄赭色

229

三角形斜纹花样

2级

这一花样取材自阿米什人的明暗拼接花样。在黑色的背景花样中，编织每个三角形时均使用对应颜色的线。每当织出一排三角形时，每次将对比色线（配色线）沿对角线拎起压住，可以避免后期要藏的线头过多。

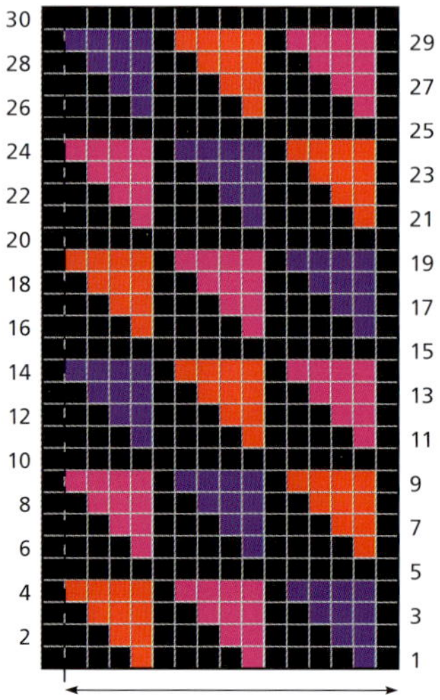

针数为15的倍数+1针

配色

- ■ 黑色
- ■ 紫色
- ■ 品红色
- ■ 红色

p.144、145 基础符号

□ 正面织下针，反面织上针，颜色如图示

230

印度饰边花样

3级

这一花样取材自华丽的古吉拉特刺绣。大多数图形需要用到双色提花编织，有时也需要三四种颜色。为了达到真实的效果，可以尝试使用亮晶晶的金丝线，用亮片点缀花样。

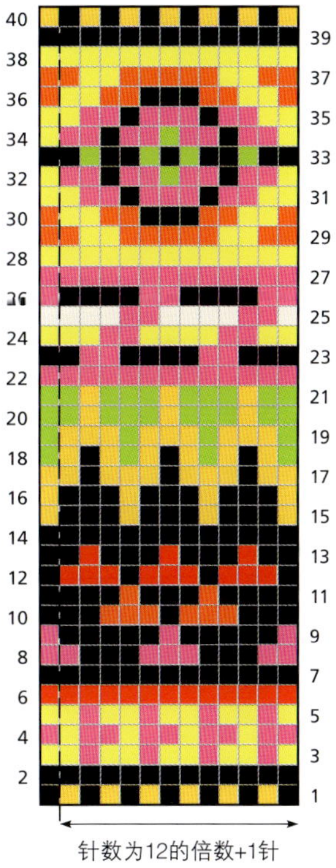

配色

- 黑色
- 金黄色
- 柠檬色
- 粉红色
- 红色
- 橘黄色
- 青柠色
- 米色

231

佩斯利花朵花样

3级

要编织出这个华丽的佩斯利花样，需要使用提花编织，不过编织佩斯利花朵花样时要用不同颜色的线。为了营造生动活泼的视觉效果，编织不同花朵时请使用深浅不同的紫色。如果只需要织出一个佩斯利花朵花样，那么请忽略30针、47行的编织图中的底边和花朵花样即可。

针数为31的倍数+1针

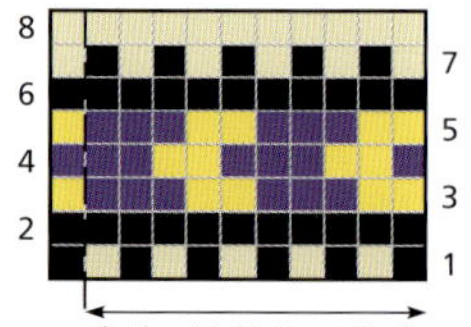

底边：针数为10的倍数+1针

配色

- 黑色
- 驼色
- 暗紫色
- 黄色
- 浅紫色
- 品红色
- 粉红色
- 暗绿色
- 浅绿色

□ 正面织下针，反面织上针，颜色如图示

232

南美纸鸢花样

3级

这些条纹花样的设计灵感源自一种巨型风筝上的几何花样。在一些特殊场合，这种风筝被放飞在安第斯山脉。这一复杂的花样需要组合使用提花和嵌花的编织技巧完成。要想令花样更加丰富，你可以选用颜色深浅不同的线。

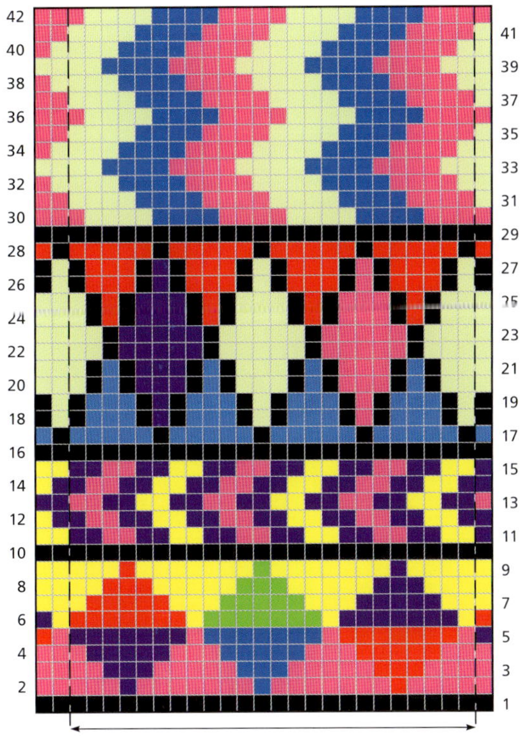

针数为24的倍数+3针

配色

- 黑色
- 粉红色
- 红色
- 深蓝绿色
- 紫色
- 黄色
- 青柠色
- 浅青柠色

233
凯尔特饰边花样
2级

这一饰边花样呈现的是凯尔特石十字架上相互交织的结。尽管花样中重复部分的面积较大，不过只用到双色提花编织，因此编织起来比较简单。该花样两个重复花样之间有一处相互连接。对于连接的部分，织完重复的28针后，需要在右侧多加1针。

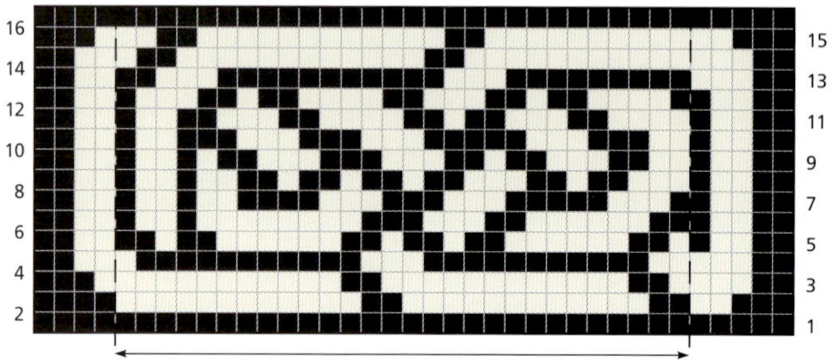

针数为28的倍数+9针

配色
- ■ 黑色
- □ 奶黄色

234
明暗交错花纹花样
2级

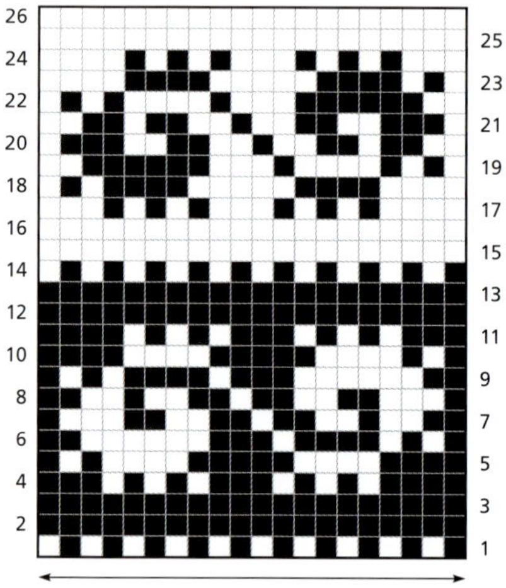

针数为20的倍数

配色
- □ 奶黄色
- ■ 黑色

明暗交错是一种著名的装饰手法。如上图所示，这是南美提花编织中熠熠生辉的一笔。

p.148、149 基础符号

□ 正面织下针，反面织上针，颜色如图示

235

凯尔特结花样

2级

这个大型的凯尔特结花样的设计也是受到凯尔特石十字架的启发。这一花样用的是双色提花编织，花样虽大，但编织起来并不难。麻花针围绕在花样四周，呈现出的花样如同一个真正的凯尔特结。

配色

■ 黑色

□ 奶黄色

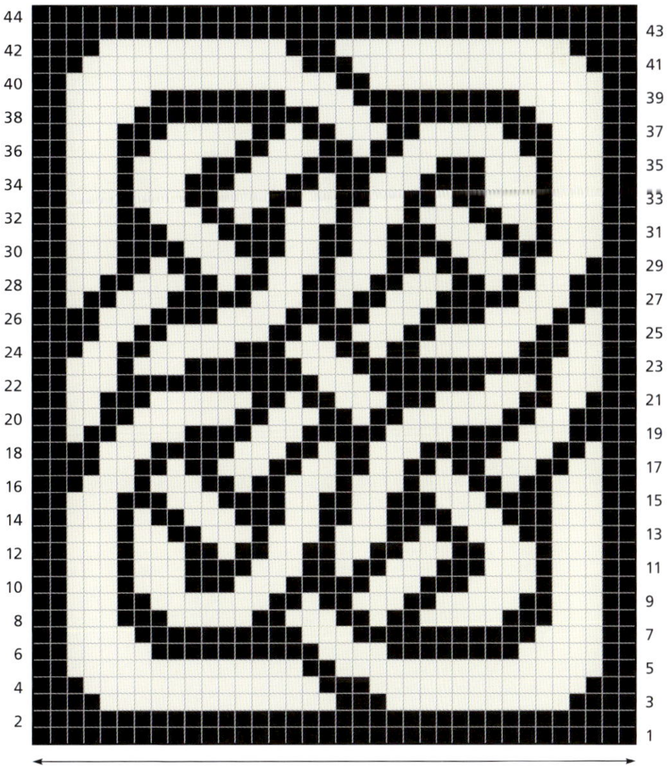

针数为36的倍数

236

雪花花样

2级

这片斯堪的纳维亚风格的大片雪花下面饰有镶边花样，上面饰有重复性花样，不过这片雪花也可以单独用作点缀花样。这一花样全部由双色提花编织完成。

配色

- ■ 黑色
- □ 奶黄色
- ■ 红色

针数为24的倍数+1针

p.150、151 基础符号

□ 正面织下针，反面织上针，颜色如图示

237

非洲之星花样

2级

非洲之星花样的设计灵感源自“镶边地毯花样”（见第141页）中的三角形和星星花样。虽然重复部分的面积较大，但花样由双色提花编织而成。

针数为28的倍数+3针

配色

■ 棕色

□ 自然色

238

信望爱花样

2级

整体印花花样是费尔岛和斯堪的纳维亚提花编织的一大特点。在这一花样中，一排排的菱形中饰有十字架（信）、船锚（望）和心形（爱）。这一花样可以编织在渔民风格的毛衣上。

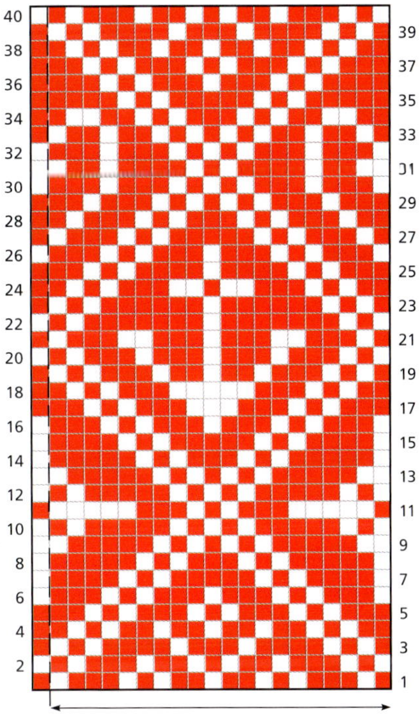

针数为20的倍数+1针

配色

■ 红色

□ 白色

针法主题 不常见针法花样

本章中一系列奇特的针法花样和技巧，给任何想要尝试的编织者都提供了一个模板。你也可以尝试将这些针法技巧运用到衣物、饰品、玩偶、靠垫等各种织物上。

239 引返编织条纹花样
Turning-row stripes

240 奇数行条纹花样
Odd-numbered-row stripes

241 方形蕾丝花样
Lacy square

244 六瓣花朵花样
Flower hexagon

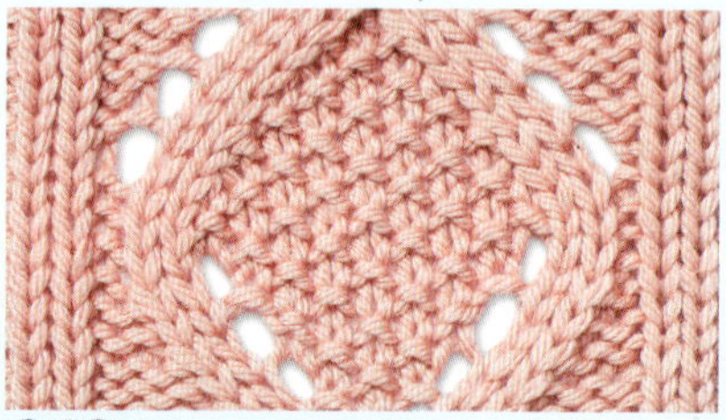

242 蕾丝镶边菱形花样
Lacy outlined diamond

243 圆形浮雕花样
Circular medallion

245 锁链线圈花样
Horizontal herringbone

246 圈圈针花样
Loop knitting

247 褶裥浆果花样
Tucked berries

248 褶裥V字形花样
Tucked chevrons

249 浮饰麻花花样
Embossed rope

250 水平绕线针花样
Horizontal wrapped stitch

251 垂直绕线针花样
Vertical wrapped stitch

252 间断条纹花样
Broken stripes

253 渔夫罗纹花样
Fisherman's rib

254 双色渔夫罗纹花样
Two-colour fisherman's rib

255 串珠罗纹花样
Beaded rib

256 补丁花样
Decorative patch

257 方格花样
Simple check

258 亮片花样
Sequin spots

259 滑针方格花样
Slip stitch check

260 窗格纹花样
Windowpane check

261 下针方格花样
Reversible checks

262 双色双面花样
Two-colour double fabric

263 邮票竹篮花样
Postage stamp entrelac

264 起伏针竹篮花样
Garter stitch entrelac

239

引返编织条纹花样

1级

有许多方法使引返编织行（也称为短行）往返形成锯齿状。其中一种方法是，编织到中间行时，需要滑过回行的第1针，引返的地方会留下一个小洞。在引返处，将线绕棒针一圈，这样可以避免织物上出现孔洞，不过会在下针编织的织物上留下一个小尖尖。引返编织条纹既可以规则分布，也可以随机分布。

织法

右图所示的样品，针目总数为30针，织第6针时开始引返。

第1行（正面） 用A色线织下针。
第2行 均织上针。
第3、4行 24下针，绕线，翻面，上针织至行尾。
第5、6行 18下针，绕线，翻面，上针织至行尾。
第7、8行 12下针，绕线，翻面，上针织至行尾。
第9、10行 6下针，绕线，翻面，上针织至行尾。
第11行 均织下针。
第12行 用B色线织上针。
第13行 均织下针。
第14、15行 6上针，绕线，翻面，下针织至行尾。
第16、17行 12上针，绕线，翻面，下针织至行尾。
第18、19行 18上针，绕线，翻面，下针织至行尾。
第20、21行 24上针，绕线，翻面，下针织至行尾。
第22行 均织上针。

以上22行即构成引返编织条纹花样，A、B两种线颜色不同。

温馨提示

绕线时方向与编织方向相反，以上针方向入针滑1针，再将线绕回，将滑过的1针移至左棒针并翻面，开始编织短行针目。上、下针编织时方法相同。

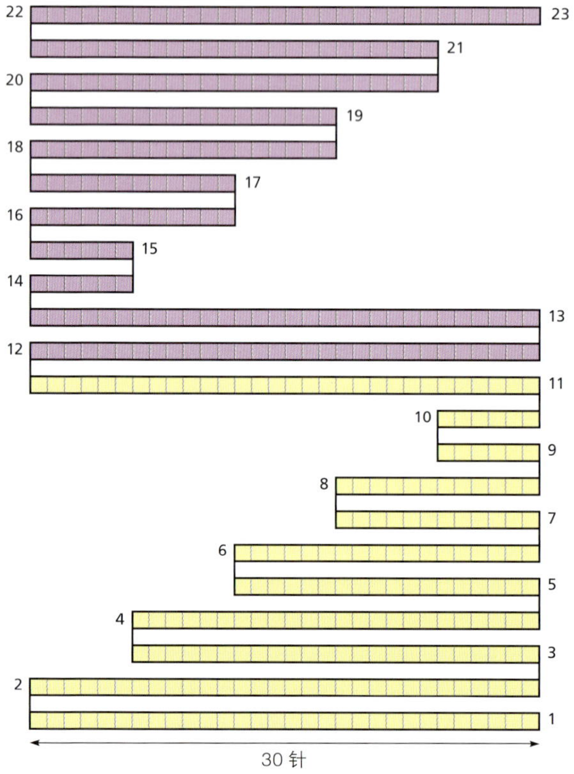

配色

A
B

p.154、155 基础符号

正面织下针，反面织上针 k2tog skpo yo

240

奇数行条纹花样

1级

在下针编织的织片上编织出奇数行条纹花样，边缘处留有许多线头，这是因为需要在边缘处换线。不过，如果不用常规棒针，而是用双头棒针的话，便可以避免这一问题了。

织法

用双头棒针按照正常织法，即1行上针、1行下针编织不同颜色的条纹花样。若要在一端更换条纹颜色时，只需沿着棒针滑针，从另一端开始织对应的上针或下针。

温馨提示

9行1循环的条纹花样用到了滑针编织，这样彩色线的颜色就会都呈现在正面，也可以用这一方法织出随机条纹花样。

241

方形蕾丝花样

2级

方形蕾丝花样展现出挂针加针针法与挂针点缀针法的差异，挂针点缀时加针的同时也会减去相邻的一针。要想使方形中心整齐有序，需用钩针起针。

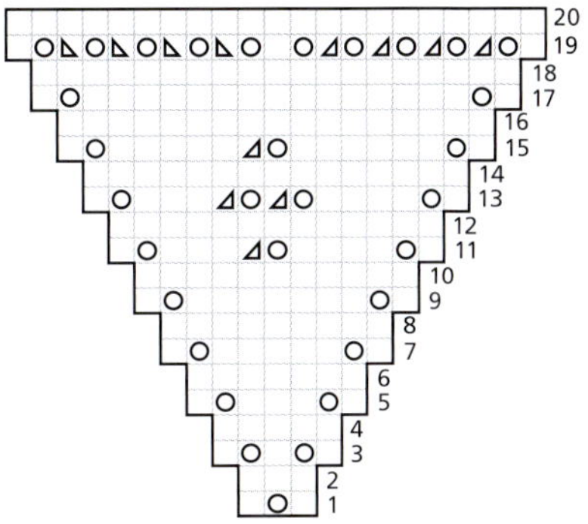

1/4方形花样

温馨提示

- 方形蕾丝花样采用环形编织，花样呈现在织物正面，因此编织时每行均要对照编织图从右往左看。
- 需要用到5根双头棒针。
- 起针时留一小截线头，将织线缠绕在左手食指上，形成1个线环。需要用到1根比棒针小两个号的钩针，*钩针插入线环中，将织线绕钩针1圈并将线圈拉出*，将线环从食指上滑下，重复7次*的步骤，在钩针上形成8个线圈，并将首端的线头拉出形成死结，再在其余4根双头棒针上各留2针。
- 收针时，将织线绕到前面，并将第1针滑到第4根棒针上；将织线绕到后面，再将滑过的这一针滑到第1根棒针上，翻面，反面朝上并以下针入针方式收针。

242

蕾丝镶边菱形花样

2级

这一蕾丝镶边菱形花样与麻花针编织的经典菱形花样十分相像。实际上，这一花样是在桂花针编织的菱形四周用挂针和双减针勾勒轮廓，不用麻花针却呈现出麻花针的编织效果。只有第21行的交叉处需要用到麻花针。

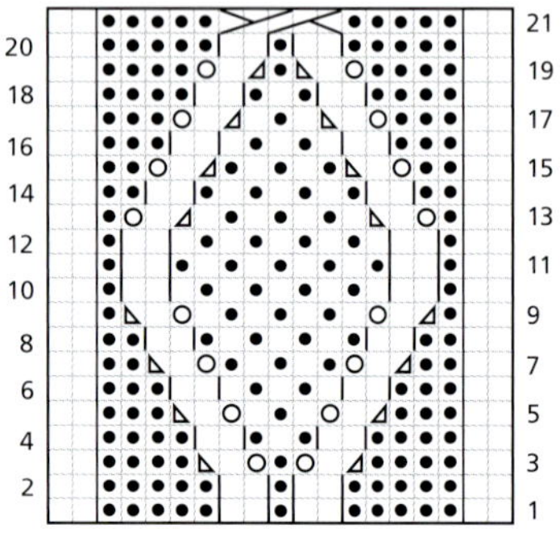

19针的饰片花样

特定符号

滑3针到麻花针上，将麻花针放在后面，织2下针，再将麻花针最左侧的1针滑到左棒针上，将麻花针放在前面，织1上针，然后将麻花针上剩余的2针织2下针。

温馨提示

- 以上第2~21行即构成蕾丝镶边菱形花样。
- 需要用到1根麻花针。

243

圆形浮雕花样

2级

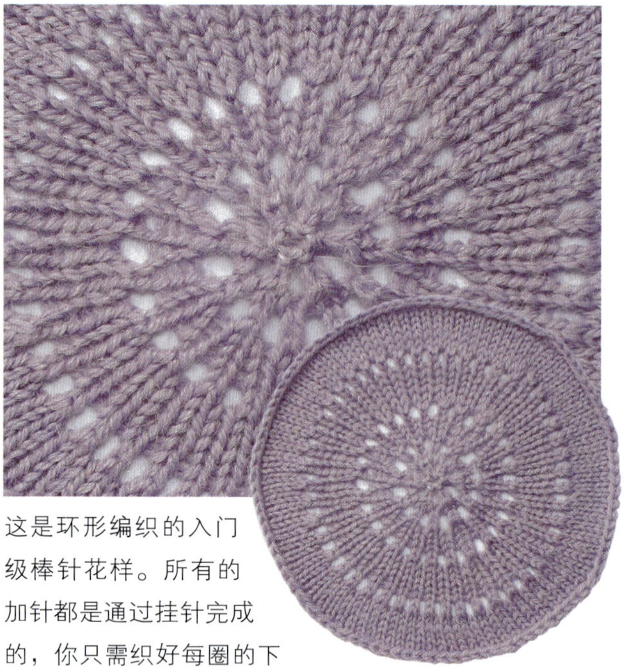

这是环形编织的入门级棒针花样。所有的加针都是通过挂针完成的，你只需织好每圈的下针编织部分即可。

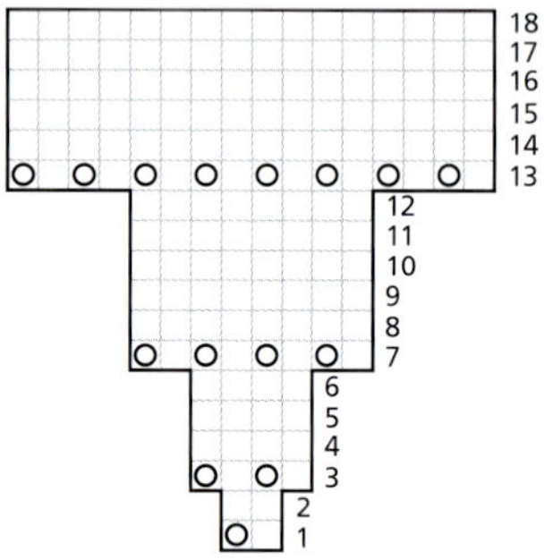

1/6圆形浮雕花样

温馨提示

- 需要用到4根双头棒针。
- 圆形浮雕花样呈现在织物正面，因此编织时要对照编织图从右往左看。
- 首先，在3根棒针上各起2针。要想织出圆形，需要将线绕到前面，将起针的第1针滑至第3根棒针上，再将线绕到后面，将滑过的这一针滑至第1根棒针上，翻面。

p.156、157 基础符号

□ 正面织下针，反面织上针　● 正面织上针，反面织下针　k2tog　skpo　s2kpo　yo

244
六瓣花朵花样
3级

六瓣花朵花样使用了泡泡针和花瓣花样。六边形花样织了加针，开始时织下针1针放2针，结尾处织上针1针放2针。

特定符号

从同一针目的前面和后面分别编织下针。

从同一针目的前面和后面分别编织上针。

B 从同一针目中编织1下针、1挂针、1下针、1挂针、1下针，翻面，5上针，翻面，5下针，依次挑起刚刚织好的4针，一针一针地套收在最后1针上。

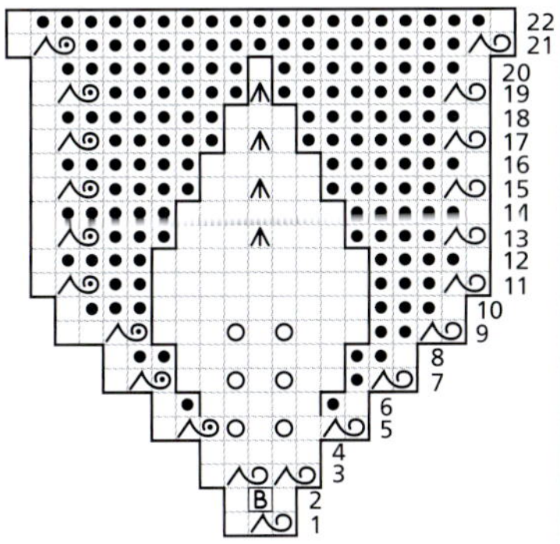

1/6六瓣花朵花样

温馨提示

- 需要用到4根双头棒针。
- 六瓣花朵花样呈现在织物正面，因此编织时要对照编织图从右往左看。
- 开始时，用1根钩针按照方形蕾丝花样（见第155页）编织12针，然后将12针平均分布到3根棒针上。
- 按照编织图所示，每行用3根棒针各织2次。
- 收针时，将线绕到前面，将第1针滑至第4根棒针上，将线绕到后面，再将滑过的这一针滑至第1根棒针上，翻面，在反面织下针收针。

245
锁链线圈花样
2级

在锁链线圈花样中，装饰性链环有序呈现在上针编织的纹路背景中。掌握基础织法后，很快便能知晓如何在正面织出针数、长度各异的锁链线圈。若干行长度较短的锁链线圈可以呈现出羊羔毛效果，若干行长度较长的锁链线圈可以呈现出流苏效果，还可以用单个锁链线圈固定纽扣。

特定符号

将钩针插入左棒针的第1针并钩出锁链线圈，再织出14个锁链线圈，将钩针插入左棒针的同一针目中，从原针目与最后一个锁链线圈中钩出并一起套收，再将新钩出的锁链线圈滑至右棒针上。

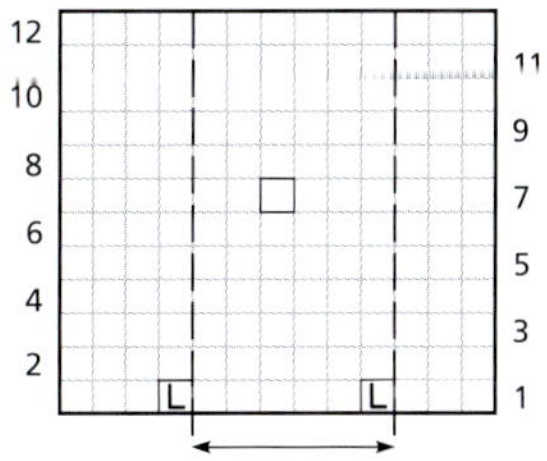

针目为6的倍数+7针

温馨提示

- 要想织出锁链线圈，需要用到1根比棒针小两个号的钩针。
- 也可以用棒针织出锁链线圈：[1下针，滑1针到左棒针]，重复此步骤。但钩针织出的锁链线圈更加整齐牢固。

246

圈圈针花样

2级

在下针编织的织片正面织出一个个圈圈，使织物像多了一层俏皮绒毛一样。可以编织几行圈圈作为饰边流苏；也可以在每个针目上编织圈圈，这样织物会更加厚实；还可以调大圈圈的间隔，这样看起来就不会那么密集了；或者尝试改变圈圈的颜色。这些单个圈圈非常结实，如果你想剪，也可以把圈圈剪断。

织法

针数为2的倍数+3针

第1行（正面） 1下针，[*以下针的方式入针但不进行套收，将线从棒针之间绕到前面，逆时针缠绕在左手拇指上，再绕到棒针之间，然后织1下针并从左棒针上套收，将织好的2针滑至左棒针上，并织下针扭针左上2针并1针*，1下针]织至行尾。

第2行和第4行 均织上针。

第3行 2下针，[织第1行的从*至*，1下针]至剩最后1针，织1下针。

以上4行即构成圈圈针花样。

温馨提示

- 单个圈圈可大可小，这取决于线缠绕在拇指上的松紧度以及圈数。

247

褶裥浆果花样

2级

这一花样中的浆果看起来很像泡泡针，但其实是由3针小小的褶裥构成的。浆果外观整齐，呈方形，点缀在紧实的麻花针分支上。

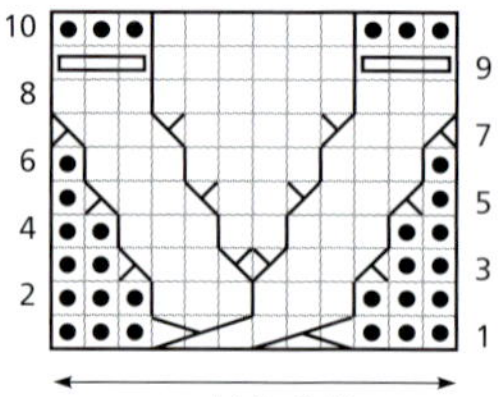

12针的花样

特定符号

[3下针，翻面，3上针，翻面]3次，将织出来的小织片向反面折叠，*将（右）棒针插入左棒针上的第1针中，再插入折叠前最后1行对应位置的针目后面，将2针并织成1下针；从*开始重复2次。

移1针至麻花针，并将麻花针置于后方，编织3下针，然后从麻花针上编织1下针。

移1针至麻花针，并将麻花针置于前方，编织1下针，然后从麻花针上编织3下针。

温馨提示

需要用到1根麻花针。

248

褶裥V字形花样

2级

V字形背景上的这些褶裥呈平滑的波浪状分布，在织物的顶部和底部形成美丽的饰边。褶裥纵跨6行条纹，向内翻折并合并。

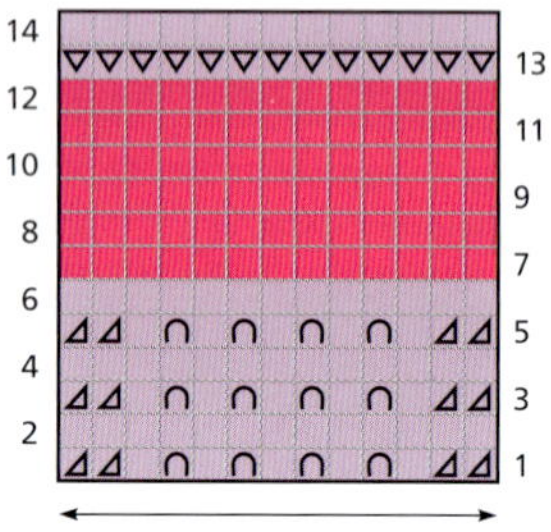

针数为13的倍数

配色

- A
- B

特定符号

使用A色线，将棒针上的针目，与以下第6行对应位置的针目一起织1下针。

正面织下针，反面织上针　正面织上针，反面织下针　k2tog　c6b　m1

249
浮饰麻花花样
3级

用非同寻常的麻花针，织出上图圆润饱满的3D绳索。相互交叉的绳索采用了引返编织。

右扭麻花

12针的饰片花样。

第1行（反面） 均织上针。

第2行 10下针，[翻面，4上针，翻面，4下针]重复3次，滑4针到麻花针上，将麻花针放在前面；将线绕到反面，从右棒针上滑4针到左棒针，6下针。

第3行 6上针，从麻花针上织4上针，2上针。

第4行 均织下针。

以上4行即构成右扭麻花花样。

左扭麻花

12针的饰片麻花。

第1行（反面） 均织上针。

第2行 6下针，[翻面，4上针，翻面，4下针]重复3次，滑4针到麻花针上，将麻花针放在前面；将线绕到反面，从左棒针上滑4针至右棒针，2下针。

第3行 2上针，从麻花针上织4上针，6上针。

第4行 均织下针。

以上4行即构成右扭麻花花样。

温馨提示

每一个饰片花样包含8针的麻花花样和正反面各2针的下针编织花样。

编织麻花时需要用到1根麻花针。

250
水平绕线针花样
2级

水平绕线针花样来自于起伏针针法，但其呈现的效果看上去像是钩针编织的，而不像一种棒针针法。正面凸纹十分精美，反面呈上针编织纹路，织出的织物纹路紧致密实。

织法

第1行（反面） 重复织[以下针方向入针滑1针，挂针]至行尾。

第2行 重复织[以下针方向入针织挂针并以扭针方式滑针]至行尾。

以上2行即构成水平绕线针花样。

温馨提示

任意针数均可。

绕线应保持疏松均匀。

引返至第2行时，要注意不要漏掉第1行末端的挂针。织第2行时，每一挂针应在滑针前交叉，将右棒针插入2挂针后面并一起套收。

251
垂直绕线针花样
3级

垂直绕线针花样是起伏针与绕线结合的另一变体。只要适应了绕线与编织的结合，垂直绕线针花样很容易上手。

织法

针目为2的倍数+1针。

第1行（反面） 1下针，重复织[挂针，将线绕到后面并以上针方向入针滑1针，1下针]至行尾。

第2行 1下针，重复织[下针扭针左上2针并1针，1下针]至行尾。

以上2行即构成垂直绕线针花样。

温馨提示

注意，以下针方式从线圈后侧入针，确保将滑针与挂针一起套收。

252

间断条纹花样

1级

每行交替采用上、下针即可织出这一精美的间断条纹花样。将织物翻面，可以看到织物反面的间断条纹与正面的条纹顺序恰恰相反。只要学会这一花样的织法，便可以通过改变条纹宽度的方式织出其他各种花样。

织法

针目为8的倍数+4针。
用A色线起针。
第1行（正面）**与第2行**（反面） 用A色线织4下针，重复织[4上针，4下针]至行尾。
第3行与第4行 用B色线，织法同第1、2行。
以上4行即构成间断条纹花样。

温馨提示

上图中，A色线为蓝色，B色线为黄色。

253

渔夫罗纹花样

2级

这一渔夫罗纹花样是在单罗纹针的基础上变化而成。隔行织的方法十分容易：将右棒针插入左棒针第1针下方的针脚中，织下针，松掉线圈时原针目与其上方针目从左棒针一起放下。

织法

针目为2的倍数+3针。
第1行（正面） 1上针，重复织[1下针，1上针]至行尾。
第2行 1下针，重复织[1上针，1下针]至行尾。
以上2行为此花样的基础织法，不可重复。
第3行 以上针方向入针滑1针，重复织[隔行1下针，1上针]至行尾。
第4行 以上针方向入针滑1针，1上针，重复织[隔行1下针，1上针]至剩最后1针，织1下针。
重复第3、4行织法，即可织出渔夫罗纹花样。

温馨提示

- 编织饰边时拉紧针脚，可使饰边保持整齐。

254

双色渔夫罗纹花样

2级

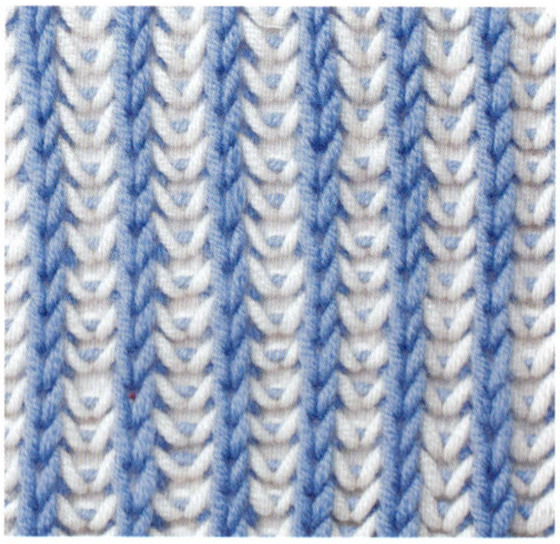

这一图案是在渔夫罗纹花样基础上加以变化而成的，织出了双色相间的垂直条纹。刚开始编织时很难看出这个图案是什么样子的，但重复编织若干行后，拉平下边缘，图案就会变得清晰明了。

织法

针目为2的倍数+1针。
用A色线起针，并继续编织。
基础行 1上针，重复织[1下针，1上针]至行尾，滑针。此行为基础行，无须重复。
第1行 用B色线编织，1上针，重复织[隔行1下针，1上针]至行尾，翻面。
第2行 用A色线编织，重复织[隔行1下针，1上针]至剩最后1针，织隔行1下针，滑针。
第3行 用B色线编织，1下针，重复织[隔行1上针，1下针]至行尾，翻面。
第4行 用A色线编织，重复织[隔行1上针，1下针]至剩最后1针，织隔行1上针，滑针。
以上4行即构成双色渔夫罗纹花样。

温馨提示

- 需要用到2根双头棒针或1根环形针。
- 滑针是指沿着棒针滑1针，这样，下一行可以朝着同一个方向继续编织。
- 如果使用色差明显的线，纹路图案会非常清晰。上图所示的图案中，A色线为蓝色，B色线为米色。

p.160、161 基础符号

□ 正面织下针，反面织上针 ⊡ 正面织上针，反面织下针

255
串珠罗纹花样
1级

串珠罗纹花样是将串珠融入编织的最简单方式。只要将珠子穿入线中，水平悬挂于两上针之间即可。这种方法也适合在下针编织的织物上添加单个较大的珠子或顶部有孔的珠子。珠子穿在何处要事先想清楚，在上针面和下针面各编织1个上针，这样就能令珠子出现在织物正面。

织法

针数为4的倍数+2针

第1行（正面） 2下针，重复织[1上针，1串珠，1上针，2下针]至行尾。

第2行 2上针，重复织[2下针，2上针]至行尾。

以上2行即构成串珠罗纹花样。

温馨提示

- 起针之前，要先将珠子穿在毛线上。
- 最简单的方式是先把1根较短的缝纫线穿进手缝针，两端打结，然后把结滑到针鼻儿附近。将毛线穿进缝纫线线圈，用手缝针针尖穿过珠子，使珠子沿线圈滑到毛线上。

256
补丁花样
1级

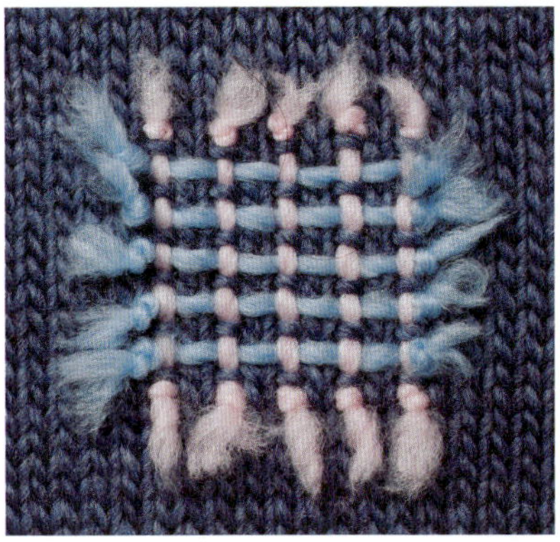

在编织的时候不需要用到多种颜色的线就可以做出样片的这种有趣的效果，它其实就是用对比色线缝出来的1个方形的间断的单罗纹花样。

织法

第1行（正面） 用A色线编织，1上针，[1下针，1上针]重复4次。

第2行 均织上针。

以上2行重复4次，然后再重复1次第1行。

制作方法

将B色线穿进毛线缝针，末端打结，将手缝针穿进第1针罗纹针的上针中，底部取针，线拉松，末端打结，线头修剪整齐。沿罗纹针的上针重复。用C色线穿进大号缝针，末端打结，将大号缝针从下方穿进第1行B色线针目中，末端打结，将线头修剪整齐。沿B色线行重复。

温馨提示

- 需要用到1根钝头毛线缝针。
- 上图所示的花样中，A色线为灰蓝色，B色线为粉色，C色线为浅蓝色。

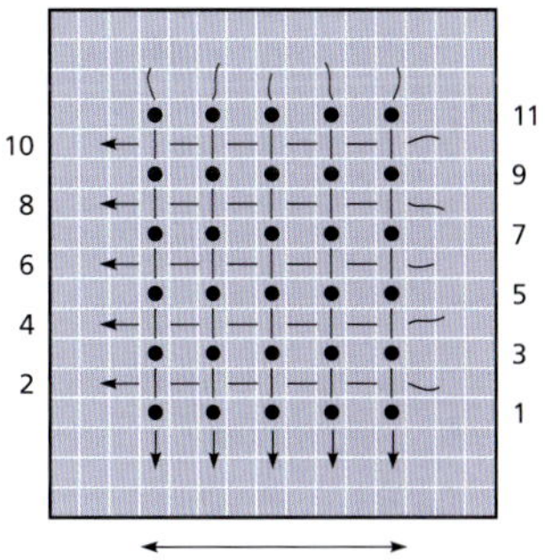

这个间断的补丁花样长为9针，宽为11行，不过尺寸可以调整

配色

A色线

特定符号

↓ B色线的方向。

← C色线的方向。

257
方格花样
1级

要想编织出纹理清晰明了的方格花样，可以在下针编织背景上添加瑞士织补纹路。

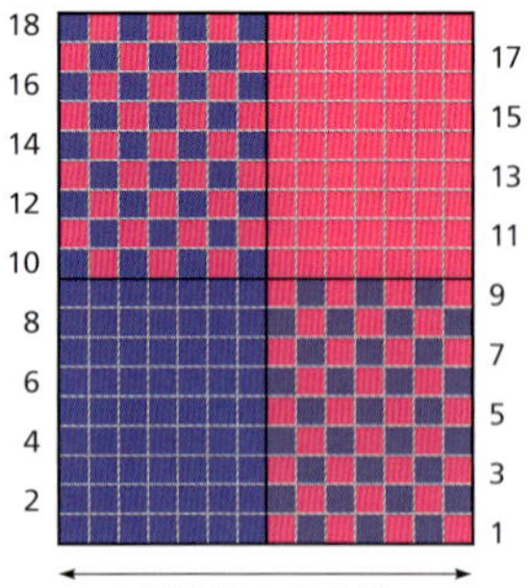

针数为14的倍数

织法
用A色线（蓝色线）起针。
用下针起针，编织9行下针编织。改用B色线（粉色线）。编织9行下针编织。
以上18行即构成方格花样。
编织到需要的长度后，收针，然后在织物正面，用毛线缝针按照编织图进行双面编织，即在A色线织出的条纹上用B色线再织一遍，在B色线织出的条纹上用A色线再织一遍。

温馨提示
双面编织时需要用到1根钝头毛线缝针。

258
亮片花样
2级

要想让亮片平放在织物正面，那么你需要在编织的时候穿入亮片。在这一花样中，亮片放置在规则的圆形中，不过你也可以缩小亮片之间的距离，还可以让亮片随机分布。

织法
针数为6的倍数+7针
第1行（正面） 均织下针。
第2行 均织上针。
第3行 均织下针。
第4行 均织上针。
第5行 3下针，重复织[织入1枚亮片，5下针]至剩最后4针，依次织入1枚亮片，3下针。
第6、8、10行 均织上针。
第7、9行 均织下针。
第11行 6下针，重复织[织入1枚亮片，5下针]至剩最后1针，织1下针。
第12行 均织上针。
以上12行即构成亮片花样。

温馨提示
- 起针之前，要将亮片穿进毛线，与穿珠子的方式（见第161页串珠罗纹花样）相同。对于较大的编织作品，可以购买穿在尼龙线上的亮片，这样更易将亮片滑到毛线上。
- 亮片不要熨烫，否则容易翘起。

259
滑针方格花样
2级

这是一种三色花样，但滑针会形成方格花样，所以编织时每次只需要用一种颜色。

织法
针数为6的倍数+3针
用A色线起针。
第1行（正面） 用A色线，织下针。
第2行 用B色线，3上针，重复织[以上针方向入针滑3针，3上针]至行尾。
第3行 用B色线，3下针，重复织[以上针方向入针滑3针，3下针]至行尾。
第4、5行 织法同第2、3行。
第6行 用A色线，以上针方向入针滑3针，重复织[3上针，以上针方向入针滑3针]至行尾。
第7行 用A色线，织下针。
第8行 用C色线，以上针方向入针滑3针，重复织[3上针，以上针方向入针滑3针]至行尾。
第9行 用C色线，以上针方向入针滑3针，重复织[3下针，以上针方向入针滑3针]至行尾。
第10、11行 织法同第8、9行。
第12行 用A色线，3上针，重复织[以上针方向入针滑3针，3上针]至行尾。
以上12行即构成滑针方格花样。

温馨提示
- 上图所示的花样中，A色线为青柠色，B色线为翠绿色，C色线为米色。选择毛线配色时，A色线一定要选用中间色调。
- 滑针后，将线绕到织物反面，进行下一组针目编织。

p.162、163 基础符号
□ 正面织下针，反面织上针　● 正面织上针，反面织下针

260

窗格纹花样

1级

要使窗格纹纹路清晰明了，你需要织出条状罗纹，然后用钩针在织物表面钩出若干条垂线。

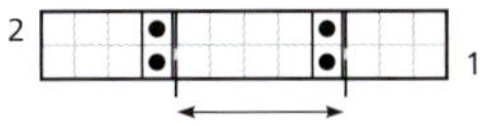

针数为5的倍数+7针

织法

起针针数为5的倍数+7针

用A色线起针。

第1行（正面） 3下针，重复织[1上针，4下针]至剩最后4针，依次织1上针、3下针。

第2行 3上针，重复织[1下针，4上针]至剩最后4针，依次织1下针、3上针。

如编织图所示，以上2行即织出罗纹花样。继续编织罗纹针，用A色线编织3行，B色线编织1行，C色线编织5行，D色线编织1行，C色线编织5行，B色线编织1行，A色线编织5行，D色线编织1行。

以上24行即构成窗格纹花样。

编织到需要的长度后，收针。然后在织物正面，依次用B色线和D色线，用钩针在织物表面钩出1针宽度的若干条垂线。

温馨提示

- 需要用到1根比棒针小两三个号的钩针。
- 上图所示的花样中，A色线为青柠色，B色线为黑色，C色线为粉色，D色线为米色。

261

下针方格花样

2级

这种双层织物两面都会呈现方格花样，而且织物正反面对应的方格颜色相反。

织法

针数为16的倍数+8针

用A色线起针。

第1列方格图案、第1行 用B色线，*[将线绕到后面，1下针，将线绕到前面，以上针方向入针滑1针]重复4次，[将线绕到后面，以上针方向入针滑1针，将线绕到前面，1上针]重复4次，重复织*至剩最后8针，重复4次[将线绕到后面，1下针，将线绕到前面，以上针方向入针滑1针]，滑针。

第2行 用A色线，*[将线绕到后面，以上针方向入针滑1针，将线绕到前面，1上针]重复4次，[将线绕到后面，1下针，将线绕到前面，以上针方向入针滑1针]重复4次，重复织*至剩最后8针，重复4次[将线绕到后面，以上针方向入针滑1针，将线绕到前面，1上针]，翻面。

第3行 用A色线，织法同第1行。

第4行 用B色线，织法同第2行。

第5、6、7、8行 织法同第1~4行。

第9、10行 织法同第1、2行。

第2列方格图案 第1~10行织法同第1列，需要注意的是方格位置与第1列相反。

以上20行即构成下针方格花样。

为了使花样对称，最后一列的方格花样与第1列保持一致。

准备收针 用A色线，*[以下针方向入针滑1针]重复2次，将滑过的2针再滑到左棒针上，注意行中方格花样位置的调整，织上针左上2针并1针，重复织*至行尾。用上针收针。

温馨提示

- 需要用到2根双头棒针或1根环形针。
- 滑针是指沿着棒针滑1针，这样，下一行就可以朝着同一个方向继续编织。
- 上图所示的花样中，A色线为粉色，B色线为绿色。
- 换线时，在反面绕线。

262
双色双面花样
1级

这种别出心裁的编织方法使织物两面的下针编织颜色不同。

织法

针数为2的倍数
用A色线起针。
第1行 用B色线，重复织[将线绕到后面，1下针，将线绕到前面，以上针方向入针滑1针]至行尾，滑针。
第2行 用A色线，重复织[将线绕到后面，以上针方向入针滑1针，将线绕到前面，1上针]至行尾，翻面。
第3行 用A色线，织法同第1行。
第4行 用B色线，织法同第2行。
以上4行即构成双色双面花样。
收针之前的1行，用A色线按照下针左上2针并1针的织法编织，再用常用方式收针。

温馨提示

- 需要用到1根环形针或2根双头棒针。
- 滑针是指沿着棒针滑1针，这样，下一行就可以朝着同一个方向继续编织。
- 换色时，将缠绕的线调整到连接处。
- 上图所示的图案中，A色线为粉色，B色线为绿色。

263
邮票竹篮花样
3级

竹篮花样的编织技巧妙不可言，一块块棒针小方块不断叠加，形成特别的织物纹理。这一花样是在下针编织的织片上编织出的，方块花样很小，呈现出交织纹路。

温馨提示

- 上图所示的花样中，A色线为酒红色，B色线为粉色。根据自己的喜好，可以选用同色线编织，也可以选用3种甚至更多种颜色的线编织。
- 编织各列方块花样时，每隔2行从末端挑1针。
- 较小的编织作品可以在直棒针上进行。但编织坐垫或沙发套这类较大作品时，用环形针操作起来会更方便，一来更容易编织，二来可以清晰呈现方块的交织纹路。
- 该方法适用于长度为4针、宽度为8行的方块花样，这一尺寸在实际使用时可能偏小，不过你可以适当调整花样的大小，使其适合任何针目倍数，织出更大的方块花样。

织法

用A色线起针，并用A色线编织。

底部三角形花样

第1行（正面） 1下针，翻面。
第2行 均织上针。
第3行 2下针，翻面。
第4行 2上针。
第5行 3下针，翻面。
第6行 3上针。
第7行 4下针，翻面。
第8行 4上针。
第9行 5下针，翻面。
以上9行即构成第1个底部三角形花样。
第9行为第2个底部三角形花样的第1行。
重复第2~9行织法，织好所需数量的底部三角形花样，最后一个三角形以4下针结束。

第1列方块花样

底部三角形花样织好后，改用B色线。
第1列三角形花样 第1个底部三角形花样织4针。
第1行 1上针，翻面。
第2行 均织下针1针放2针。共2针。
第3行 1上针，上针左上2针并1针，翻面。
第4行 以上针方向入针滑1针，下针1针放2针。共3针。
第5行 2上针，上针左上2针并1针，翻面。
第6行 以上针方向入针滑1针，1下针，下针1针放2针。共4针。
第7行 3上针，上针左上2针并1针，不翻面。将以上4针留在棒针上。
第1个方块花样 编织下一个4针的底部三角形花样。
继续从第1个底部三角形处织4上针，翻面。
第1行（正面） 4下针，翻面。
第2行 3上针，上针左上2针并1针，翻面。
第3行 以上针方向入针滑1针，3下针。
第4行 织法同第2行。
用底部三角形的所有针目重复2次第3、4行织法。
以这种方式继续，从同一个底部三角形的两端取4针并织4上针，织好所有的方块花样后，编织下一个底部三角形。
第2列三角形花样 从最后一个底部三角形的两端取4针并织4上针，翻面。
第1行（正面） 4下针，翻面。
第2行 4上针。
第3行 下针左上2针并1针，2下针。共3针。
第4行 3上针。
第5行 下针左上2针并1针，1下针。共2针。
第6行 2上针。
第7行 下针左上2针并1针。固定后剪线结束。
第1列方块花样编织完成。

第2列方块花样

从第1列方块花样开始编织。用A色线，从第2列三角形的直线两端挑4针并织4下针，翻面。
第1行（反面） 4下针，翻面。
第2行 3下针，右上2针并1针，翻面。
第3行 以上针方向入针滑1针，3上针。
第4行 织法同第2行。
用方块花样的4针重复2次第3、4行织法。
以这种方式继续，从同一个方块花样的两端挑4针并织4下针，直至织好所有的方块花样。最后一个方块花样与第1列三角形花样相接。
第2列方块花样编织完成。
交替使用不同颜色的线，按照第1列方块花样的顺序与第2列方块花样相接，就像编织底部三角形花样一样，重复第1列和第2列方块花样的织法，织至所需长度，收针方式同第1列方块花样。

收边三角形花样

用A色线，从第2列三角形的两端挑4针并织4下针，翻面。
第1行（反面） 4上针。
第2行 3下针，右上2针并1针，翻面。
第3行 以上针方向入针滑1针，1上针，上针左上2针并1针。
第4行 2下针，右上2针并1针，翻面。
第5行 以上针方向入针滑1针，上针左上2针并1针。
第6行 1下针，右上2针并1针，翻面。
第7行 上针左上2针并1针。
第8行 右上2针并1针，不翻面。
留1针在右棒针上，从方块花样的两端挑3针并织3下针，翻面。共4针。
以这种方式继续，直至织好所有的收边三角形花样。收针。

264

起伏针竹篮花样

3级

左图所示的花样将竹篮花样编织技巧与起伏针方块花样相结合。起伏针纹路几乎呈正方形伸展，因此织出的方块花样为平整的正方形。

温馨提示

- 上图所示的花样中，A色线为深蓝色，B色线为浅蓝色。你可以选用你喜欢的颜色，并通过改变针目来调整花样的大小。
- 底部三角形的减针可避免织物边缘卷边。

织法

针数为12的倍数
用A色线起针，并用A色线编织。

底部三角形图案

第1行（正面） 下针左上2针并1针，翻面。
第2行 均织下针。
第3行 2下针，翻面。
第4行 2下针。
第5行 3下针，翻面。
第6行 3下针。
第7行 3下针，下针左上2针并1针，翻面。
第8行 4下针。
第9行 5下针，翻面。
第10行 5下针。
第11行 6下针，翻面。
第12行 6下针。
第13行 6下针，下针左上2针并1针，翻面。
第14行 7下针。
第15行 8下针，翻面。
第16行 8下针。
第17行 9下针，翻面。
第18行 9下针。
第19行 9下针，下针左上2针并1针，翻面。

以上第1~18行即构成底部三角形花样。第19行是第2个底部三角形花样的第1行。
按照第2~19行的针法编织好最后一个底部三角形花样，然后继续按照第2~18行的针法编织。

最后一行 9下针。

第1列方块花样

底部三角形花样编织好后，改用B色线。

第1列三角形花样 最后1个底部三角形花样织9针。

第1行（反面） 1上针，翻面。

第2行 1上针。

第3行 2上针，翻面。

第4行 2上针。

第5行 上针1针放2针，上针左上2针并1针，翻面。

第6行 3上针。

第7行 上针1针放2针，1上针，上针左上2针并1针，翻面。

第8行 4上针。

第9行 上针1针放2针，2上针，上针左上2针并1针，翻面。

第10行 5上针。

第11行 上针1针放2针，3上针，上针左上2针并1针，翻面。

第12行 6上针。

第13行 上针1针放2针，4上针，上针左上2针并1针，翻面。

第14行 7上针。

第15行 上针1针放2针，5上针，上针左上2针并1针，翻面。

第16行 8上针。

第17行 上针1针放2针，6上针，上针左上2针并1针，翻面。

第18行 9上针。

第19行 9上针，将以上9针留在棒针上。

第1个方块花样 从最后1个底部三角形的两端挑9针并织9上针，翻面。

第1行（正面） 9上针。

第2行 8上针，上针左上2针并1针，翻面。

用底部三角形的所有针目重复8次第1、2行织法。将以上9针留在棒针上。

以这种方式继续，从同一个底部三角形的两端挑9针并织9上针，织好所有的方块花样后，编织下一个底部三角形。

第2列三角形花样 从最后1个底部三角形的两端挑9针并织9上针，翻面。

第1行 9上针。

第2行 9上针。

第3行 上针左上2针并1针，7上针。

第4行 8上针。

第5行 上针左上2针并1针，6上针。

第6行 7上针。

第7行 上针左上2针并1针，5上针。

第8行 6上针。

第9行 上针左上2针并1针，4上针。

第10行 5上针。

第11行 上针左上2针并1针，3上针。

第12行 4上针。

第13行 上针左上2针并1针，2上针。

第14行 3上针。

第15行 上针左上2针并1针，1上针。

第16行 2上针。

第17行 上针左上2针并1针。

第18行 1上针。

收针。

第2列方块花样

从第1列方块花样开始编织。改用A色线。

从第2列三角形的两端取9针并织9下针，翻面。

第1行（反面） 9下针。

第2行 8下针，右上2针并1针，翻面。

用方块花样的9针重复8次第1、2行织法。最后1行无须翻面。

以这种方式继续，从同一个方块花样的两端挑9针并织9下针，织好所有的方块花样后，编织下一个底部三角形。

交替使用不同颜色的线，按照第1列方块花样的顺序与第2列方块花样相接，就像编织底部三角形花样一样，重复第1列和第2列方块花样的织法，织至所需长度，收针方式与第1列方块花样同。

收边三角形花样

第1个收边三角形花样 从第2列三角形的两端挑9针并织9下针，翻面。

第1行（反面） 9下针。

第2行 8下针，右上2针并1针，翻面。

第3行 7下针，下针左上2针并1针。

第4行 7下针，右上2针并1针，翻面。

第5行 6下针，下针左上2针并1针。

第6行 6下针，右上2针并1针，翻面。

第7行 5下针，下针左上2针并1针。

第8行 5下针，右上2针并1针，翻面。

第9行 4下针，下针左上2针并1针。

第10行 4下针，右上2针并1针，翻面。

第11行 3下针，下针左上2针并1针。

第12行 3下针，右上2针并1针，翻面。

第13行 2下针，下针左上2针并1针。

第14行 2下针，右上2针并1针，翻面。

第15行 1下针，下针左上2针并1针。

第16行 1下针，右上2针并1针，翻面。

第17行 下针左上2针并1针。

第18行 右上2针并1针。

下一个收边三角形花样 留1针在右棒针上，从方块花样的两端挑9针并织9下针，翻面。

第1行（反面） 8下针，下针左上2针并1针。

按照第2~18行织法编织，完成三角形花样。以这种方式继续织好所有的收边三角形花样。收针。

针法主题 字母与数字花样

265 A

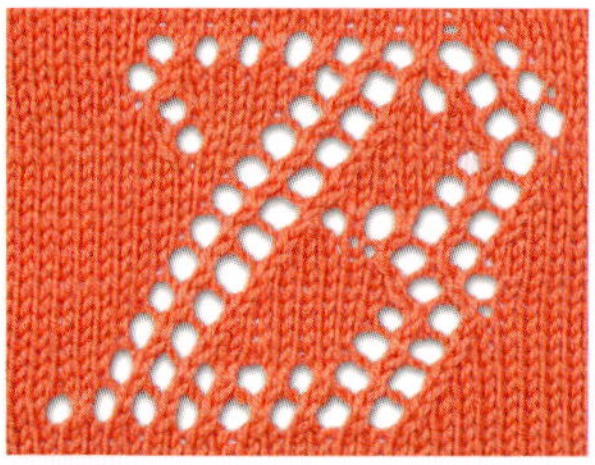
266 B

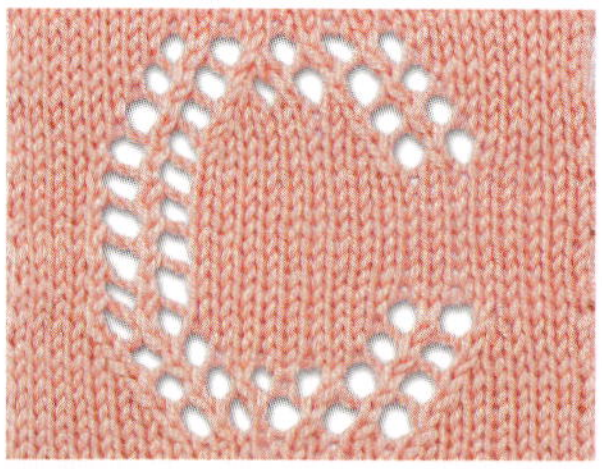
267 C

268 D

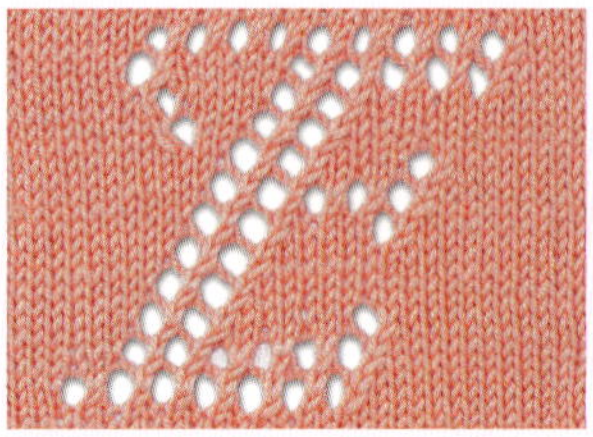
269 E

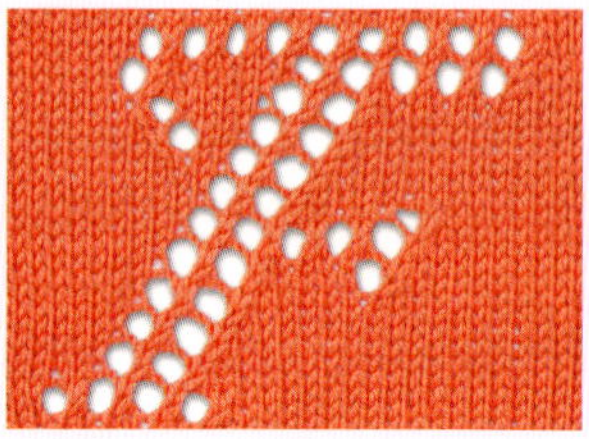
270 F

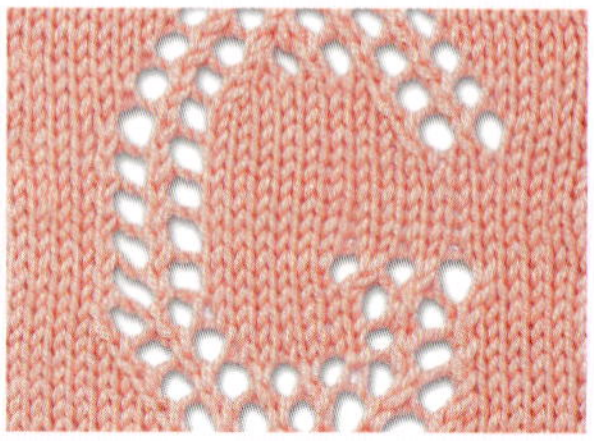
271 G

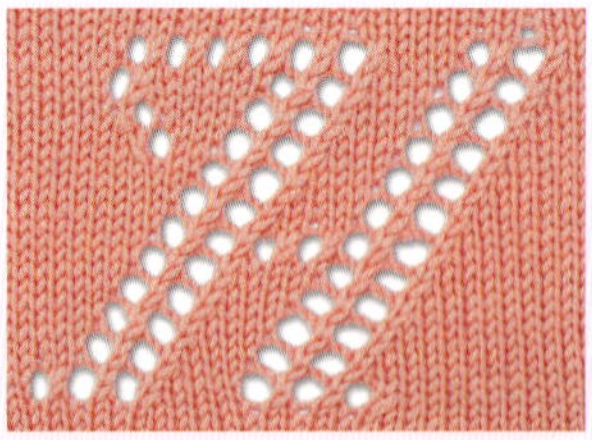
272 H

273 I

274 J

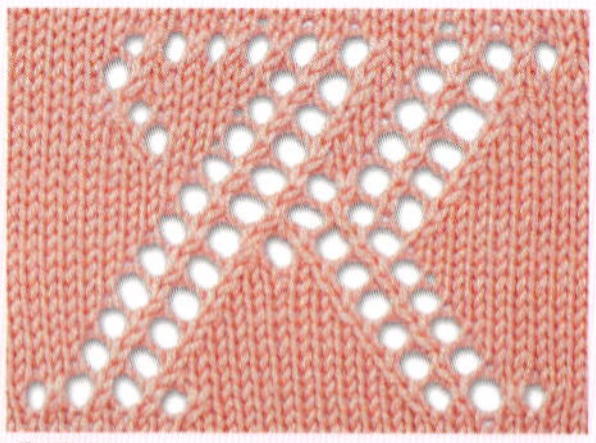
275 K

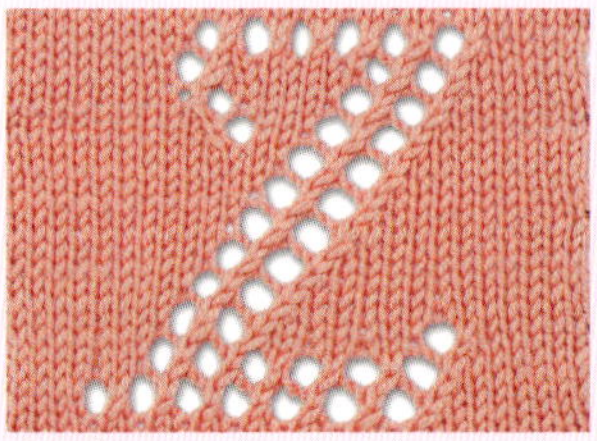
276 L

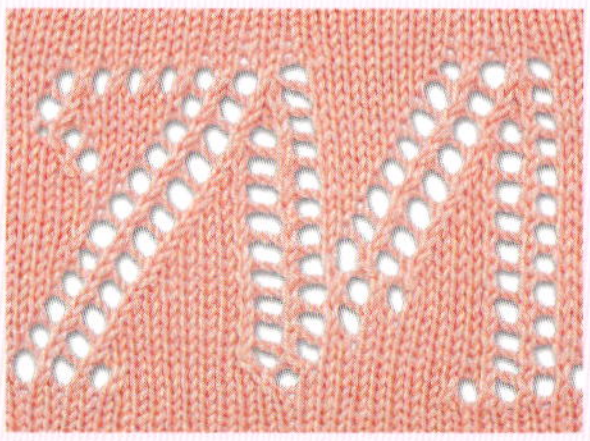
277 M

278 N

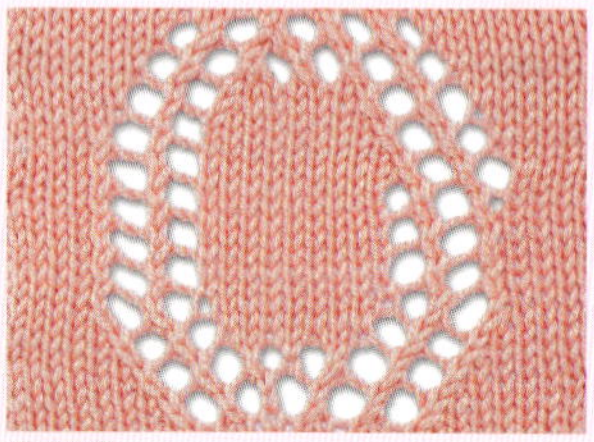
279 O

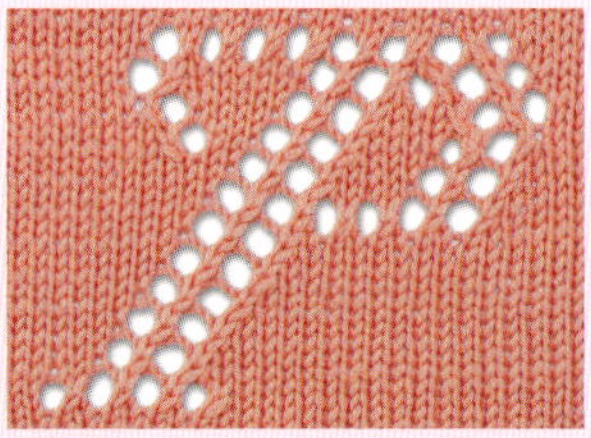
280 P

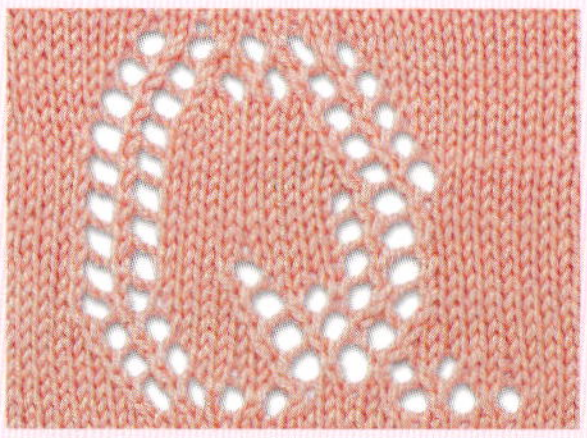
281 Q

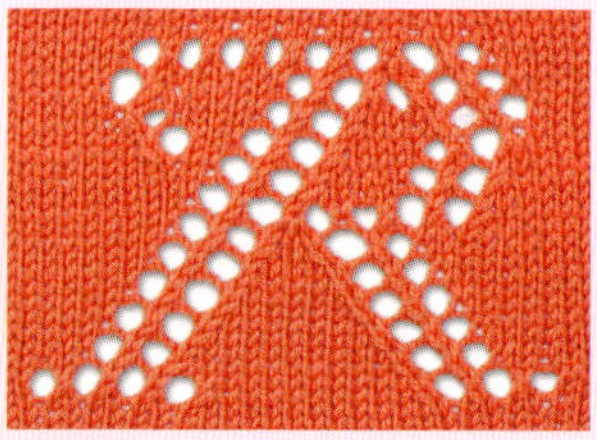
282 R

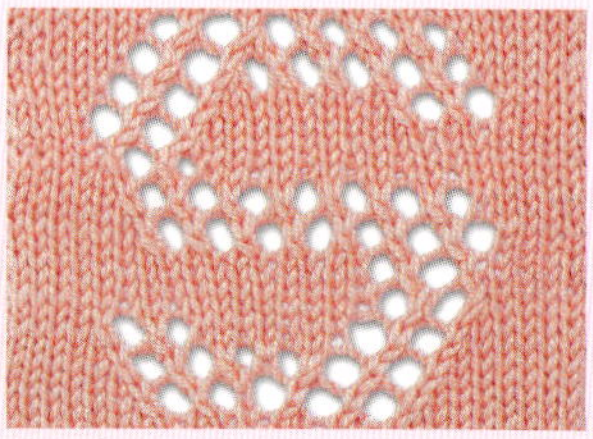
283 S

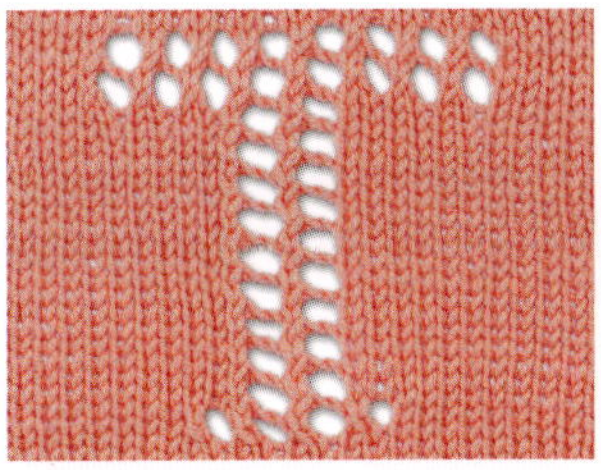

284 T

285 U

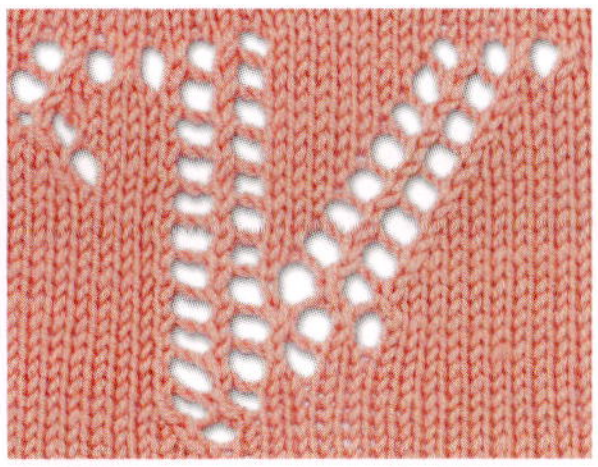

286 V

287 W

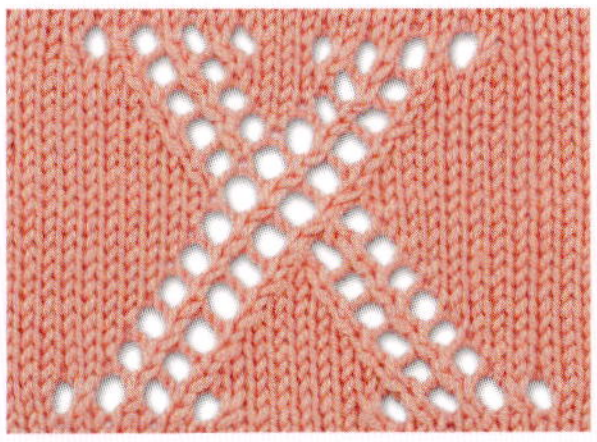

288 X

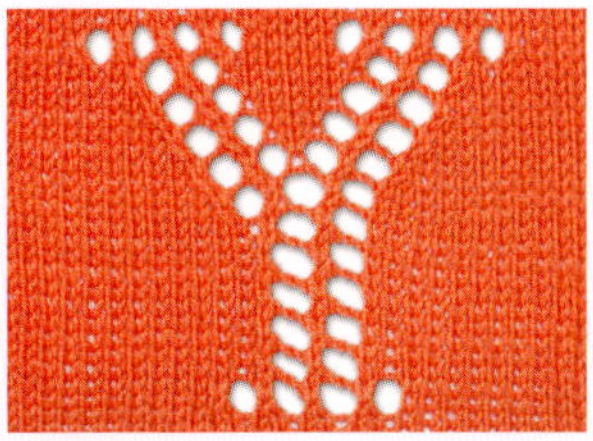

289 Y

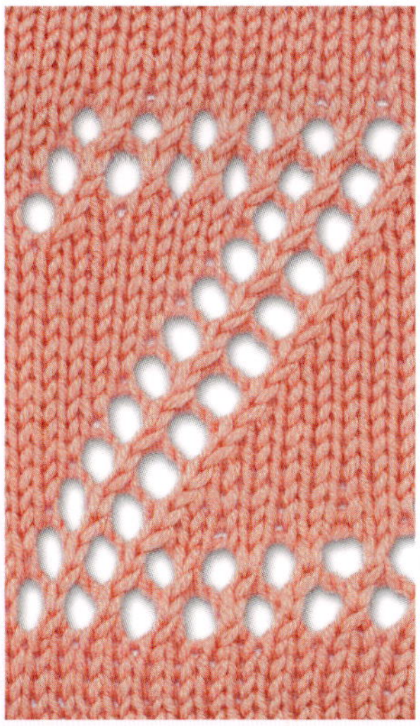

290 Z

291 0

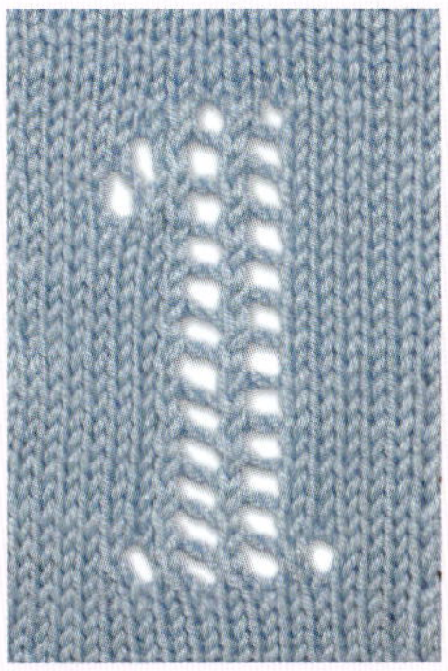

292 1

293 2

294 3

295 4

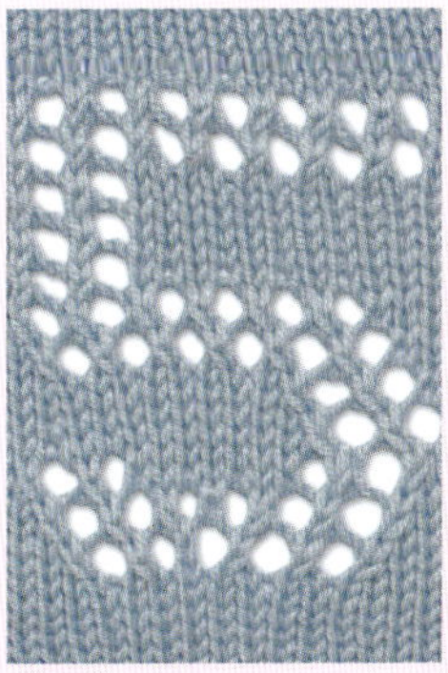

296 5

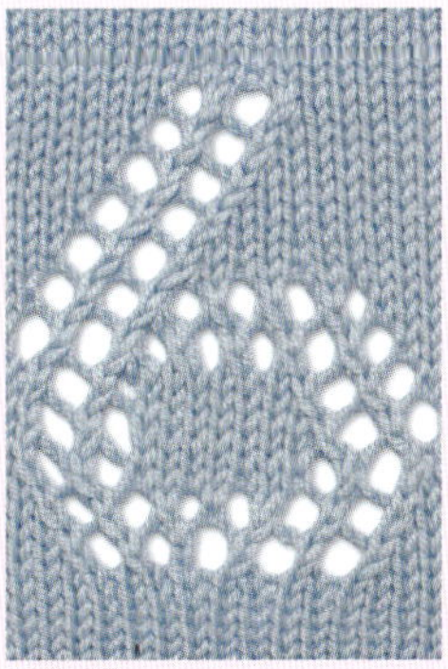

297 6

298 7

299 8

300 9

265~269

A~E

2级

这些精致的棒针字母花样，可以织在你的棒针作品上，也可以用作主题花样。单个字母很容易编织，思考如何使用这些字母花样其乐无穷。可以挑选你所需要的字母，将其复制到图纸上，尝试着找出字母间最佳的距离，以达到你想要的效果。

温馨提示

所有的字母花样高度均为23行，宽度介于16针到33针之间。

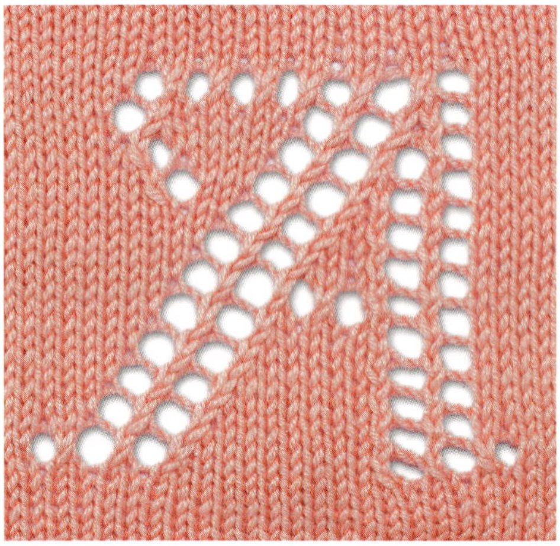

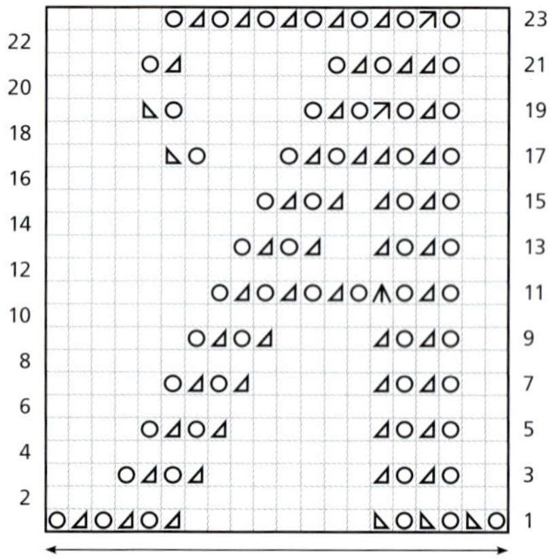

20针

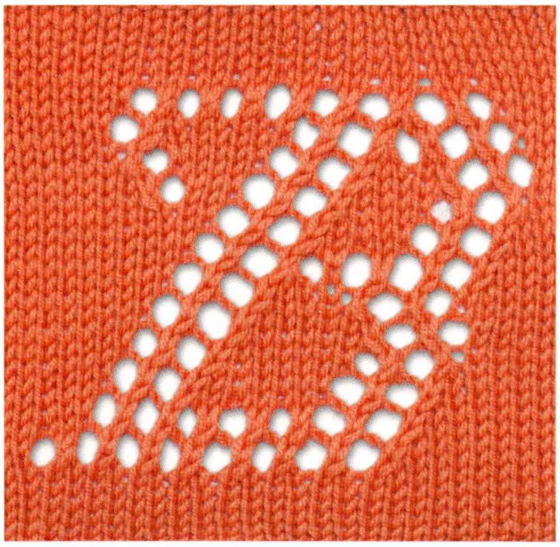

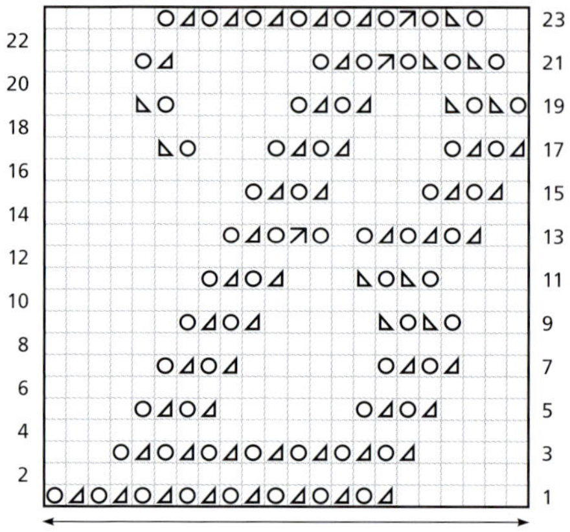

22针

p.170、171 基础符号

正面织下针，反面织上针　k2tog　skpo　k3tog　yo

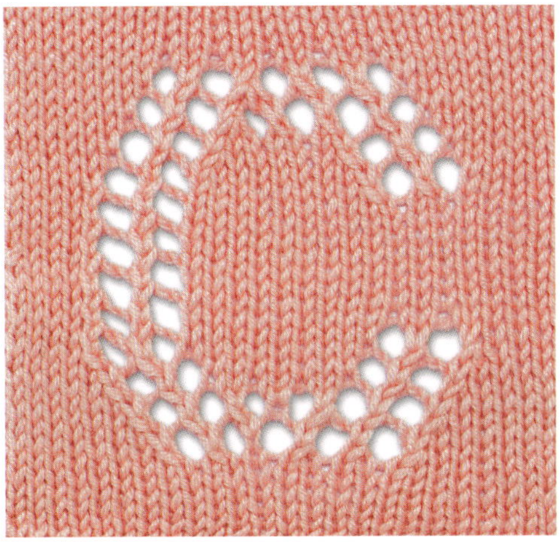

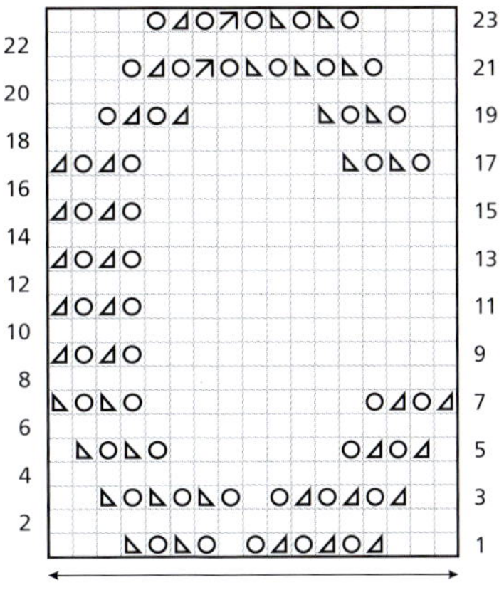

17针

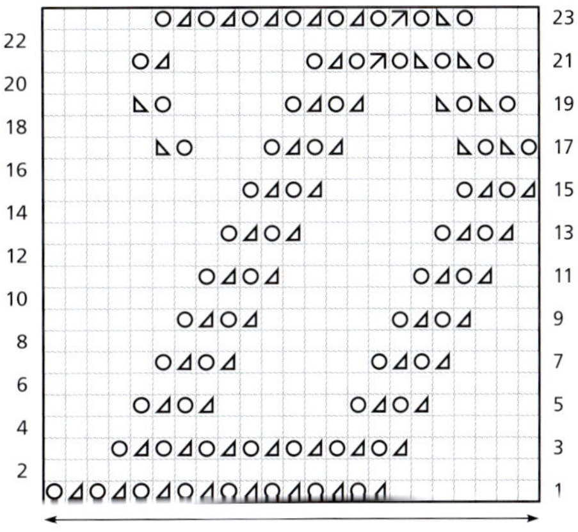

23针

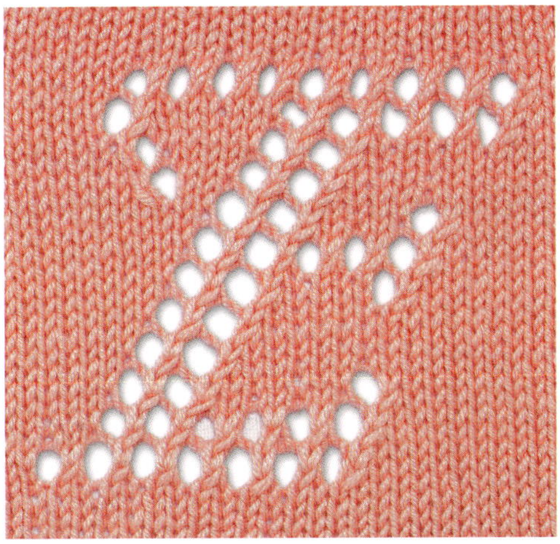

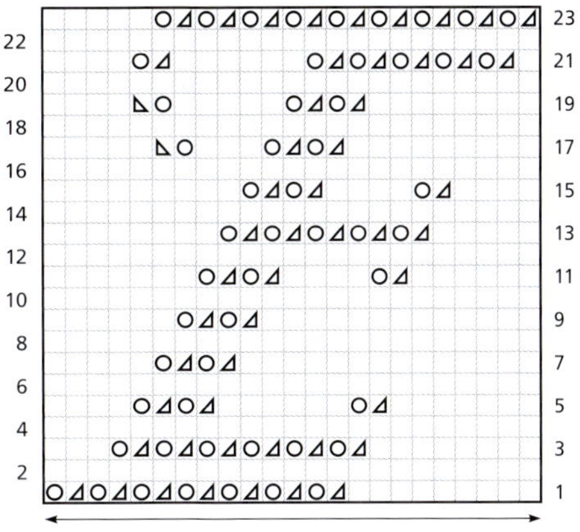

23针

270~275

F~K

2级

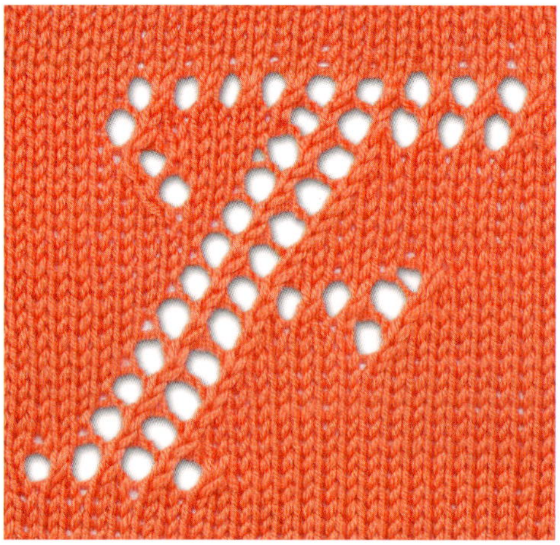

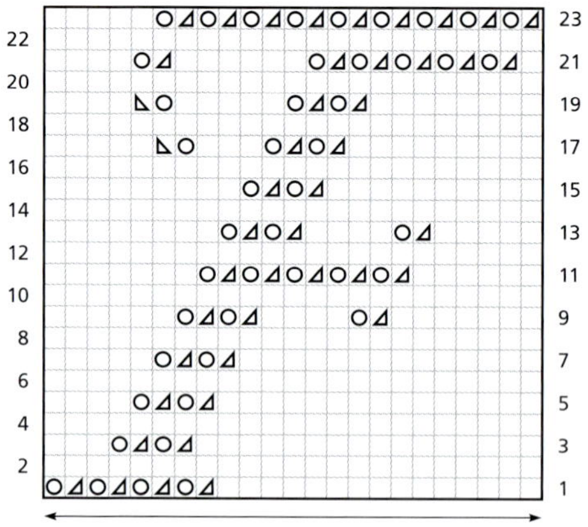

23针

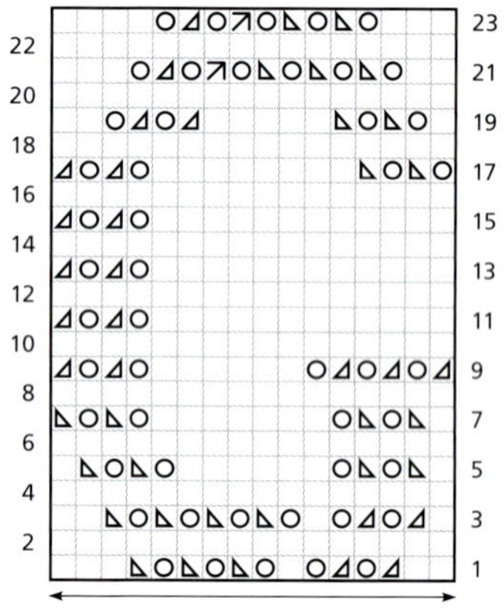

16针

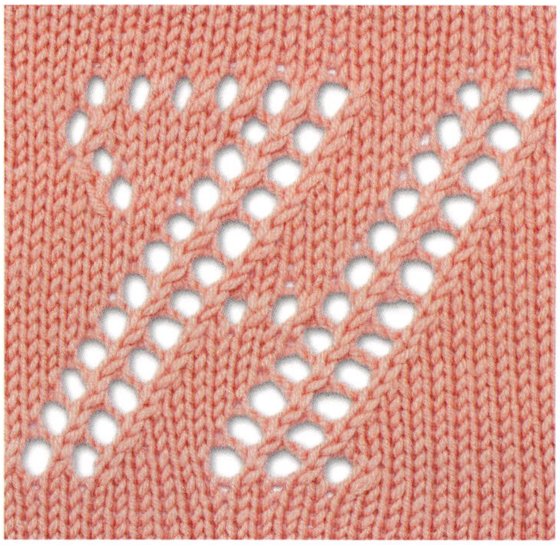

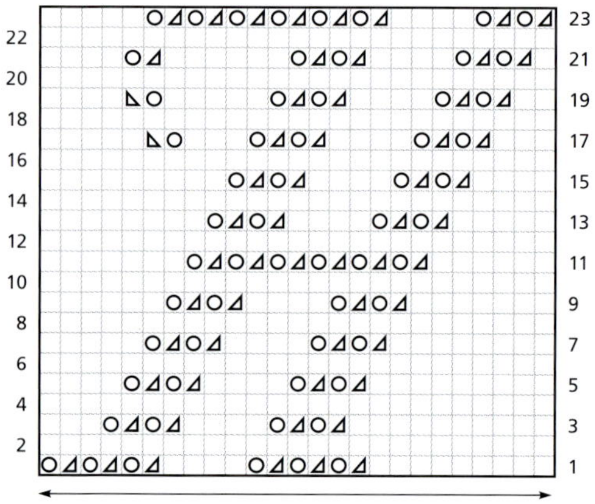

25针

p.172、173 基础符号

□ 正面织下针，反面织上针 ◿ k2tog ◺ skpo ○ yo

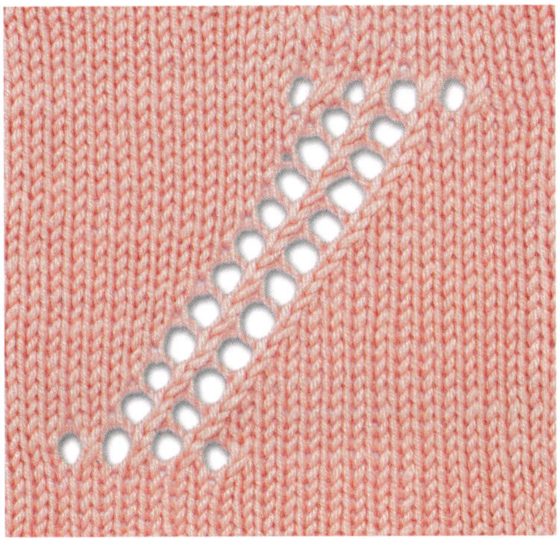

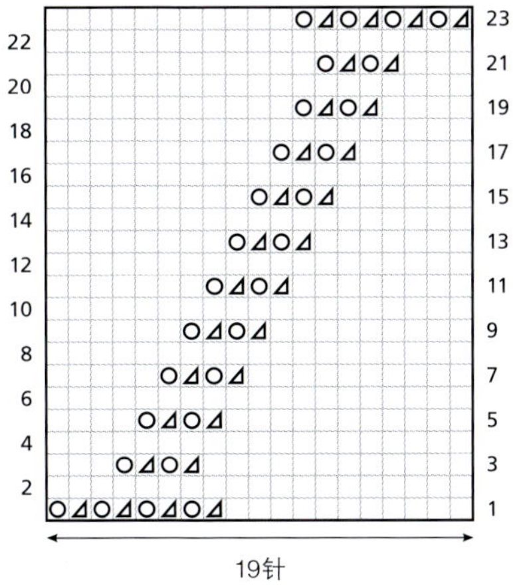
19针

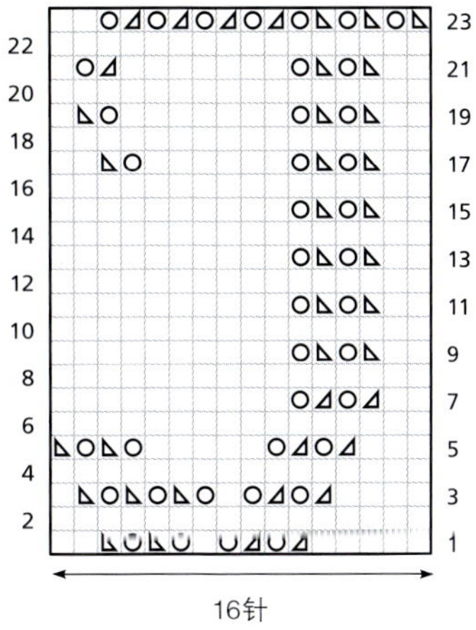
16针

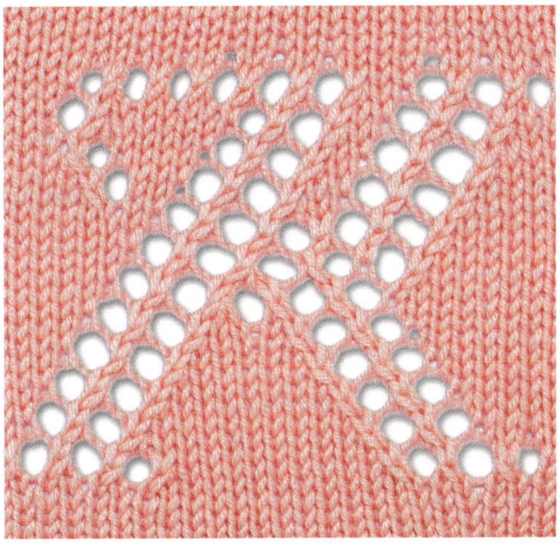

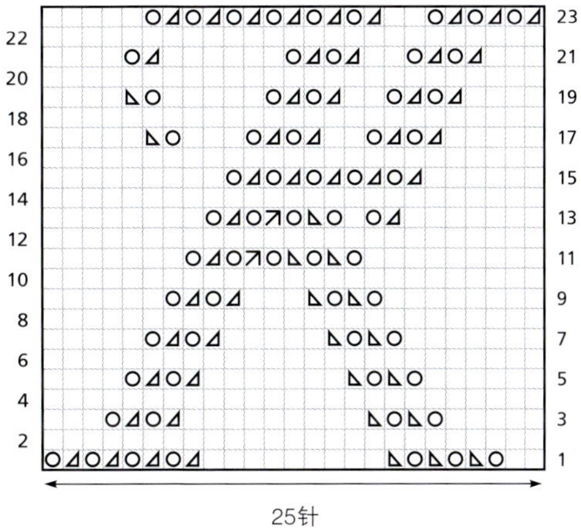
25针

276~279

L~O

2级

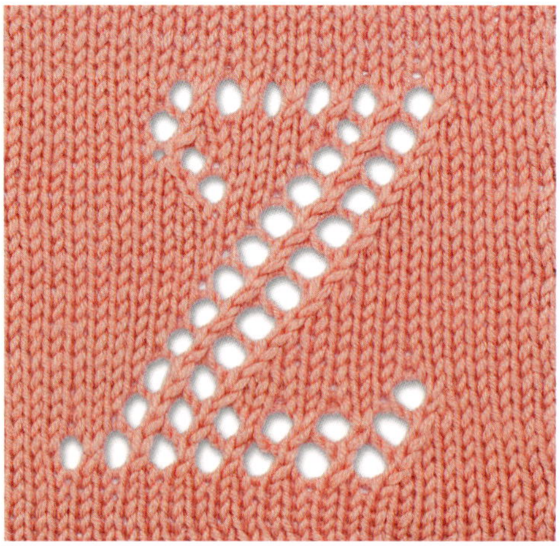

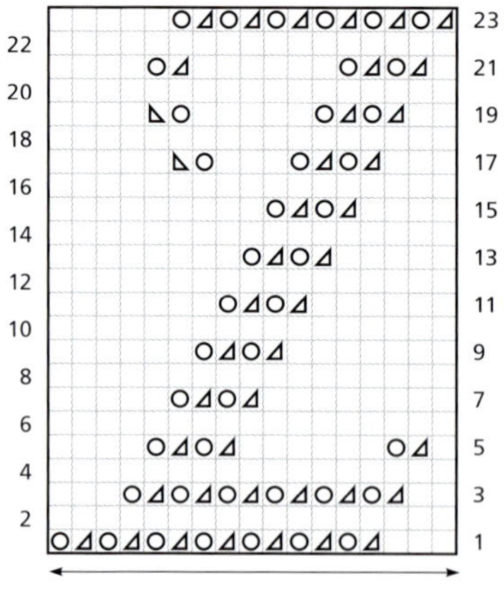

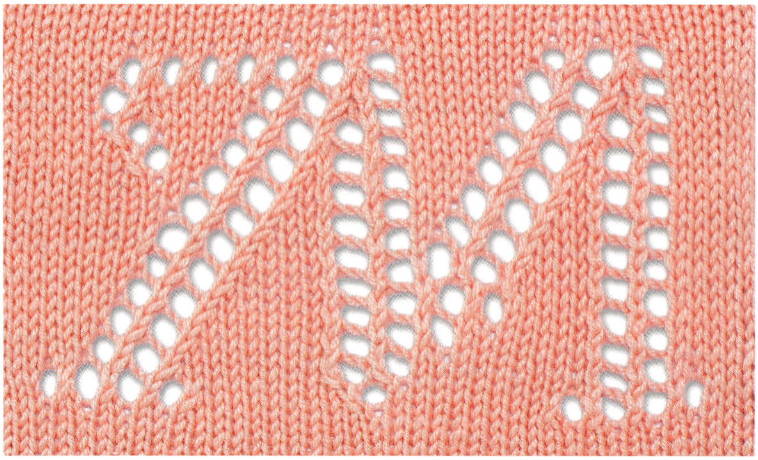

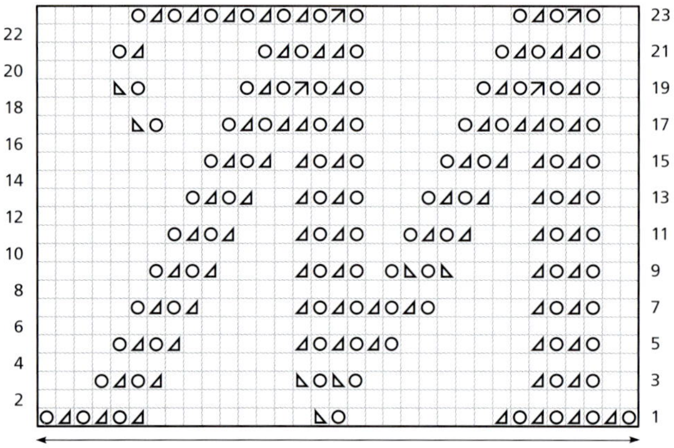

p.174、175 基础符号

□ 正面织下针，反面织上针　⊿ k2tog　◺ skpo　⊿ k3tog　O yo

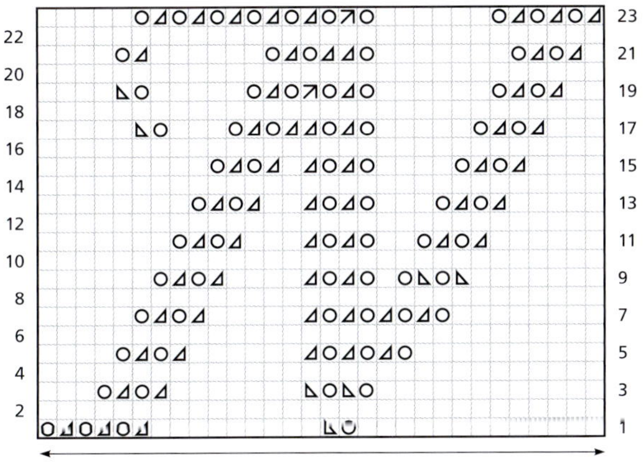

30针

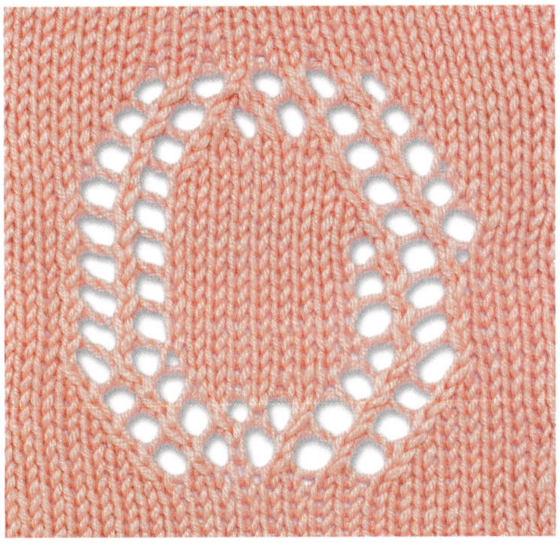

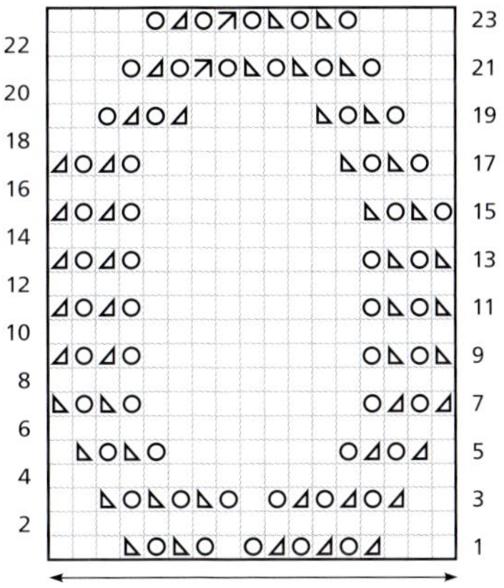

17针

280~285

P~U

2级

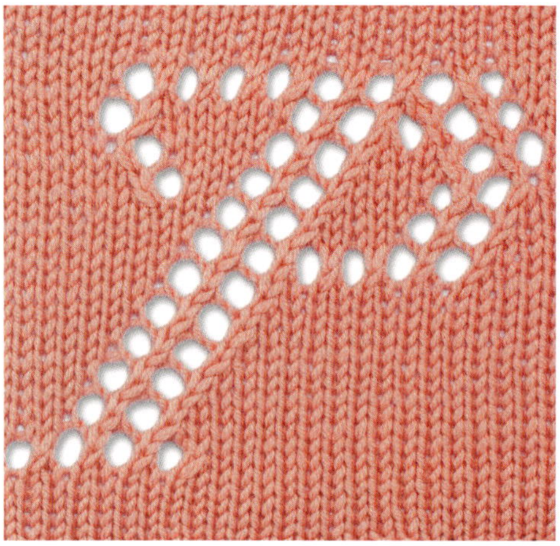

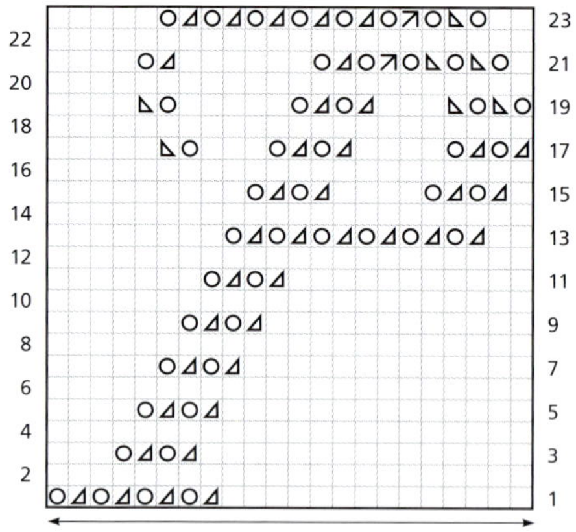

22针

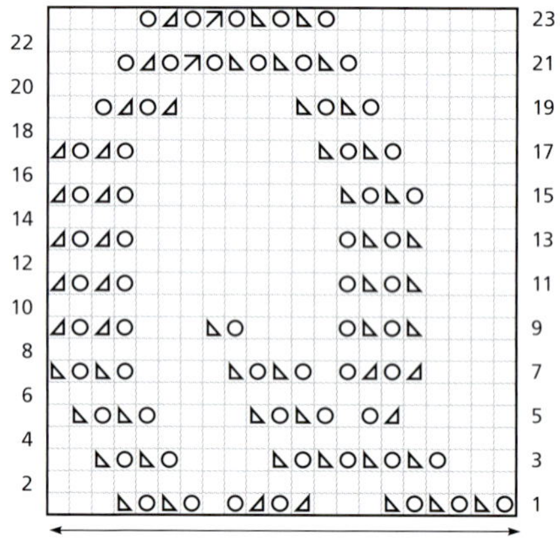

21针

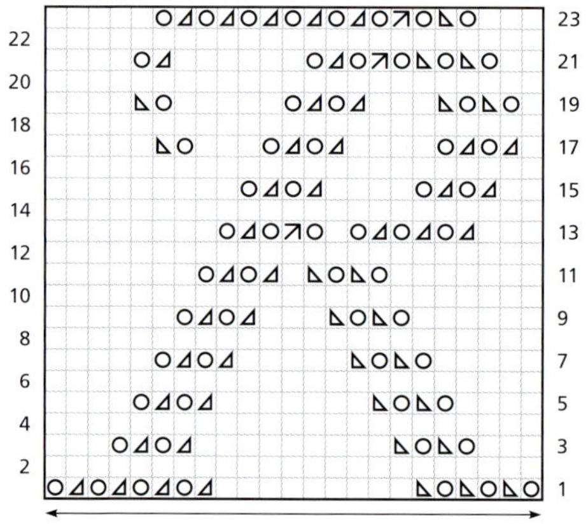

23针

p.176、177 基础符号

正面织下针，反面织上针 | k2tog | skpo | k3tog | yo

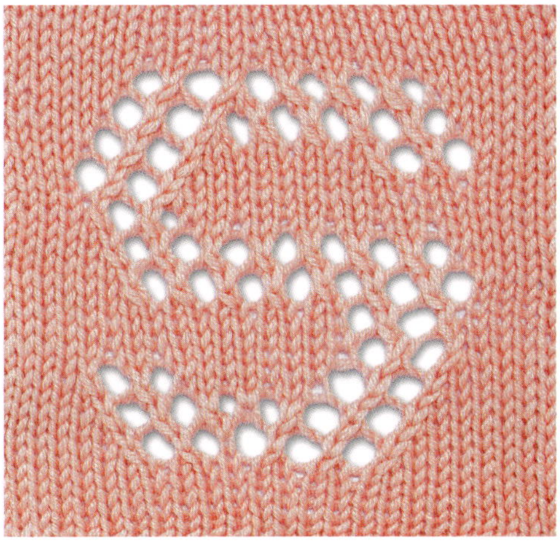

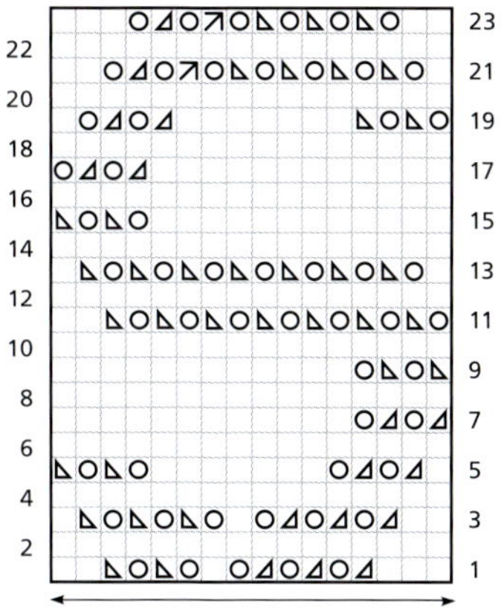

16针

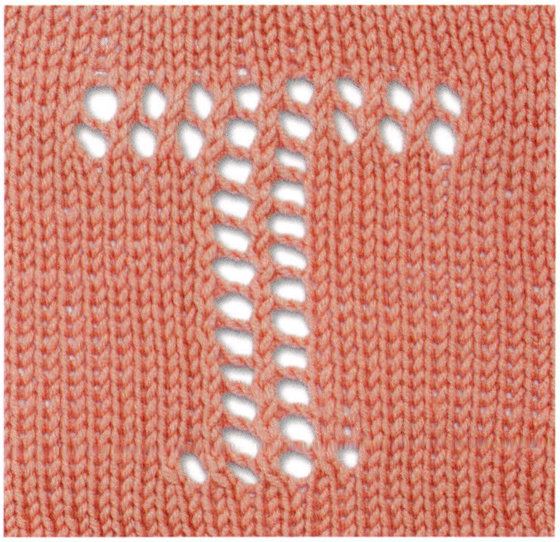

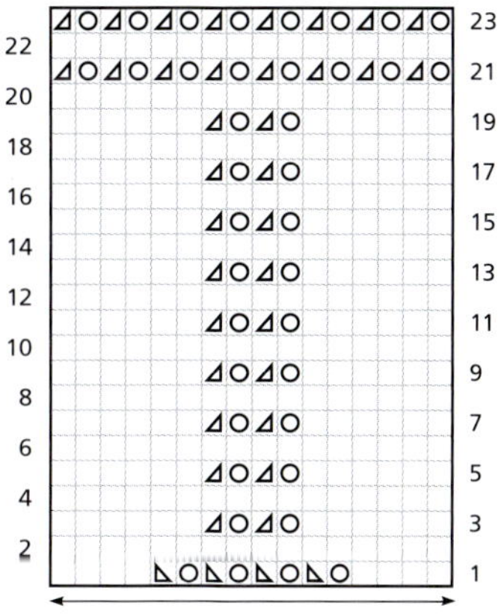

16针

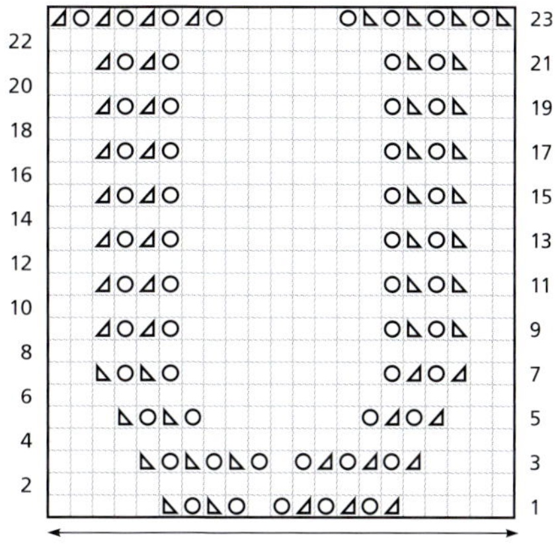

21针

286~290

V~Z

2级

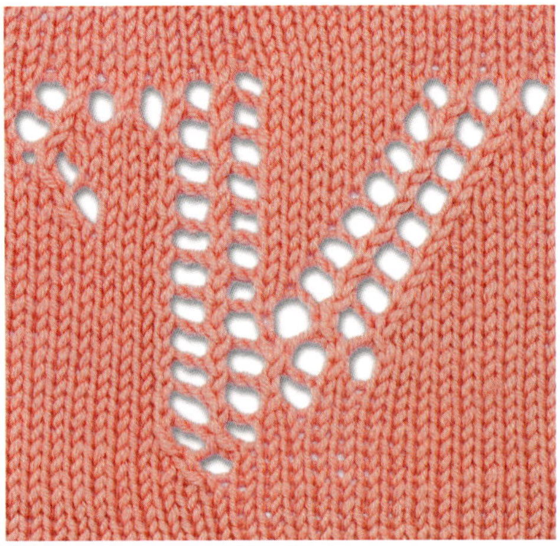

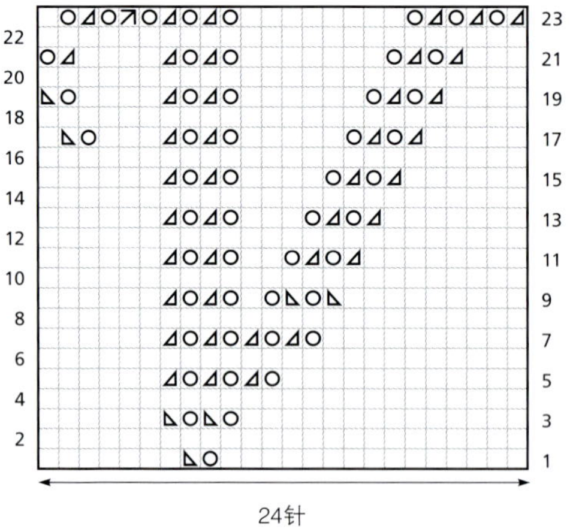

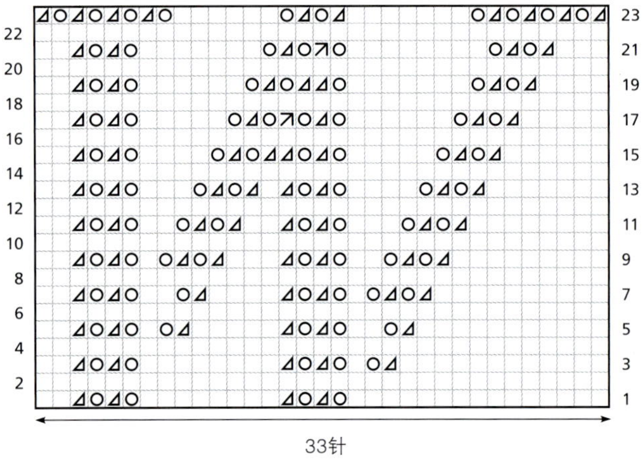

p.178、179 基础符号

正面织下针，反面织上针 k2tog skpo k3tog yo

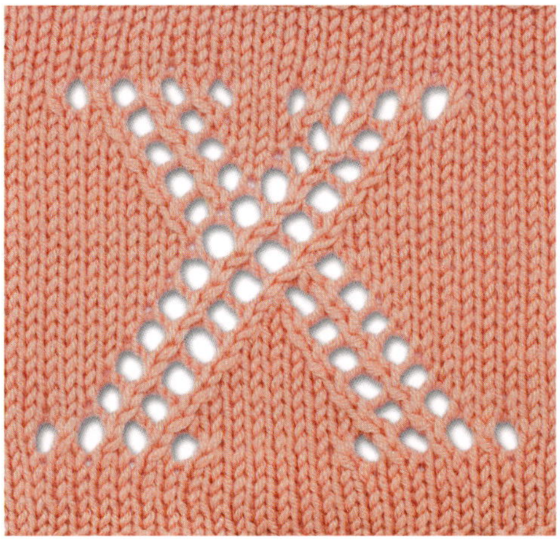

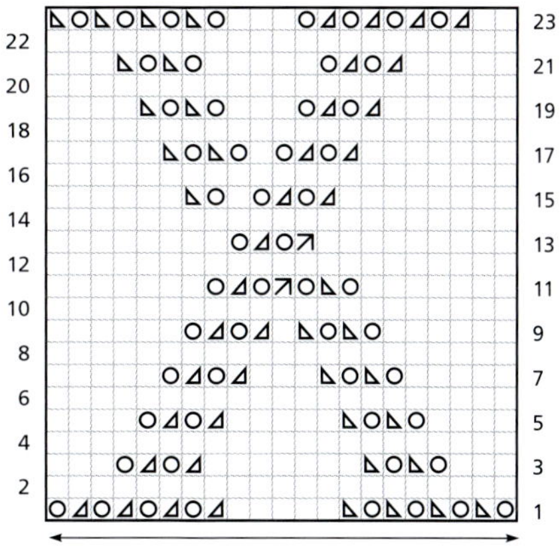

21针

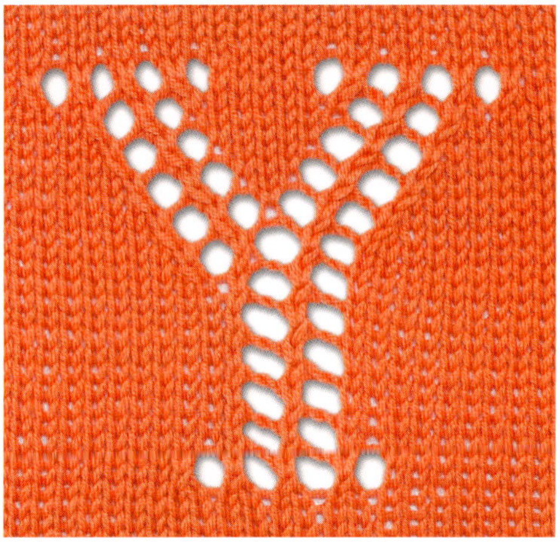

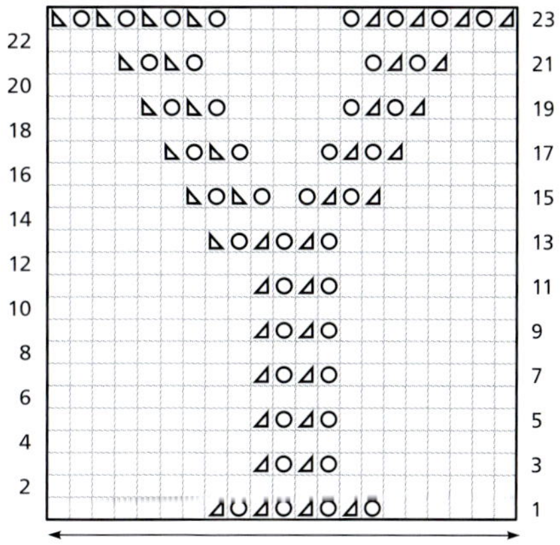

21针

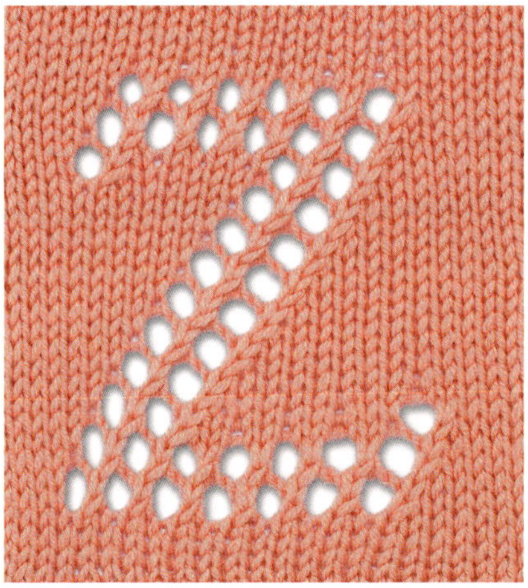

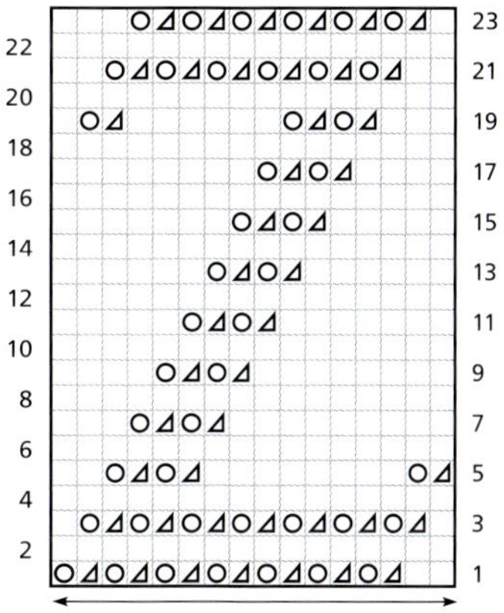

16针

291~295

0~4

2级

这些数字花样可以用来标注编织作品的日期，也可以与字母花样相结合，编织出新的棒针花样。数字花样与字母花样一样，都编织成了镂空状，不过比字母更纤细、更挺直。可以挑选你所需要的数字组合，将其复制到图纸上，适当调整数字间距，以达到你想要的效果。

温馨提示

所有的数字花样高度均为23行，宽度介于8针到17针之间。

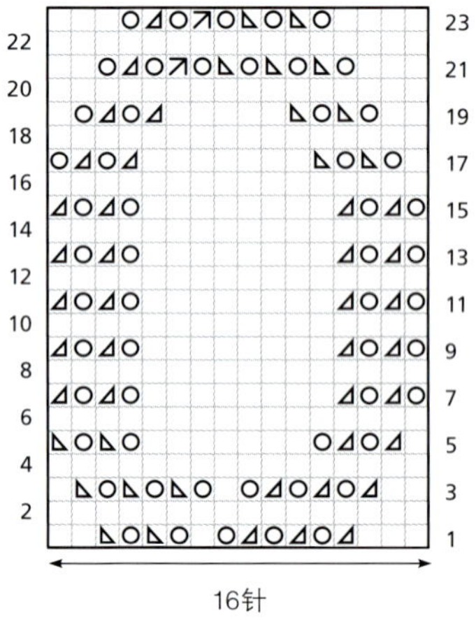

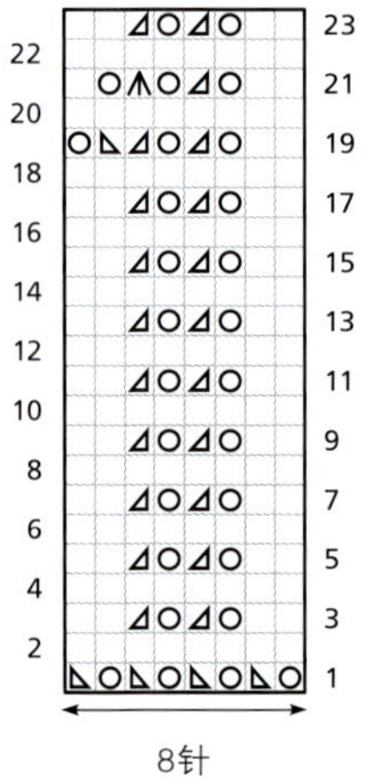

p.180、181 基础符号

□ 正面织下针，反面织上针　k2tog　skpo　s2kpo　k3tog　yo

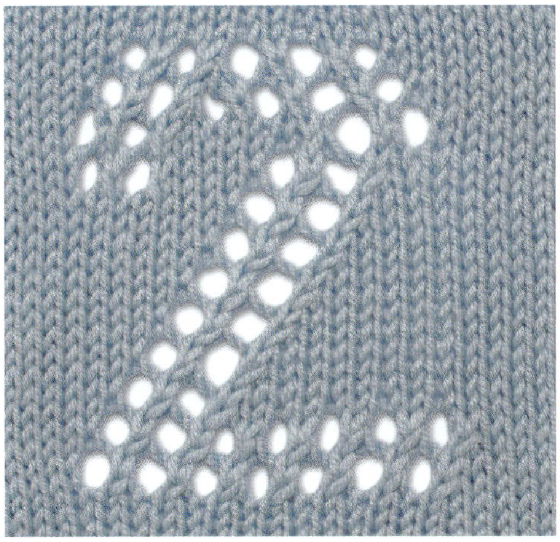

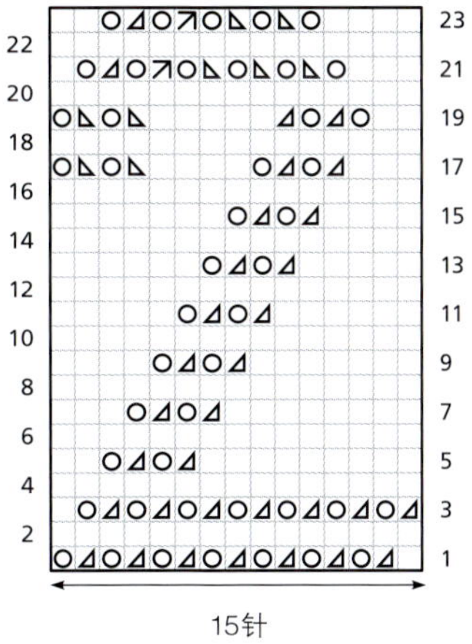
15针

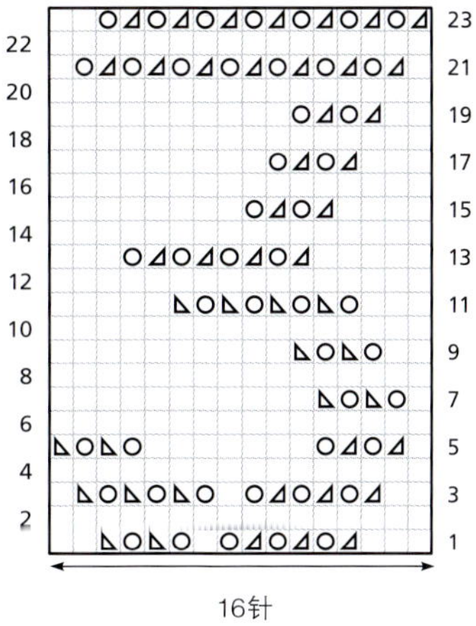
16针

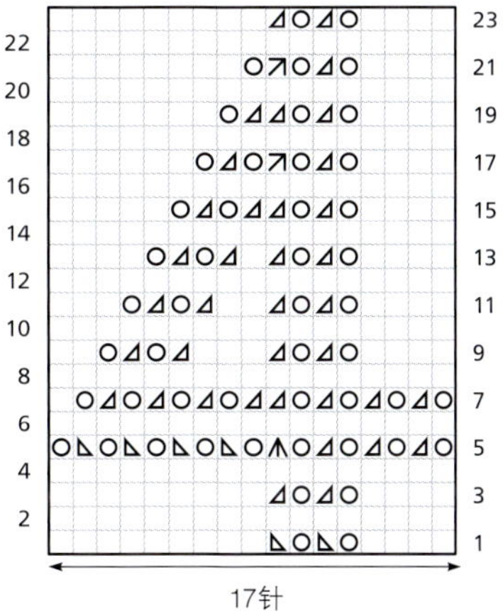
17针

296~300

5~9

2级

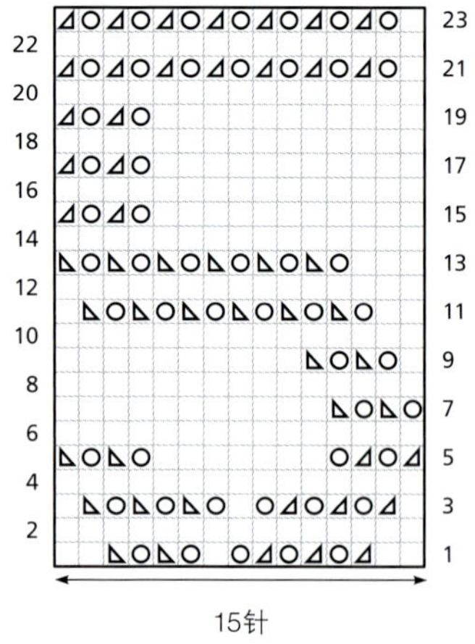

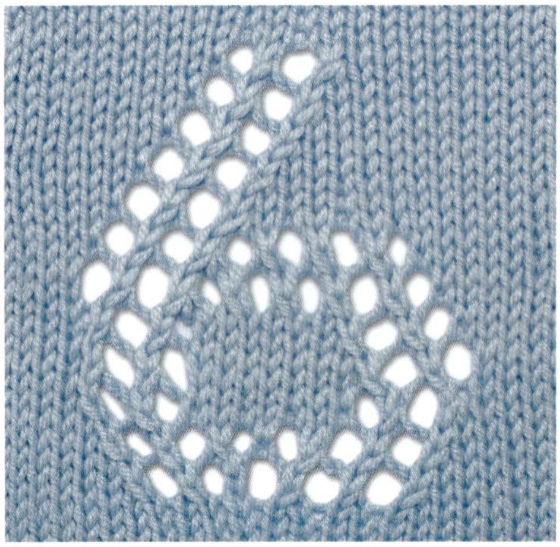

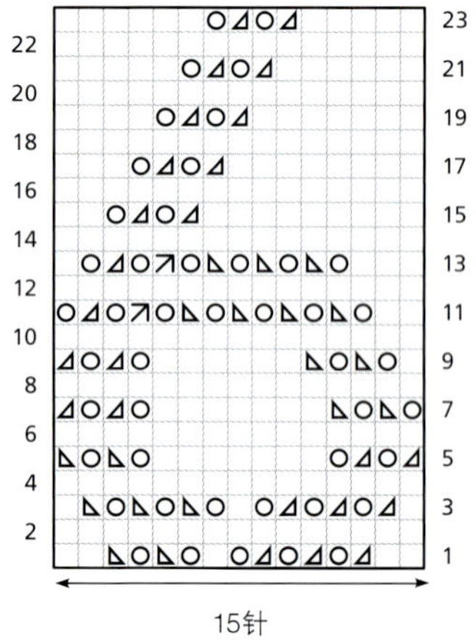

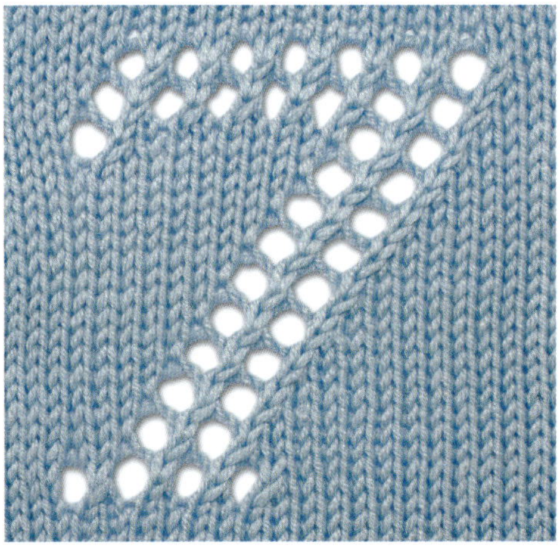

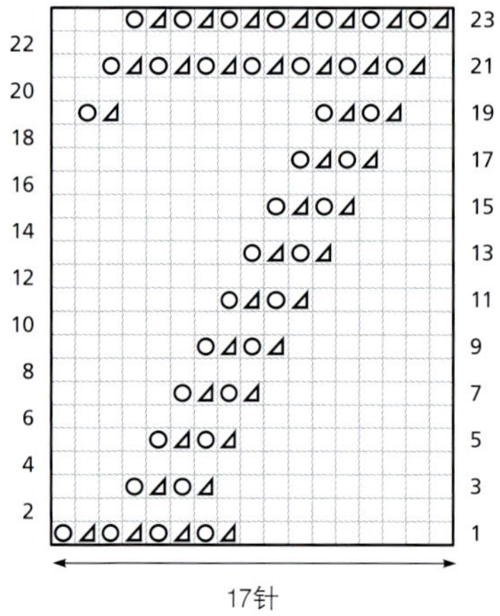

p.182、183 基础符号

□ 正面织下针，反面织上针　k2tog　skpo　k3tog　yo

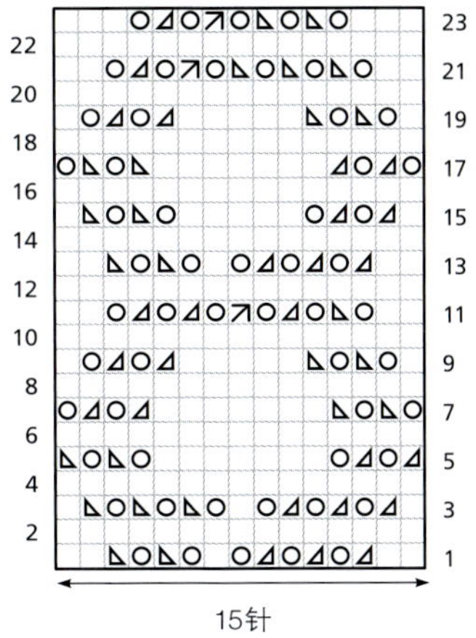
23
22
21
20
19
18
17
16
15
14
13
12
11
10
9
8
7
6
5
4
3
2
1
15针

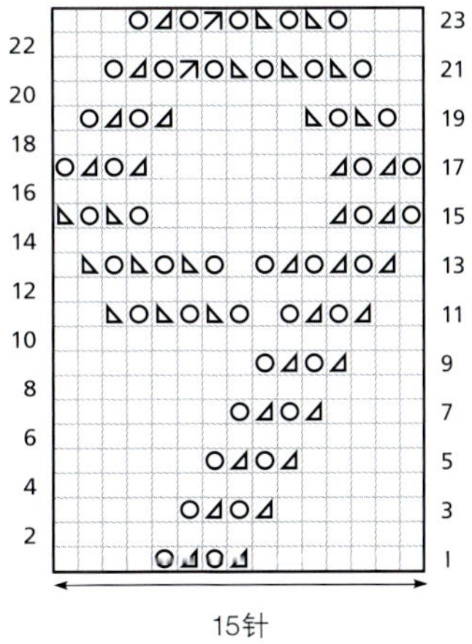
23
22
21
20
19
18
17
16
15
14
13
12
11
10
9
8
7
6
5
4
3
2
1
15针

编织须知

翻阅本章，可以从中找到全面的编织指南，比如将个人构思与书中棒针花样相融合的建议，针法技巧的图文展示，编织图的阅读指南以及本书中所使用的棒针针法缩写与符号介绍等。

针法应用

如果前面的一些棒针花样激发了你的设计灵感，那下面的内容将指导你如何将个人构思与书中的棒针花样融会贯通。首先，你需要确定织什么，然后制作一个简单的框架图。测量好织物的尺寸，准备好线和针，就可以着手编织啦。

如何自行设计图案

你已经知道要编织什么，但现在你需要计划如何进行编织。不管你要织什么，毯子也好，帽子、毛衣也好，都需要先画好草图或框架图，然后记笔记。随着花样设计的不断完善，你可能需要调整甚至改变一些内容，但如果你记有笔记，这会帮助你回忆起最初的构想。可以盯着你的设计图，仔细斟酌你设计的框架图。例如，毯子可以织成长方形或正方形，而帽子可以织成圆形或组合式。

框架图与尺寸大小

无论你要编织什么，都需要画出一幅不同形状的框架图，然后在图中添加尺寸。对于衣服而言，你可以直接测量身体的尺寸，然后根据制作的款式适当增加活动空间；你也可以测量现有衣服的尺寸，当然所测量的衣服在风格、尺寸和面料重量上要合乎你对编织作品的要求。对于配饰和家居用品而言，需要测量的尺寸应该包括长度、宽度，当然还需要考虑加上适当的活动空间。请记住，棒针织物通常富有弹性，因此可以让靠垫套比靠垫稍微小一点，这样装在套子里的靠垫会看起来会更加蓬松、饱满。

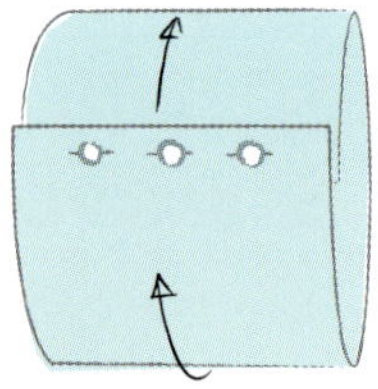

靠垫套

靠垫套是最简单的设计之一，因为起针和收针处重叠，只需要在同一个平面（在箭头的方向）织物上编织即可。侧边缝好后，临近收针处的扣眼让开口处更牢固。

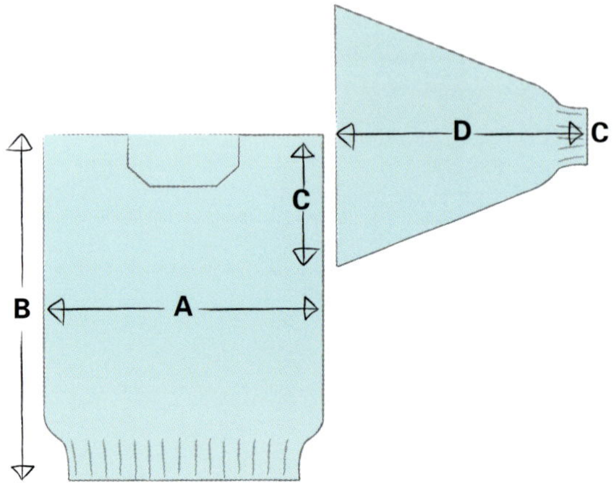

套头衫设计：正面

两侧的袖子一样，画出一只即可。最重要的是要测量宽度（A）和长度（B）。记录长、宽数值，以及两侧的袖窿深度（C），以便提供足够的活动空间。测量袖子时，一定要测量袖子两端的直线距离（D），不要沿边缝测量。使用这种款式时，请注意袖子的顶部会位于你的肩线下面，这一点很重要。要粗略计算出袖子长度，只需测量一下袖口长度A+（2×D），然后减去A，再将结果除以2。听起来有些复杂，但实际操作起来很简单。

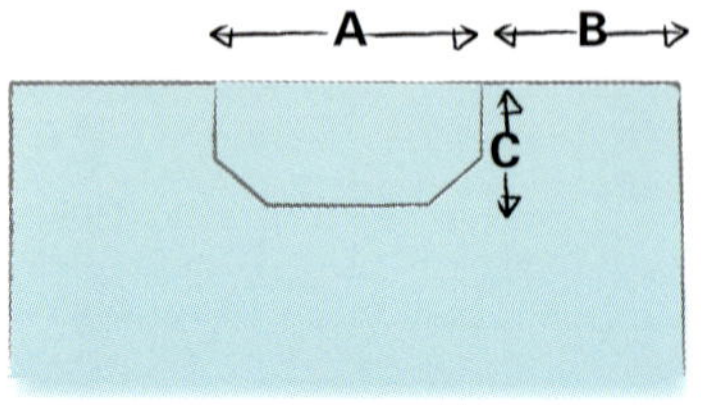

套头衫设计：领口

领口的设计至关重要，不过即使你计算错误，重新编织领口也不会太繁杂。首先，领口大小必须适合头部的尺寸，而且无论衣服是哪种风格，领口的宽度（A）和肩膀的宽度（B）都很重要。领口的深度（C）会影响衣服的合身度和风格，领口后侧低一点，颈部会感到更加舒适，但也不是必需的。其次，还要考虑下摆、门襟等部位。

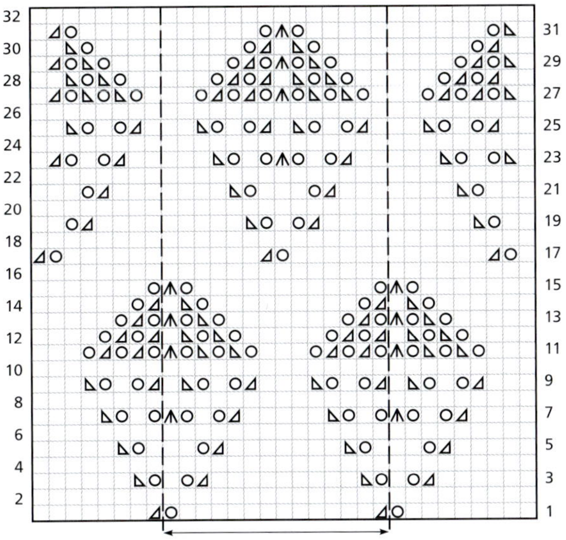

针数为14的倍数+17针

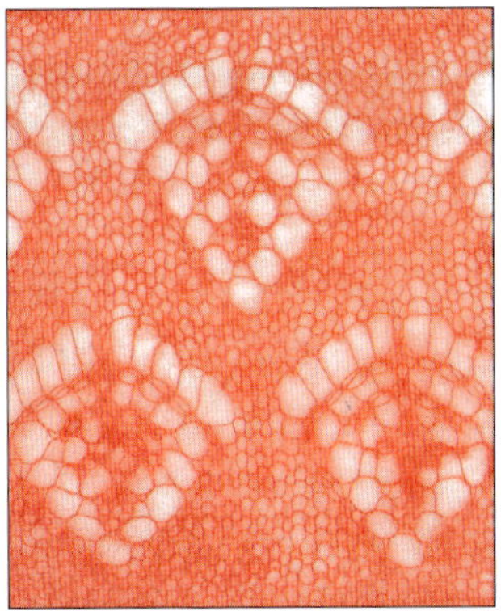

线材差异

上图所示的两幅作品呈现了同一种棒针花样，蕨叶蕾丝花样（第99页）用不同线材编织效果截然不同。用厚实柔软的线材编织使右侧的花样看似更大、轮廓更清晰；而用精细的马海毛线编织出的花样则更为精致通透，同样大的织物区域需要编织更多的花样。

从样片开始

选择线材和你认为尺寸合适的棒针，根据你选择的棒针花样编织样片。尝试织出一种你觉得适合你编织作品的样片，可能需要尝试几种不同尺寸的棒针才能实现你想要的效果。硬实的线材可能适合织成坐垫套，但对于婴儿服饰而言就太粗糙了；柔软的线材非常适合织成开襟毛衫，但不适合织成户外套头衫，因为不够结实。线材的纤维含量和纹路也会影响编织效果。对于拉绒线而言，如果针脚紧密，织出的花样纹理会模糊不清，但如果针脚松散，就会看起来十分可爱。可以根据线团上的信息选择适合的棒针。自由设计的乐趣之一便是可以使用不同针号的棒针编织出喜欢的织物。可尝试各种针法技巧、棒针花样，既可以结合使用，也可以单独使用。

测量编织密度

如果对选定的线材感到满意，就需要测量样片的尺寸，以确定编织时需要起多少针、织多少行，测量单位通常为10厘米。这被称为编织密度，针数是计算尺寸的关键。如果你想要更大或更小的编织密度，无须在编织松紧度上做调整，只需尝试不同针号的棒针即可。

计算针目

将样片平放，放置2枚正好相隔10厘米的珠针，如图❶所示。沿着2枚珠针之间的直线数清针目（包括半针针目）。然后将珠针纵向放置，间隔为10厘米（如图❷所示），沿着2枚珠针之间的直线数清行数。

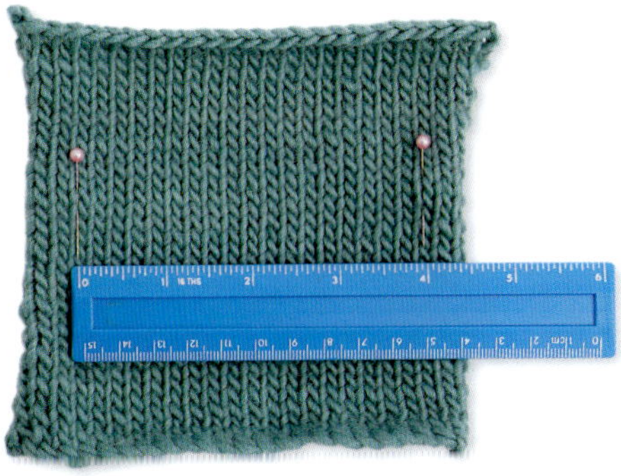

❶

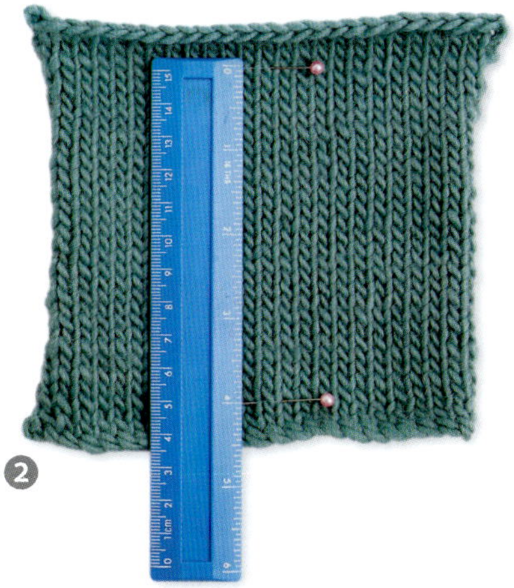

❷

列出数目

当测量出框架图的尺寸，计算出样片的编织密度之后，你需要换算一下二者的关系。先从单针花样的设计说起吧。

如果你以英寸（1英寸=2.54厘米）为计量单位，可用4英寸内的针数除以4，再乘以宽度。要确定行数，只需将上文中的宽度换成长度。如果你以厘米为计量单位，可用10厘米内的针数除以10，然后乘以宽度。这些计算能得出你需要织多少针。不过如有必要，你可以适当调整针数，以便编织的总针数为所选花样针数的整数倍。

如果棒针花样是作为饰片花样编织在背景织片上的，则需要测量饰片花样的宽度，以及饰片花样之间的背景针目。要确保任何花样的出现都不会打破织物原本的美感。别忘了在接缝处额外增加几针，当然这几针后来也会隐藏在接缝中。

重复行数一同编织

重复花样最理想的编织方式就是可以同时编织重复行数，选择这类棒针花样十分合适。图中所示的，正中间为番红花蕾丝花样（第89页），重复的行数为24行，最外侧为6组4行1重复的非对称麻花花样（第54页），右侧的麻花辫在前，两种花样之间为3组8行1重复的之字形分叉花样（第56页）。以上3种棒针花样组成1个完整的24行1重复的花样。

镂空针法花样

侧边的加减针处理起来十分棘手，因为形状可能会与花样混在一起，容易数不清针目。这时，绘制编织图的益处便彰显出来了。图中显示的是风铃草蕾丝花样（第87页）的一条侧边，针目花样尽可能接近边缘。该编织图显示了如何使用3针并1针的减针以保持花样不变并收边塑形。

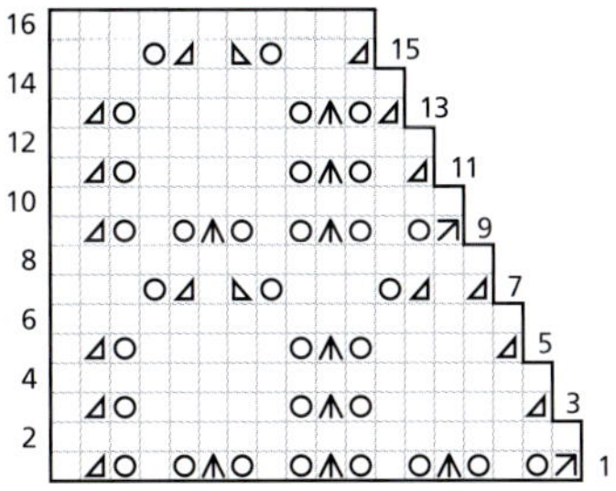

混合针法花样

麻花针与交叉罗纹针相结合，织出一种趣味饰边（下边缘）花样，这种花样也巧妙地应用到了玩偶匣花样（第116页）中。饰边麻花与主体部分使用的麻花针相同，都为5针，交叉罗纹针与底部双桂花针针数相同。

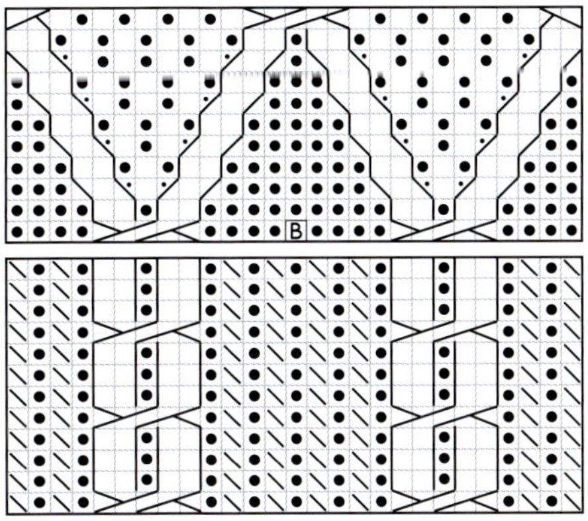

如何将针法融入你的设计中

你可以通过组合针法创造出大量的奇妙设计，但这并不仅仅是将针法叠加那样简单。可以将一些你熟悉的针法与一两个你不太熟悉的针法相结合，仔细观察不同针法间的相互作用。不要害怕适当调整针数和行数，也不用担心混合针法的褶裥区别。请记住，棒针花样的特征和线材的纤维含量（见 “线材差异”，第187页）都将影响织物的性能，但你可以通过多种方式进行调整。这里介绍了一些技巧，可以自行尝试。

简单棒针花样的组合

如果你用相同的针数编织2下针、2上针的罗纹花样，以及下针编织花样，呈现的效果便是罗纹花样收缩而下针编织花样更延展，正如图❶所示。倘若这不是你想要的效果，你可以增加起针时的针数，再沿着最后一行罗纹花样减针，这样织出的织物整体宽度相近。如图❷所示，正面，最后一行罗纹花样织下针左上2针并1针。如果仍需少量减针，则可沿第1行下针编织花样进行减针。

❶

❷

斜纹编织

起伏针编织的四边形无须从一边编织到另一边，可以从一角编织到另一角，如以下说明所示。这样编织的好处是各边的长度完全相同。

1针起针。

第1行（正面） 1针放3针（1下针、1上针、1下针）。

第2行及其他反面各行 均织下针。

第3行 下针1针放2针重复2次，1下针。共5针。

第5行 下针1针放2针，2下针，下针1针放2针，1下针。共7针。正面第1行和倒数第2行继续加针，直至达到所需的长度。

下一正面行 下针左上2针并1针，下针织至行尾，行尾2针织右上2针并1针。继续以这种方式减针，直至剩下3针。

下一正面行 右上2针并1针。固定后剪线结束。

控制起针行和收针行

有些针法易收缩，如麻花针，会使织物上下两侧不平衡，如图❶所示。为了消除这种影响，可以在麻花针织片的底部加针，顶部减针。如图❷所示，起针为5针，编织6针的麻花针。第1行麻花针开始前翻到反面，每组针法为3上针、1上针加针、2上针，这样加针的针迹就隐藏在麻花交叉处。在最后1组麻花针的反面，每组针法为1上针、上针左上2针并1针、3上针，再次回到5针麻花针。这种调整方式也适用于其他麻花针，但要调整位置，使加针针迹不明显。

❶

❷

饱满的紧凑花样

大量减针会形成一块紧凑花样，但如果能将减针与棒针花样相融合，会令织物看起来十分雅致。如此处的棒针花样，正面一行针法为1下针，重复织[右上2针并1针2次，1下针，右上2针并1针2次，下针左上2针并1针，1上针，下针左上2针并1针]至剩最后1针，织1下针，继而成为2组4行1重复的海草蕾丝花样（第103页）。这样就将每14针1重复的针数减少到8针，同时保留了罗纹花样的线条。

单行重复饰边花样的运用

第1~16行用樱桃串花样（第124页）为平平无奇的下针编织花样织出可爱的扇形饰边。为了防止下针编织花样延展，在第17行进行了2针减针，直至重复针数减少到18针：重复织[9下针，中上3针并1针，8下针]至剩最后1针，织1下针。织上针起针，继续进行下针编织。

V字形饰边的修正

假如你正在编织V字形棒针花样，又不想要波浪形的收针饰边，不妨通过减针填充每个凹陷处，这样就可以避免两侧加针、中间减针的复杂针法。根据线材和编织密度的不同，反面编织时也可能需要用到减针针法。

创意展示

以下展示的一些迷你织物（棒针样片），或许能够激发你的设计灵感。此处只简单呈现了一些作品的款式和编织技巧，你还需要根据自己设计的衣物配饰进行适当调整。

喇叭形

要想织出类似的形状，底部需要织较宽的罗纹花样，随后减针，裙腰处需要减针到2x2的罗纹花样。若想达到整洁的编织效果，编织宽罗纹花样时可在反面行边缘处减针，结合使用左上2针并1针和右上2针并1针，这样正面几乎不会显示减针痕迹。

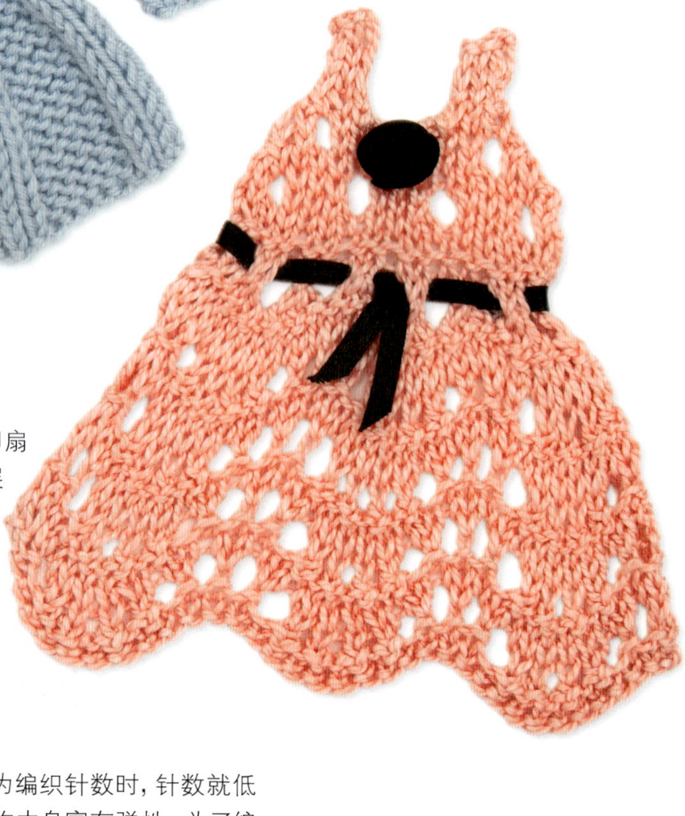

蕾丝花样

此处展示了一种简单的蕾丝花样，即扇贝花样（第84页）。这一花样向我们展示了如何放掉上一行的挂针以形成减针，形成胸部下方收拢的效果。要想编织蕾丝花样，需要区分加减针针法对编织效果的影响以及加针或减针所形成的图案，这一点十分重要。

帽子尺寸的测量

将头围尺寸转换为编织针数时，针数就低不就高，因为织物本身富有弹性。为了编织出帽顶，可调整针数织出4部分，每个部分之间相差1针。每部分相继减针，两侧中一侧使用右上2针并1针，另一侧使用左上2针并1针。最后几针在帽顶处聚拢。

自由设计

这条围巾有点不同寻常，仅由4针麻花针编织而成，不见饰边。3针起针，随后加1针，针迹隐藏在第1个麻花花样交叉处，在最后一个麻花花样交叉处减1针。如果你也想用蓬松线材编织这一花样，需要确保自己所用的线可以熨烫，这样方便处理麻花针易卷曲的问题。

加减针针法

加减针针法织出的手提包也可以极具个性。在这一棒针花样中，第1行用到加针针法，在两侧加若干针，织出口袋形状。织好正面中心的大泡泡花样后，采用若干针减针编织顶部的包盖花样。沿两侧收针行挑针继续编织，织出一个弧形提手。编织时预留的线圈可以扣在泡泡上，当作纽襻，这种方法同样适用于棒针衣物。

环形编织

袜子的典型织法是环形编织，这样可以避免接缝处硌脚的问题。只要掌握了编织原理，从顶部开始编织就不再困难了。当你翻转脚跟处的方向时需要握住脚背处的针目，然后从脚跟处的侧面开始，沿脚尖处继续编织。编织脚跟和脚尖处的方法多种多样，不妨从较为简单的方法着手吧。

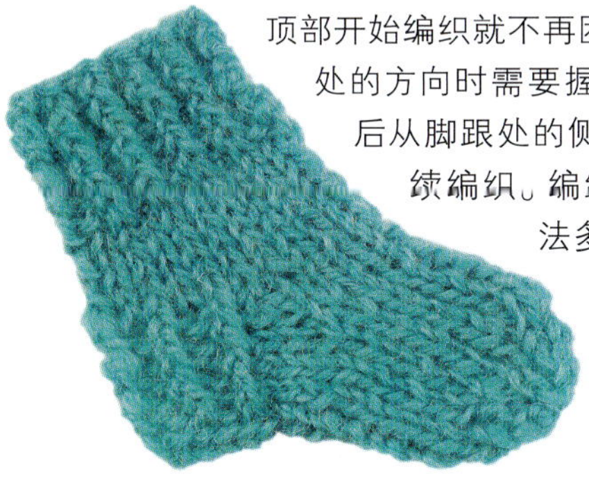

配色花样

组合花样的针数应为各重复花样针数之和的倍数，例如这里选用了4针和8针重复花样的组合。从彩色编织图中选择合适的颜色，并用对应的彩色毛线开始进行环形编织，忽略侧边的针数，并从右到左数清重复花样的针数。要想织出圆育克，可以在花样之间的条纹处减针或在花样处减针。

针法技巧

如果刚开始接触编织，你会在这里找到入门级针法指南，当然也有一些略具难度的进阶级针法技巧。

活结

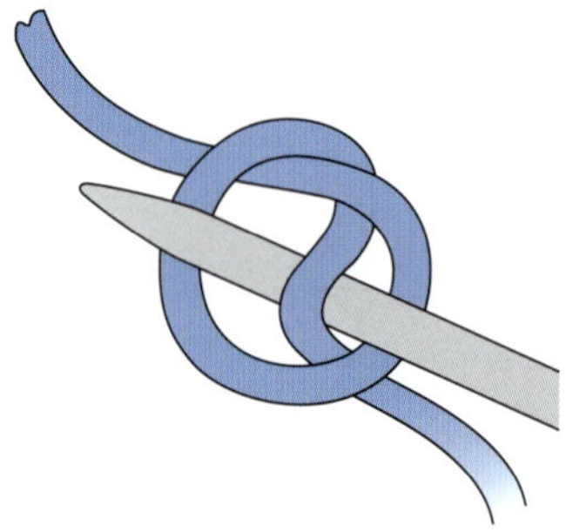

1 在棒针上系一个活结，这是起针的第1步。将线绕在左手的两个手指上形成1个线圈，线团一侧的线头在上面。将棒针插入线圈中，挑起连接线团一侧的线并将其从线圈中拉出。

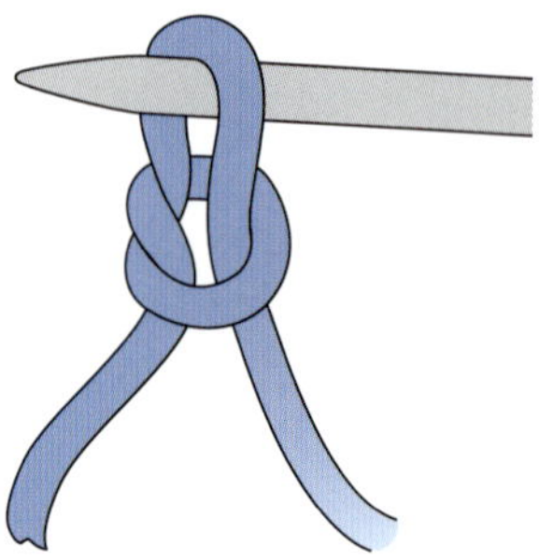

2 拽动线的两端，拉紧活结。收紧线团一侧的线，使活结紧贴棒针。

线头

起针后，末端留下的线头长度应便于缝合。收针后留下的线头长度也应如此。当变换另一种颜色的线后，留下的线头应织补到接缝处，或者安排在反面的行末处，线头也可以用来掩盖颜色变化突兀等瑕疵。织好1个花片后也会留下线头，这时最好将线头藏在花片后面。最好用钝头毛线缝针藏线头。

长尾起针法

这种起针方式只需要1根棒针，起针行上的针目富有弹性，与起伏针效果相近。

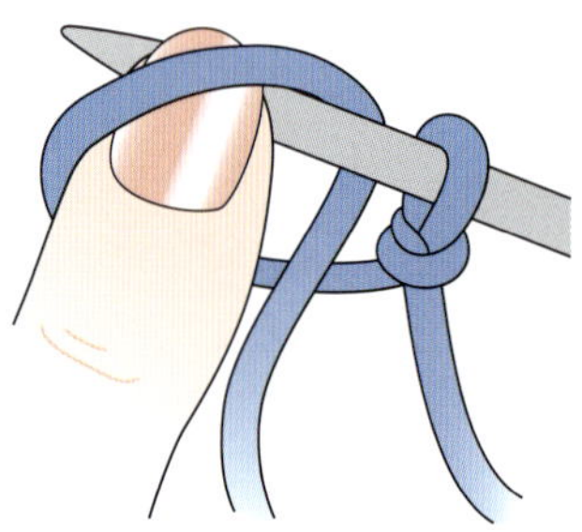

1 在织线一端留出长度约为起针长度3倍的线头，在棒针上系1个活结。左手握住线头，左手拇指放在线下面，指尖朝上。将棒针插入拇指刚做好的线圈中。

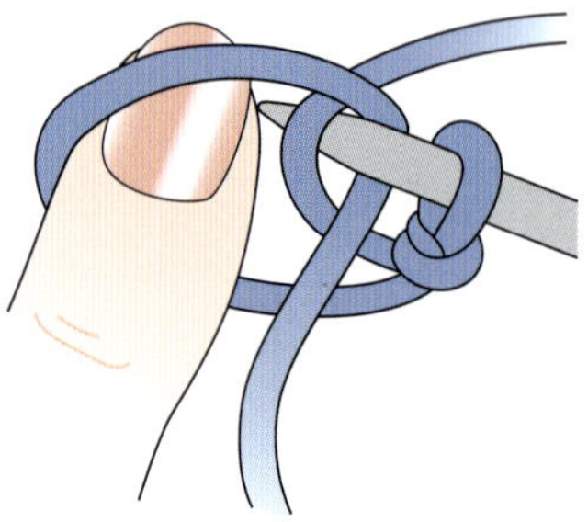

2 用线团一侧的线织出1下针，并把线圈从拇指上滑落。拉紧线头，使刚织的1针紧贴棒针。按照这一方法继续起针。

锁链收针法

书中的编织作品大多数都用了这一种简单的收针针法。织2下针。*用左棒针将右棒针上的第1针挑起压在第2针上。接着织下针。从*开始重复，直至棒针上只剩下1针。剪断织线，将末端线头穿进最后一针的线圈中，拉紧线头。

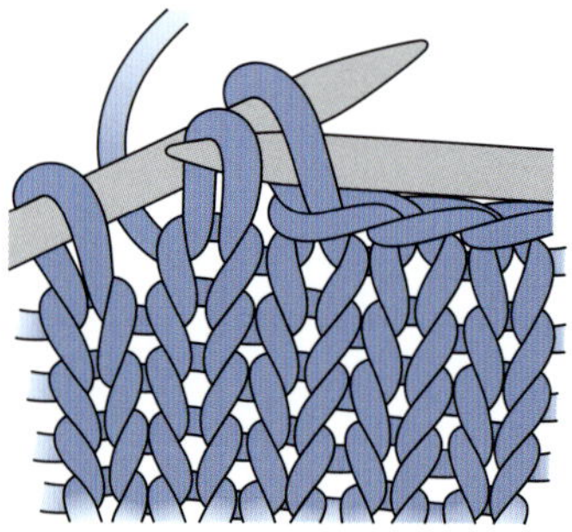

要想在棒针花样中收针，只需沿着收针行织上针或下针，并与后续针法保持一致。

下针（K）

选择最舒服的方式握住线和棒针。要使线具有张力，也就是说，编织时针脚均匀，这就需要你用手指拽动线，甚至可能需要你将线绕在小指上。连续用下针编织若干行，便呈现出起伏针花样。

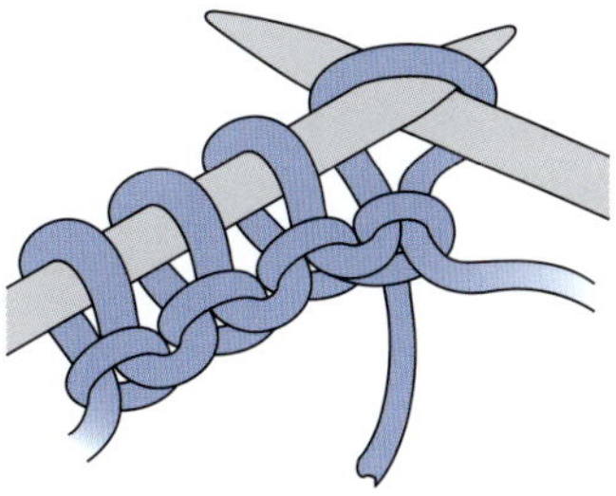

1 将右棒针插入左棒针的第1针中，确保右棒针如图所示从前侧入针。

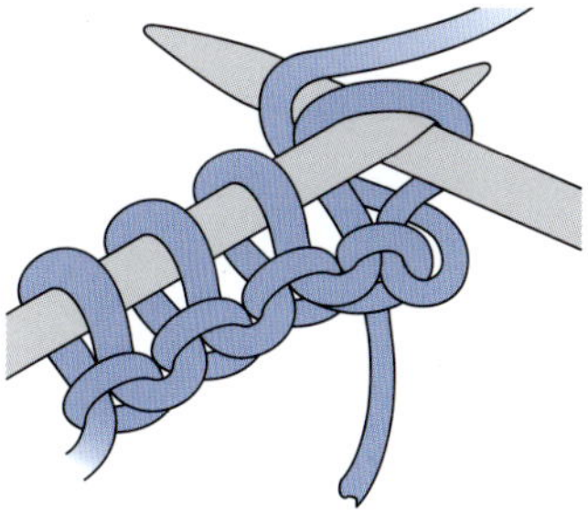

2 将线绕到后面，向上绕右棒针1圈。

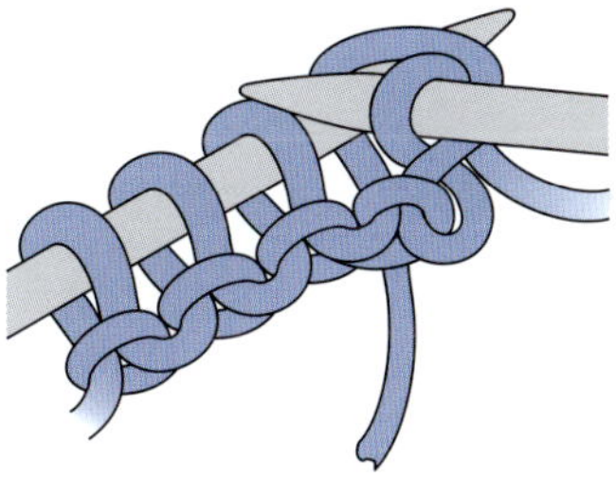

3 用右棒针针尖从针目中将线挑起。

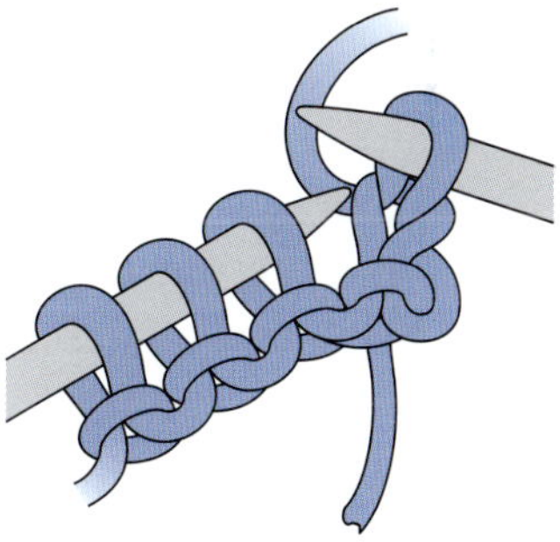

4 将左棒针抽出，如此一来，右棒针上就多了1针。

上针（P）

与编织下针的姿势一样，握住线和棒针。上针与下针恰恰相反，会在织物正面留下凸起的针目，在反面留下近似V字形的平滑针目。正、反面交替使用下针、上针编织，便会呈现下针编织花样。

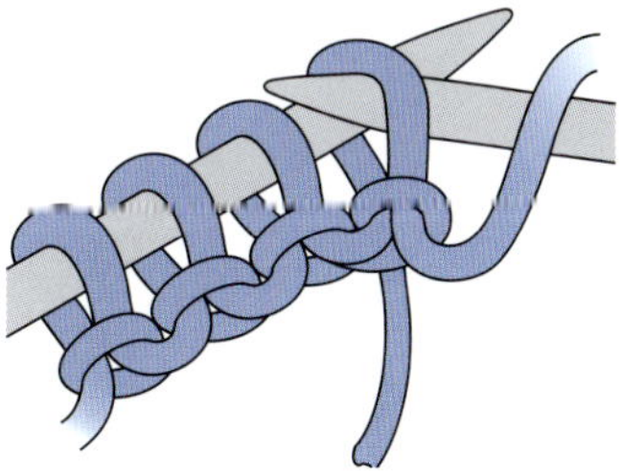

1 将右棒针插入左棒针的第1针中，确保右棒针如图所示从后侧入针。

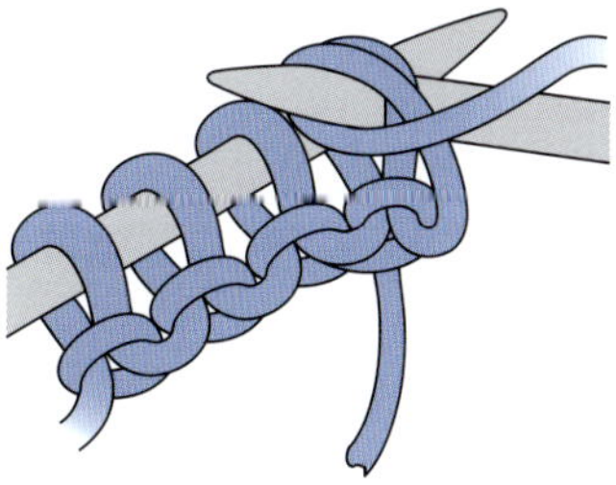

2 将线绕到前面，向上绕右棒针1圈。

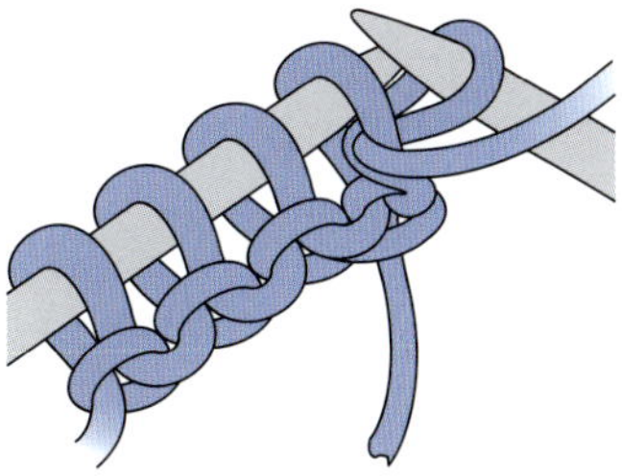

3 用右棒针针尖，从针目中将线挑起。

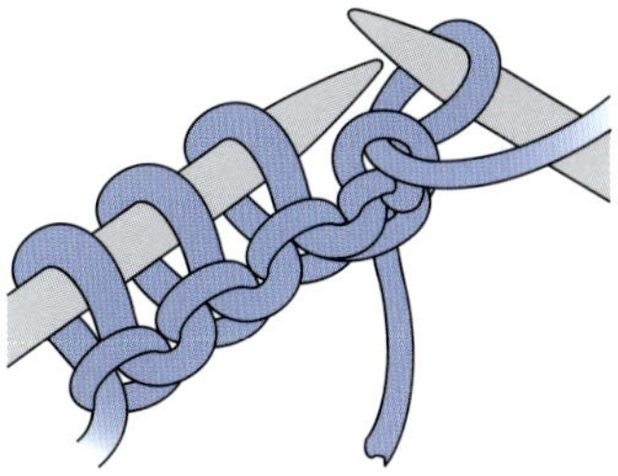

4 将左棒针抽出，如此一来，右棒针上就多了1针。

减针

减针有2个作用：第一，可以用来减少针数，比如用来编织袖窿和领口；第二，可以与加针相结合，形成棒针花样。

左上2针并1针（k2tog）

2针一起织下针会形成平滑的纹路，第2针针目会压在第1针上面。

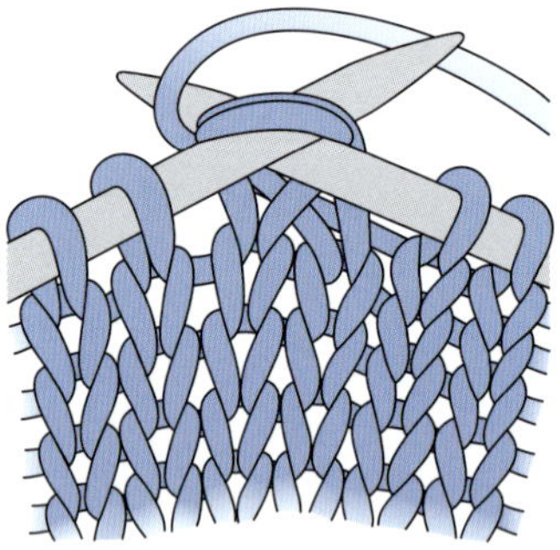

1 右棒针从前侧插入左棒针的前2针中，将线绕在右棒针上。

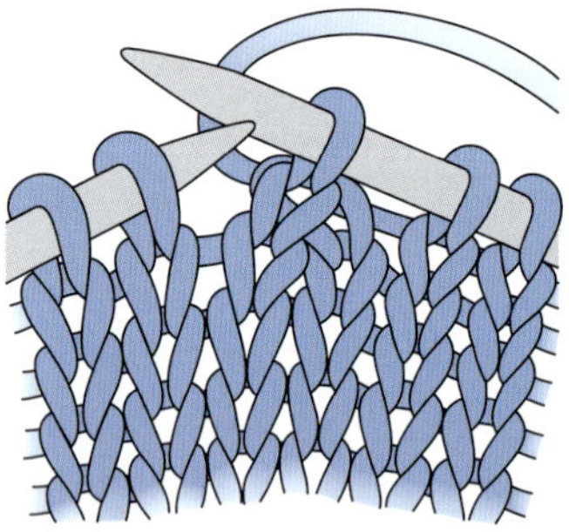

2 将右棒针上的针目挑出，并将左棒针抽出。

右上2针并1针（skpo）

滑1针到右棒针上，织1下针，然后再将滑过的1针挑出套在刚织好的下针上，完成减针，这样一来第1针针目会在第2针上面。

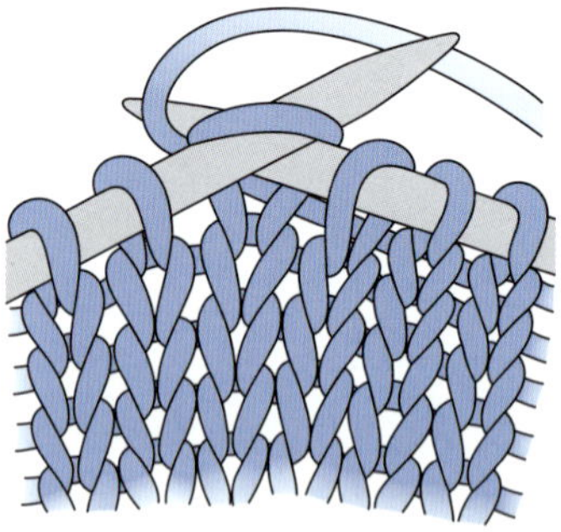

1 右棒针以下针入针方式从前侧插入左棒针的第1针，滑过不织，接着织1下针。

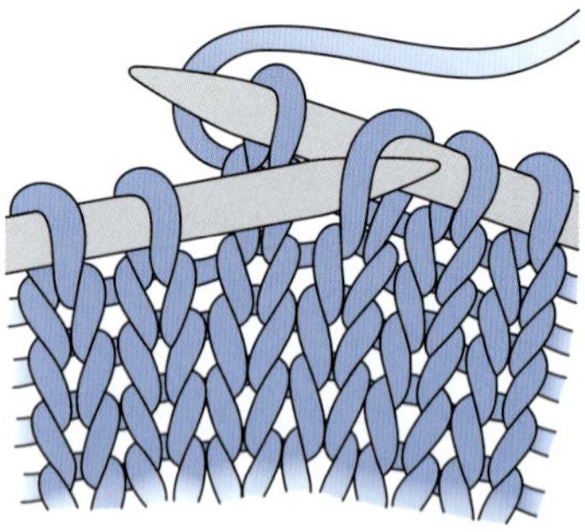

2 用左棒针的针尖挑起右棒针上滑过不织的那一针并织下针，然后抽出右棒针。

右上3针并1针（sk2po）

要想织出向左倾斜的2针减针，需要在正面进行编织，将滑过的第1针套在左倾1针减针的针目上即可。

要想在反面织出类似的减针纹路，将右棒针以上针入针方式从线圈后侧插入3针并套收，即上针扭针左上3针并1针（p3tog tbl）。

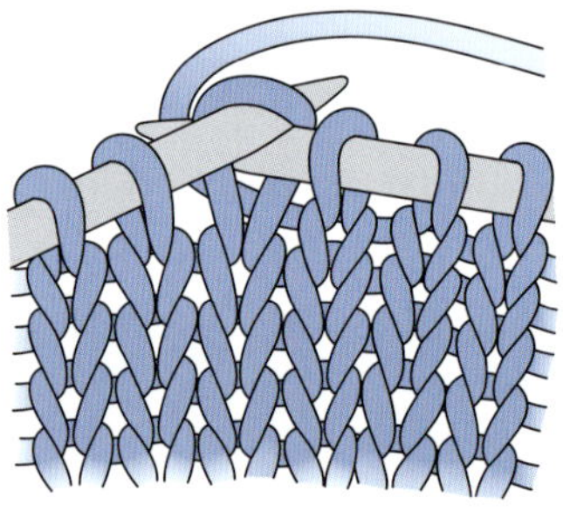

1 右棒针以下针入针方式从前侧插入左棒针的第1针中，滑过不织。

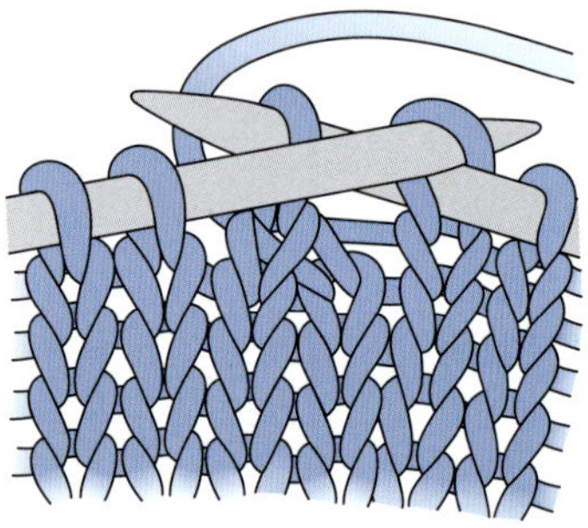

2 接着2针一起织1下针，如图所示将滑过的1针挑起压在织好的下针上。要想编织右倾2针减针，只需将3针一起织1下针（左上3针并1针，k3tog）即可。

中上3针并1针（s2kpo）

对称2针减针的针目1针左倾、1针右倾，中间1针覆盖在最外层，这种针法可以用于编织多种美丽的棒针花样。

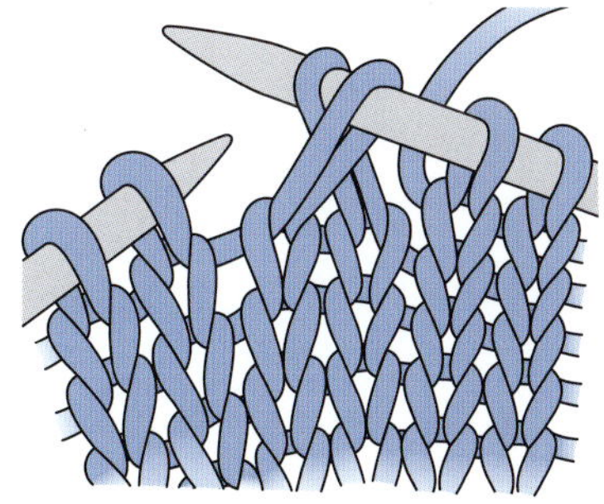

1 右棒针以下针入针方式从前侧插入左棒针的前面2针中，滑过不织。

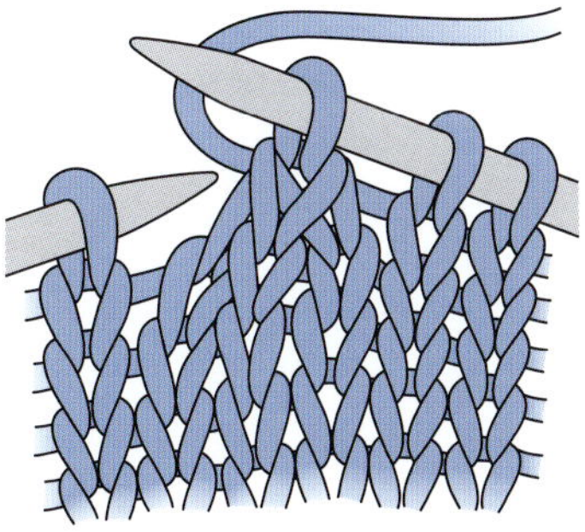

2 接着织1下针，将滑过的2针挑起压在织好的下针上。

麻花针

顺序交错的针法纹路所呈现的棒针花样令人喜出望外。麻花针可以2针交叉，也可以多针交叉，可以是右上2针交叉（c4f），也可以是左上2针交叉（c4b）。

右上2针交叉（c4f）

图中的花样是由棒针编织而成的，2针麻花针交织在前。左上2针交叉（c4b）的编织方法与右上2针交叉完全相同，只是要将麻花针放在后面，因此交叉的方向相反。

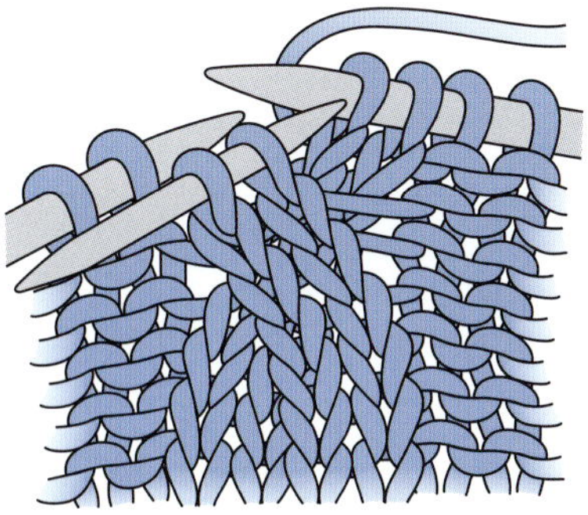

1 将前面2针滑到麻花针上，并将麻花针放在织物前面，接着从左棒针上织2下针。

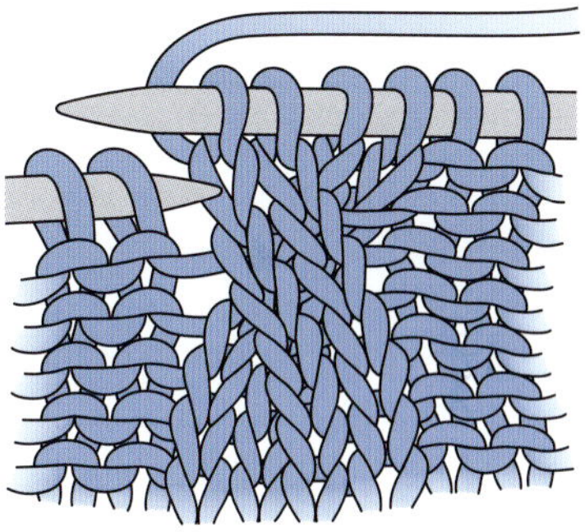

2 从麻花针上织2下针。

挂针（yo）

最重要的是将线绕在棒针上，这样一来挂针的方向就会和其余针目方向保持一致。编织下一行时，如果正常织这一挂针，就会在织物上形成一个小孔，但如果织扭针，小孔间隙会变小。

当挂针前1针是上针时，线已在前面，直接进行挂针即可。

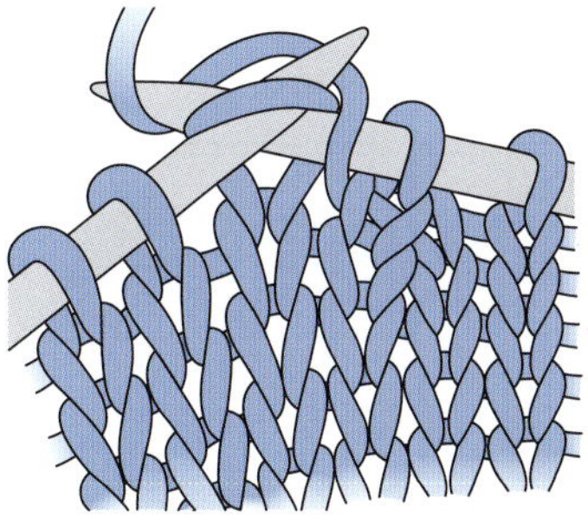

1 要在2下针之间织挂针，需要按照织上针的方式先将线拉到前面，使线由前向后挂在右棒针上，而后织1下针。

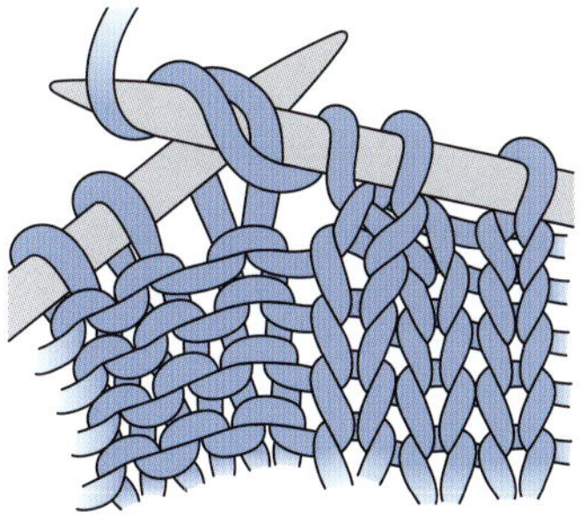

2 要在下针和上针之间织挂针，需要按照织上针的方式先将线拉到前面，使线由前向后挂在右棒针上，再把线拉到前面，而后织1上针。

加针

此处展示了2种最基础的从1针中加针的方法，即横向加针法和挑渡线加针法。

下针1针放2针（kfb）

从针目的前面入针织1下针，不从左棒针取下针目，再从同一个针目的后面入针织1下针，这是最常用的加针方式。所增加的针目既整齐又紧致，不过会在织物正面加针针目下方形成一条横线。这种方法不会在织物上留下小孔，而且有横线的帮助，计算行数也更加容易了。

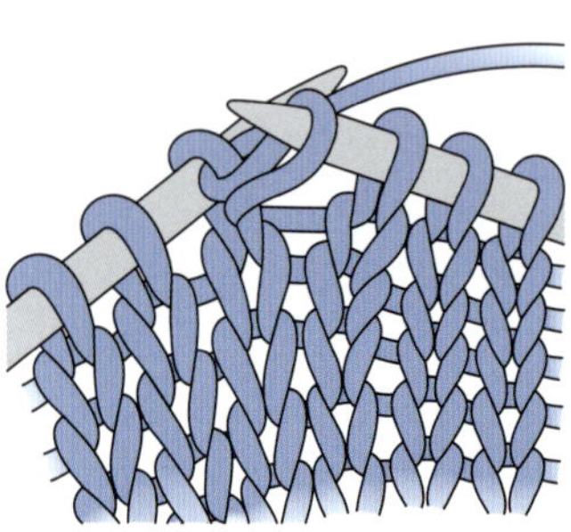

1 从针目前面入针织1下针，将线挑出，但将这一针留在左棒针上。

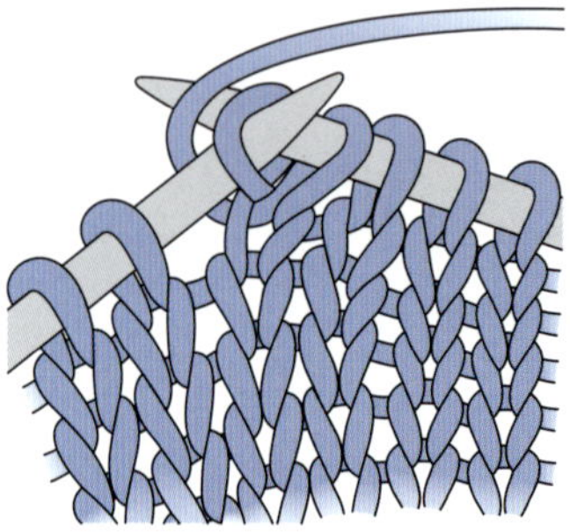

2 从左棒针上同一针目的后面入针织1下针。

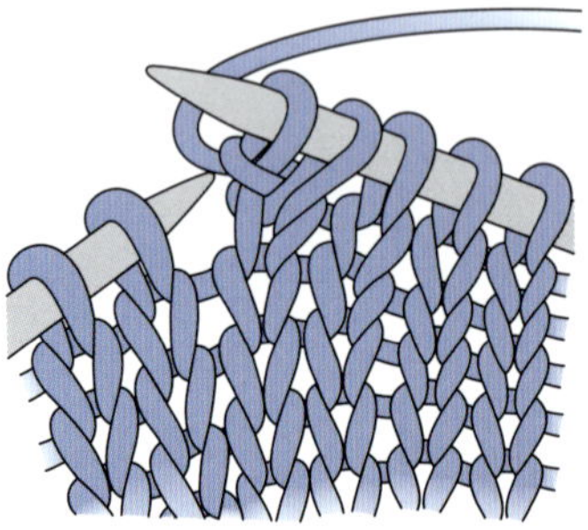

3 将左棒针抽出，织好的2针留在右棒针上。请注意，加针形成的横线在左边。

左扭针加针（m1或m1L）

挑起2针之间的渡线进行加针，这种方式既简洁又巧妙。

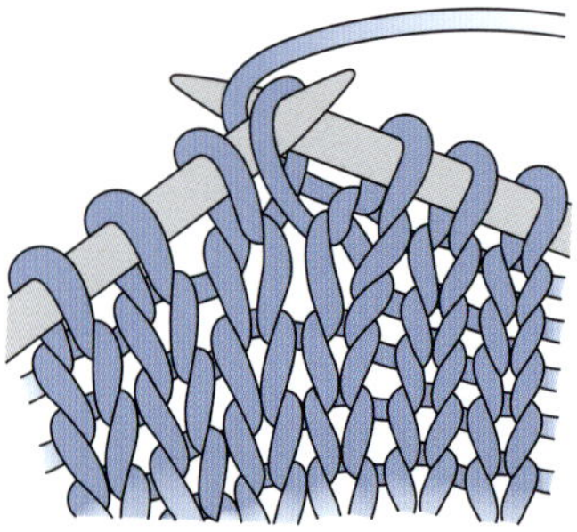

将左棒针从前面挑起2针之间的渡线。确保渡线的方向与其余针目方向保持一致，从线圈后面插入右棒针织1下针。

右扭针加针（m1R）

向右挑针加针正好与向左挑针加针左右对称。

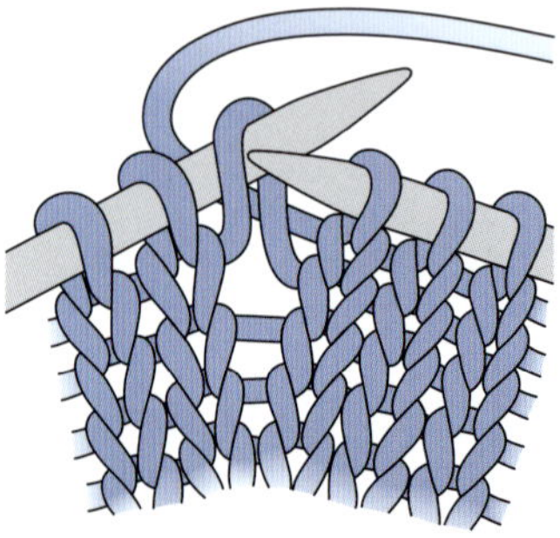

将左棒针从后面挑2针之间的渡线。这样一来，渡线的方向正好与其余针目方向相反，所以要从线圈前面插入右棒针织1下针。

一次性加2针

下图所示的1针放3针针法是一次性加2针最为简单的方式之一。

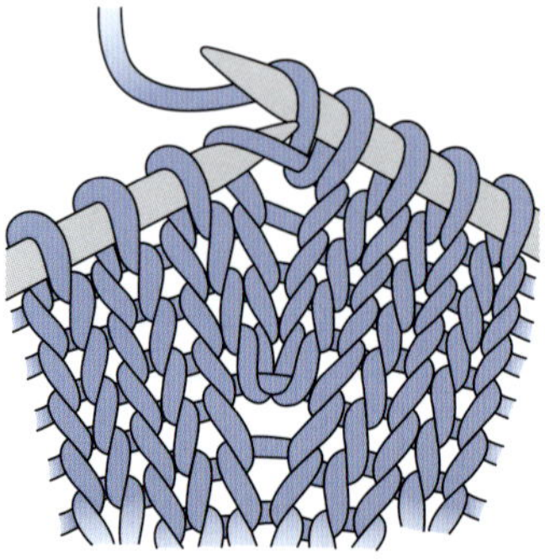

织1下针，将线挑起但不将左棒针抽出，将线由前向后挂在右棒针上，然后再从同一针目中织1下针。织物上会留下1个装饰性的小孔。

交叉针

交叉针是将两三针错序交叉编织，而且无须借助麻花针。借助这种针法，很容易在织物表面织出延伸的棒针纹路。

左上1针交叉（下方为扭针）（t2L）

这一交叉针法要在正面编织。随着针目位置变化，第1针覆盖在外侧且向左倾斜，而第2针则是从线圈后侧入针编织，针目包裹在内侧。

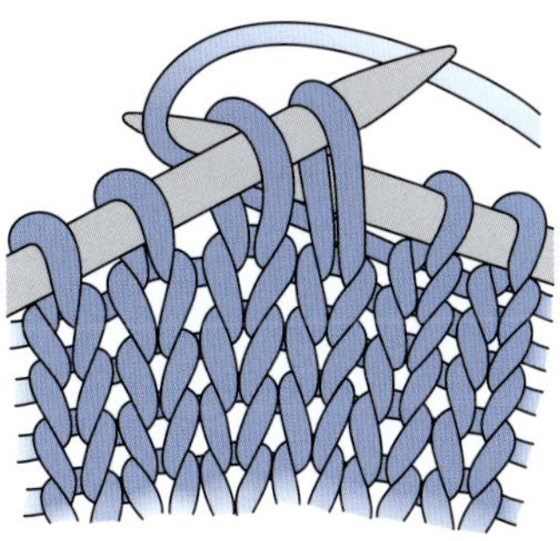

1 从左棒针上第2针的后面插入，织下针。

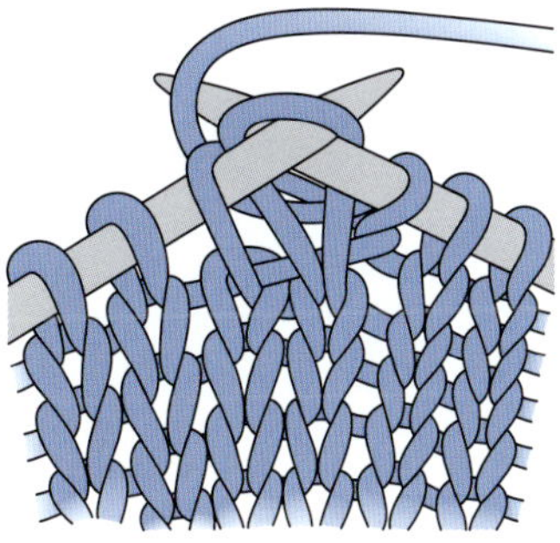

2 从左棒针上第1针的前面插入，织下针。

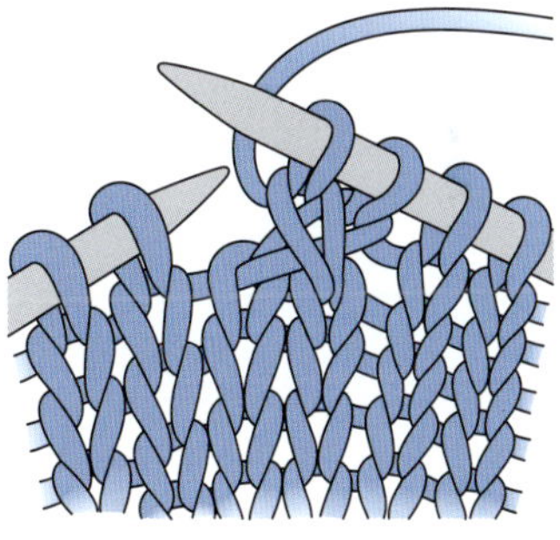

3 将左棒针上的这2针同时挑出。

右上1针交叉（下方为扭针）（t2R）

正面的这一交叉，第2针覆盖在外侧且向右倾斜，而第1针则是从线圈后侧入针编织，针目包裹在内侧。

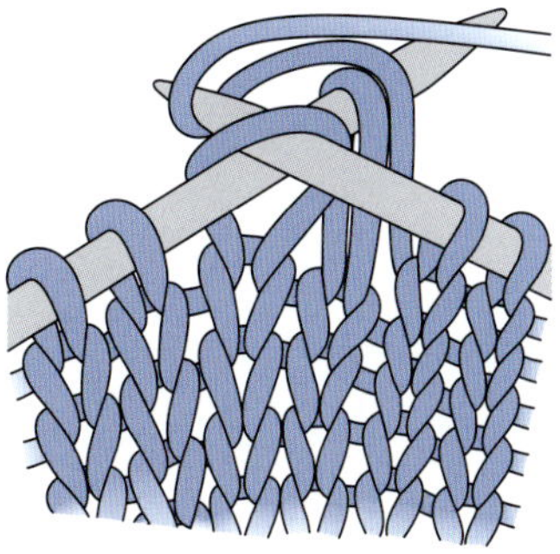

1 从左棒针上第2针的前面插入，织下针。

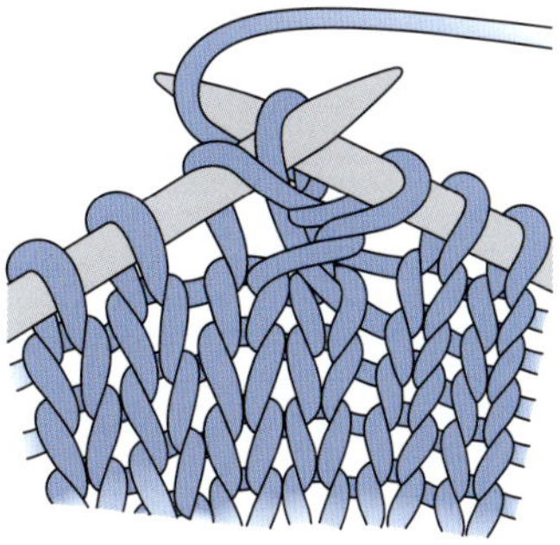

2 从左棒针上第1针的后面插入，织下针。

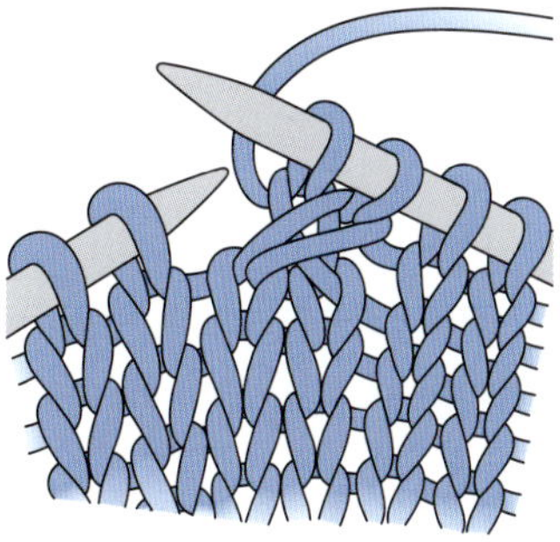

3 将左棒针上的这2针同时挑出。

读懂编织图

棒针花样以编织图的形式展现更加直观，借助针法符号可编织出特定花样。大多数针法主题都呈现了几组既附有编织图又附有文字说明的棒针花样，这样有助于将针法符号与针法文字说明联系起来。你会发现，编织图的优点之一是可以清晰明了地展示大型棒针作品的针法，而这些要用文字完整描述出来则显得费时、费力又啰唆乏味。

两用的针法符号

书中的棒针花样按行进行编织，有些针法有不同的表示方法。例如，空白方框表示正面织下针，反面织上针；带点方框则表示正面织上针，反面织下针。

阅读顺序

阅读编织图时应从下往上读，与编织进度同步，图中每行的一个方框代表1针。正面各行从右往左读，反面各行从左往右读。各行均注有编号，大多数情况下，第1行及其他奇数行列在正面（正面从第1行开始）。有时，编织图也会从反面开始，这样一来第1行及其他奇数行则列在反面。编织图上所有行数都织好后，再从第1行开始按照编织图继续编织花样，或者根据棒针花样需要，织至特定行。

简单针法编织图

下图所示的针法十分简单，编织图呈现得也很清晰，即正面行上、下针交错编织，反面行均织上针。

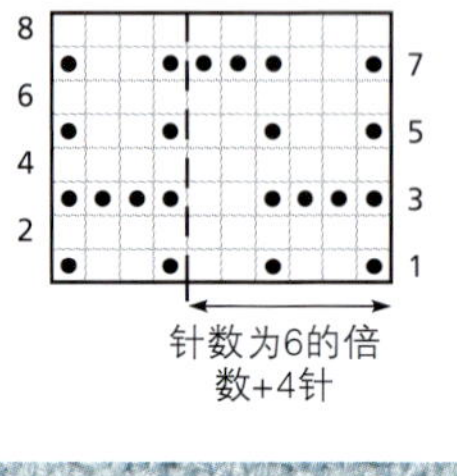

从右往左、从左往右阅读

下图，如果正面不是从右到左阅读，反面也不是从左到右阅读，那么织出的花样将不会形成斜线纹路。

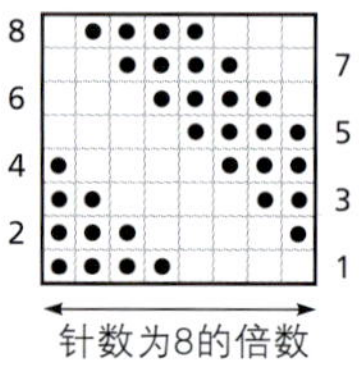

准备工作

开始编织前，需要通读你所选择的编织图，并确保自己掌握图中针法符号的编织方法，这样才能织出该棒针花样。当然，还要查看是否有其他要求，例如在麻花针针法主题部分，编织各个棒针花样时都会用到麻花针，不会一一说明；但如果其他针法主题部分需要用到麻花针，则会加以注明。最常用的针法符号会列在页面底部的“基础符号”处。偶尔用到或者只在特定编织图中出现的符号，会同编织图一起在“特定符号”部分列出。

可变针目

在有些棒针花样中，每行的针目并不总是一致的。如果编织图中列有阴影方框或阴影区域，请不要计算这些区域的针数，它们的存在只是为了将已经织好或已经放掉的针目填充出来，使编织图保持平衡。针法符号中的阴影方框又称为“无针目”。

补充图

一个编织图可以附有若干个单独的补充图，如花叶装饰花样（第117页）中用来展示叶片织法的补充图。补充图中的行编号应与主图保持一致，每一行均应按照所示位置进行编织。如果棒针花样的起针为可变针数，则针数应为所给针数的倍数，且忽略阴影区域的针数。如有说明，请在补充图中展示多出的针目以及边线针目。

查看编织图

下图所用到的特定符号是指在2针之间有1挂针，这一针法符号只适用于此编织图。

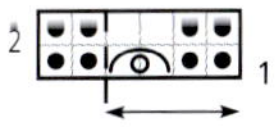

针数为4的倍数+2针

无针目符号

黑莓花样（第25页）中各行均为4针，但在第2行和第4行中，2针加针和2针减针则需要阴影区域来填充。

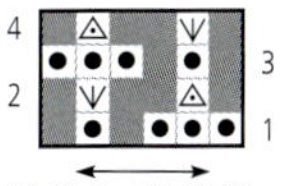

针数为4的倍数

补充图的使用

如下图所示，补充图的7行针法与主图中心的7行针法编号一致。

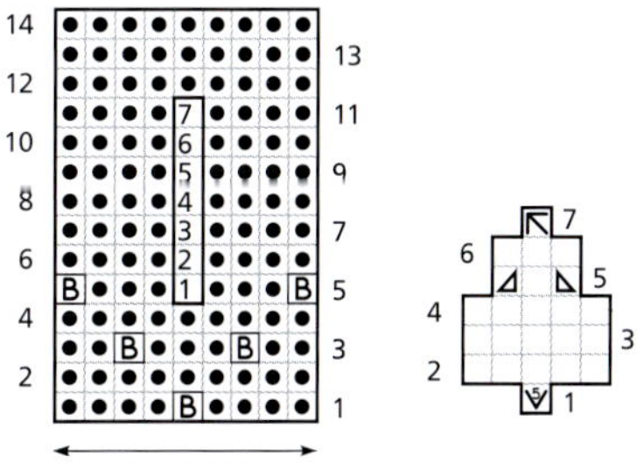

9针的花叶装饰图案，针数可变

重复花样的编织

对于饰片花样或装饰花样，针数会写在编织图下方。对于整体花样，针数往往为若干针的倍数加1针或多针。起针时，针数应为重复花样针数的2倍或多倍，再加上侧边的针数。下图中，重复的针数为图下方箭头和图中垂直虚线之间的针数。如果图中只有1条虚线，正面则先织出重复针数的若干倍针数，再织出虚线之外的1组针数，此行完成。反面则先织出虚线之前的1组针数，再织重复针数的若干倍针数，此行完成。

正反面虚线

如果图中有2条虚线，正反面均先织出虚线之前的1组针数，再织出重复针数的若干倍针数，最后织出虚线之外的1组针数，此行完成。

棒针花样内部虚线

如果用来标注重复针数的虚线位于棒针花样内部，如麻花针等，则按照虚线两侧的标记继续织出其余的针数，再织出剩余的边针针数，此行完成。

衔接线

为了使编织图更易于理解，可以在两个针法符号之间用线衔接，如麻花针之间的衔接线，但添加的线条不能影响辨认棒针编织符号。

1针边针

这张编织图中左侧边针只有1针。

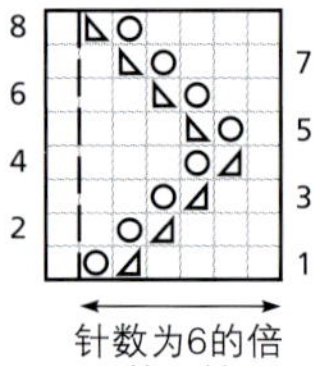

针数为6的倍数+1针

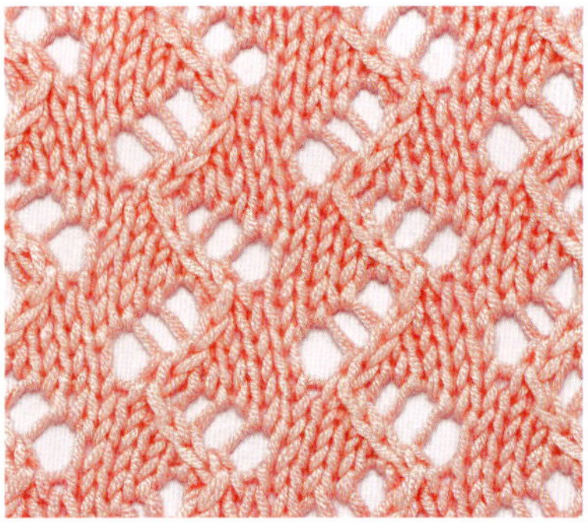

整齐的边缘

下图所示的边针使4针重复花样的各边都很整齐。

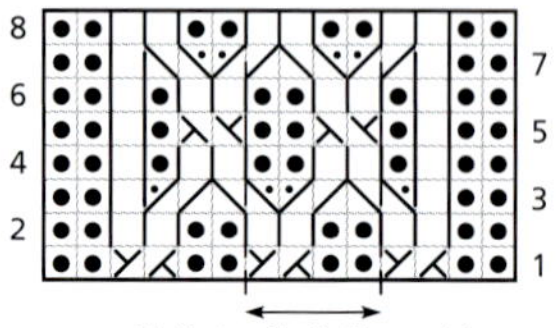

针数为4的倍数+10针

麻花针之间的衔接线

添加若干条垂线，用以衔接4针麻花，让图更清晰明了。

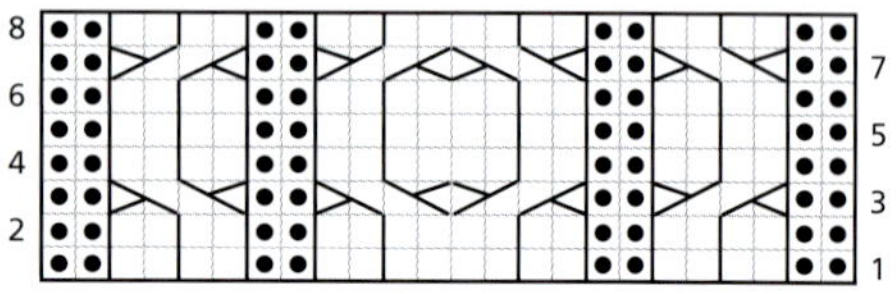

针数为4的倍数　针数为8的倍数　针数为4的倍数

彩色编织

彩色编织图与下针编织图阅读方式相同，即正面织下针、反面织上针，线选用如图所示的颜色即可。彩色编织有两种方式，提花和嵌花，即横向渡线编织和纵向渡线编织。提花编织需要用到多根线，暂时不用的线需要绕到织物反面。这一织法适用于图案较小、重复排列的花样。

提花编织

编织这些小巧的图案时，织不了3针就需要换线。

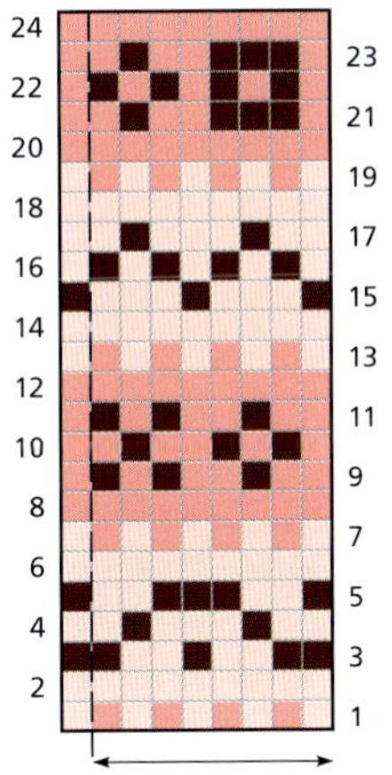

针数为8的倍数+1针

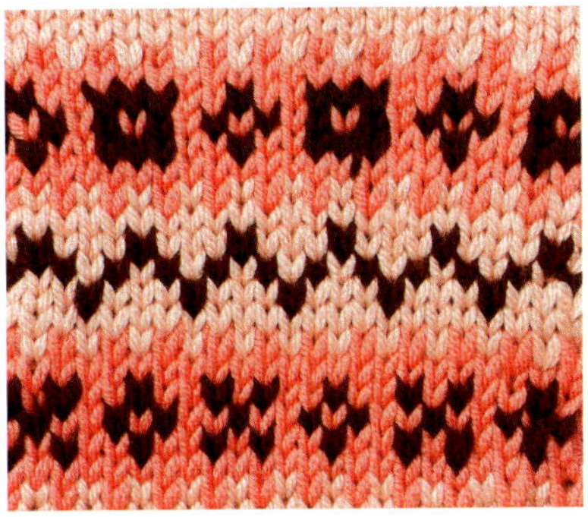

织法选择

嵌花编织适用于大面积的彩色编织，每个色区只需用一小段线。变换颜色时，需要将不同颜色的线系紧。如果你想将提花编织应用于大面积的彩色编织花样上，第2根线需要织在反面，不过这样会增加织物的厚度。有些编织花样组合使用提花编织和嵌花编织，呈现效果最佳。

嵌花编织

下图所示的棒针花样，蝴蝶结周围采用了少量的提花编织，但大部分图案还是采用嵌花编织，毕竟彩色区域太大，线无法绕到反面。

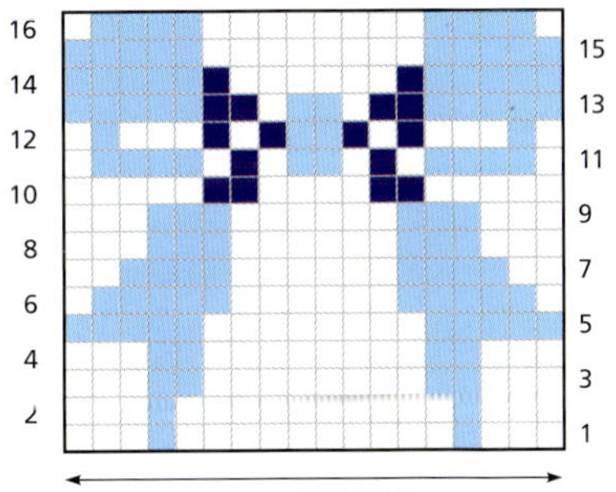

18针的图案

小贴士：让编织图为你所用

- 对照编织图编织时，你会发现很容易就找不清自己正在编织的行数，这就需要你及时标记行数，并数清针数，如此便不用担心接下来要织哪一步的问题了。
- 将编织图复印出来益处多多。选好编织图，放大后复印出来，这样便于携带，到哪里都能对照编织图进行编织。
- 编织时，可以在编织图复印件上标记行数或重复的次数。这种方法有助于编织的顺利进行，而且不会损坏书中的编织图原件。
- 如果你觉得很难记住扭针或交叉针针法，请用荧光笔标注出顶部针目的方向。
- 如果想厘清如何将重复图案连接起来，可以多复印几份编织图，将若干组图案粘在一起；也可以将图的内容誊写到方格纸上，并根据需要重复添加。

针法缩写与符号

常见的针法缩写和针法符号总结如下。不常见的针法缩写和符号，即只在特定棒针花样中用到的针法缩写和符号，以“特定符号”的形式列在相关编织图旁边。

针法缩写

c2b	sl1 st on to cable needle, hold at back, k1, then k1 from cable needle	左上1针交叉
c2bp	sl1 st on to cable needle, hold at back, k1, then p1 from cable needle	左上1针交叉（下方为上针）
c2f	sl1 st on to cable needle, hold at front, k1, then k1 from cable needle	右上1针交叉
c2fp	sl1 st on to cable needle, hold at front, p1, then k1 from cable needle	右上1针交叉（下方为上针）
c3b	sl1 st on to cable needle, hold at back, k2, then k1 from cable needle	左上2针与1针的交叉
c3bp	sl1 st on to cable needle, hold at back, k2, then p1 from cable needle	左上2针与1针的交叉（下方为上针）
c3f	sl2 sts on to cable needle, hold at front, k1, then k2 from cable needle	右上2针与1针的交叉
c3fp	sl2 sts on to cable needle, hold at front, p1, then k2 from cable needle	右上2针与1针的交叉（下方为上针）
c4b	sl2 sts on to cable needle, hold at back, k2, then k2 from cable needle	左上2针交叉
c4bp	sl2 sts on to cable needle, hold at back, k2, then p2 from cable needle	左上2针交叉（下方为上针）
c4f	sl2 sts on to cable needle, hold at front, k2, then k2 from cable needle	右上2针交叉
c4fp	sl2 sts on to cable needle, hold at front, p2, then k2 from cable needle	右上2针交叉（下方为上针）
c5bp	sl2 sts on to cable needle, hold at back, k3, then p2 from cable needle	左上3针与2针的交叉（下方为上针）
c5fp	sl3 sts on to cable needle, hold at front, p2, then k3 from cable needle	右上3针与2针的交叉（下方为上针）
c6b	sl3 sts on to cable needle, hold at back, k3, then k3 from cable needle	左上3针交叉
c6bp	sl3 sts on to cable needle, hold at back, k3, then p3 from cable needle	左上3针交叉（下方为上针）
c6f	slip 3 sts on to cable needle, hold at front, k3, then k3 from cable needle	右上3针交叉
c6fp	sl3 sts on to cable needle, hold at front, p3, then k3 from cable needle	右上3针交叉（下方为上针）
cont	continue	连续、继续
k	knit	下针
k1b	k next st in row below	隔行1下针
kfb	k into front and back of st	下针1针放2针

k2tog	knit 2 together	下针左上2针并1针
L	left	左/左棒针
mb	make bobble as directed	泡泡针
m1	as m1L	扭针加针（默认为下针的扭针加针）
m1L	using left needle, lift strand between sts from front and k this tbl to make st that slants to left	下针的左扭针加针
m1p	using left needle, lift strand between sts from front and p this tbl	上针的扭针加针
m1R	using left needle, lift strand between sts from back and k in front of it to make st that slants to right	下针的右扭针加针
p	purl	上针
p1b	purl next st in row below	隔行1上针
pfb	purl into front and back of st	上针1针放2针
psso	pass slipped st over	将滑过的针目套收
R	right	右/右棒针
rem	remaining	剩下
rep	repeat	重复
RS	right side	正面
s2kpo	sl2 sts as if to k2tog, k1, pass slipped sts over	下针中上3针并1针
skpo	sl1 st knitwise, k1, pass slipped st over	下针右上2针并1针
sk2po	sl1 st knitwise, k2tog, pass slipped st over	下针右上3针并1针
sl	slip	滑过不织/滑针
ssp	sl 1st st knitwise, then 2nd st knitwise, return sts to left needle, noting that they now face in the opposite direction, swing right needle round to insert it in 2nd st, then 1st st and p2tog	上针右上2针并1针
st(s)	stitch(es)	针目
St st	stocking st	下针编织
tbl	through back of loop(s)	从线圈后面入针
tfl	through front of loop(s)	从线圈前面入针
tog	together	一起
t2L	k into back of 2nd st, then k into front of 1st st, sl both sts off left needle tog	左上1针交叉（下方为扭针）
t2Lp	on RS and on WS, p into back of 2nd st, then k into front of 1st st, sl both sts off left needle tog	左上1针交叉（下方为上针）
t2R	k into front of 2nd st, then k into back of 1st st, sl both sts off left needle tog	右上1针交叉（下方为扭针）
t2Rp	on RS, k into front of 2nd st, then p into front of 1st st, sl both sts off left needle tog; on WS, k into front of 2nd st, then p into back of 1st st, sl both sts off left needle tog	右上1针交叉（下方为上针）
WS	wrong side	反面
wyab	with yarn at back	保持线在后面
wyif	with yarn in front	保持线在前面
yb	take yarn between needles to back of work	从前向后挂线
yf	take yarn between needles to front of work	从后向前挂线
yo	yarn over needle	挂针
[ ]	repeat instructions in square brackets as directed	方括号内表示所要重复的操作
*	repeat instructions in *as directed	星号表示从此处开始重复
( )	parentheses indicate a group of sts worked in 1 st	括号内表示1针放若干针的针法

针法符号

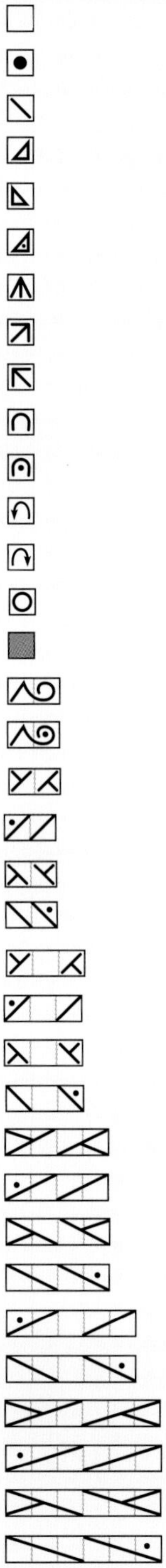

k on RS, p on WS	正面织下针，反面织上针
p on RS, k on WS	正面织上针，反面织下针
k tbl on RS, p tbl on WS	正面织下针扭针，反面织上针扭针
k2tog	下针左上2针并1针
skpo	右上2针并1针
p2tog	上针左上2针并1针
s2kpo	下针中上3针并1针
k3tog	下针左上3针并1针
sk2po	下针右上3针并1针
m1	扭针加针（默认为下针的扭针加针）
m1p	上针的扭针加针
m1L	下针的左扭针加针
m1R	下针的右扭针加针
yarn over needle	挂针
no stitch	无针目
kfb	下针1针放2针
pfb	上针1针放2针
t2R or c2b	右上1针交叉
t2Rp or c2bp	右上1针交叉（下方为上针）
t2L or c2f	左上1针交叉
t2Lp or c2fp	左上1针交叉（下方为上针）
c3b	左上2针与1针的交叉
c3bp	左上2针与1针的交叉（下方为上针）
c3f	右上2针与1针的交叉
c3fp	右上2针与1针的交叉（下方为上针）
c4b	左上2针交叉
c4bp	左上2针交叉（下方为上针）
c4f	右上2针交叉
c4fp	右上2针交叉（下方为上针）
c5bp	左上3针与2针的交叉（下方为上针）
c5fp	右上3针与2针的交叉（下方为上针）
c6b	左上3针交叉
c6bp	左上3针交叉（下方为上针）
c6f	右上3针交叉
c6fp	右上3针交叉（下方为上针）

各国棒针针号对照表

编织前，将本页打开，可以帮助你弄清不同编织作品中使用的针号差异。下表为国际棒针针号对照表。

棒针针号

毫米 (mm)

欧洲	英国/加拿大/澳大利亚	美国	日本/中国
2.0	14	0	—
2.10	—	—	—
2.25	13	1	—
2.40	—	—	1
2.70	—	—	2
2.75	12	2	
3.0	11	—	3
3.25	10	3	—
3.30	—	—	4
3.5	—	4	—
3.60	—	—	5
3.75	9	5	—
3.90	—	—	—
4.0	8	6	—
4.20	—	—	7
4.5	7	7	8
4.80	—	—	9
5.0	6	8	—
5.10	—	—	10
5.40	—	—	11
5.5	5	9	—
5.70	—	—	12
6.0	4	10	13
6.30	—	—	14
6.5	3	10 ½	—
6.60	—	—	15
7.0	2	—	—
7.5	1	—	—
8.0	0	11	—
9.0	00	13	—
10.0	000	15	—
12.75	—	17	—
15.0	—	19	—
19.0	—	35	—
25.0	—	50	—

图书在版编目（CIP）数据

长盛不衰的棒针花样精选300/（美）莱斯利·斯坦菲尔德，（美）麦乐迪·格瑞夫斯编著；黄艳文译. —郑州：河南科学技术出版社，2025.7
ISBN 978-7-5725-1265-0

Ⅰ.①长…　Ⅱ.①莱…　②麦…　③黄…　Ⅲ.①毛衣针-绒线-编织-图解　Ⅳ.①TS935.522-64

中国国家版本馆CIP数据核字（2024）第064942号

出版发行：河南科学技术出版社
地址：郑州市郑东新区祥盛街27号　　邮编：450016
电话：（0371）65737028　　65788613
网址：www.hnstp.cn
出 版 人：乔　辉
策划编辑：张　培
责任编辑：张　培
责任校对：王晓红
封面设计：张　伟
责任印制：徐海东
印　　刷：北京利丰雅高长城印刷有限公司
经　　销：全国新华书店
开　　本：889 mm × 1 194 mm　1/16　　印张：13　　字数：370千字
版　　次：2025年7月第1版　　2025年7月第1次印刷
定　　价：88.00元

如发现印、装质量问题，影响阅读，请与出版社联系并调换。